U0184658

国家出版基金项目
NATIONAL PUBLICATION FOUNDATION

国家出版基金资助项目
“十四五”时期国家重点出版物出版专项规划项目

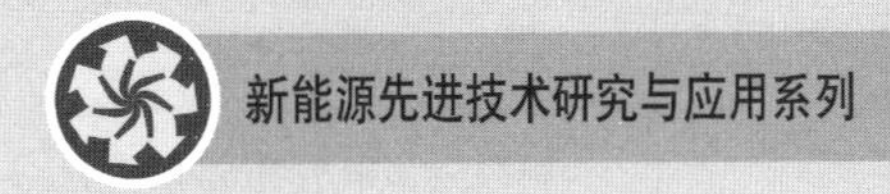

能源微藻的光谱辐射特性及应用

Spectral Radiative Properties of Energy Microalgae and Their Applications

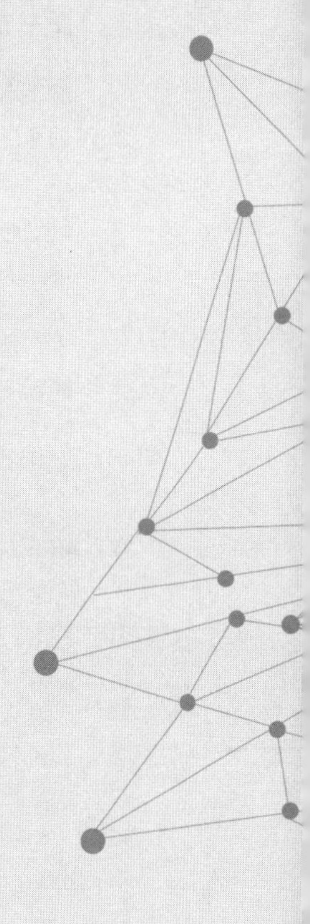

赵军明　马春阳　李兴灿　著

哈爾濱工業大學出版社
HARBIN INSTITUTE OF TECHNOLOGY PRESS

内容简介

能源微藻的光谱辐射特性参数是其藻细胞混悬液内光辐射传输定量分析及光生物反应器光场优化设计的基础物性。随着微藻细胞生长代谢过程中的生长和分裂，其光谱辐射特性也随之发生变化，这与一般粒子有显著差异，因而需对微藻细胞的生长相关或时间相关光谱辐射特性开展专门研究。本书总结了作者课题组近年来在微藻光谱辐射特性的理论模型、测量方法、实验研究及光生物反应器中光辐射场分析应用方面的工作，特别介绍了微藻细胞光谱辐射特性在线测量方法、微藻生长相关辐射特性及光谱辐射特性随生长时间变化规律等方面的成果。

本书可作为能源微藻光谱辐射特性、光生物反应器设计等相关方向的研究人员和工程技术人员的参考书，也可作为高等院校相关专业的教学参考书。

图书在版编目(CIP)数据

能源微藻的光谱辐射特性及应用/赵军明，马春阳，李兴灿著. —哈尔滨：哈尔滨工业大学出版社，2024.1
(新能源先进技术研究与应用系列)
ISBN 978-7-5767-1173-8

Ⅰ.①能…　Ⅱ.①赵…　②马…　③李…　Ⅲ.①微藻-生物能源-辐射性质　Ⅳ.①Q949.2

中国国家版本馆 CIP 数据核字(2024)第 014244 号

策划编辑　王桂芝
责任编辑　张　颖　林均豫
出版发行　哈尔滨工业大学出版社
社　　址　哈尔滨市南岗区复华四道街 10 号　邮编 150006
传　　真　0451-86414749
网　　址　http://hitpress.hit.edu.cn
印　　刷　辽宁新华印务有限公司
开　　本　720 mm×1 000 mm　1/16　印张 19.25　字数 335 千字
版　　次　2024 年 1 月第 1 版　2024 年 1 月第 1 次印刷
书　　号　ISBN 978-7-5767-1173-8
定　　价　116.00 元

国家出版基金资助项目

新能源先进技术研究与应用系列

总　序

能源是人类社会生存发展的重要物质基础，攸关国计民生和国家安全。当前，随着世界能源格局深刻调整，新一轮能源革命蓬勃兴起，应对全球气候变化刻不容缓。作为世界能源消费大国，牢固树立和贯彻落实创新、协调、绿色、开放、共享的发展理念，遵循能源发展“四个革命、一个合作”战略思想，推动能源生产和利用方式发生重大变革，建设清洁低碳、安全高效的现代能源体系，是我国能源发展的重大使命。

由于煤、石油、天然气等常规能源储量有限，且其利用过程会带来气候变化和环境污染，因此以可再生和绿色清洁为特质的新能源和核能越来越受到重视，成为满足人类社会可持续发展需求的重要能源选择。特别是在“双碳”目标下，构建清洁、低碳、安全、高效的能源体系，加快实施可再生能源替代行动，积极构建以新能源为主体的新型电力系统，是推进能源革命，实现碳达峰、碳中和目标的重要途径。

“新能源先进技术研究与应用系列”图书立足新时代我国能源转型发展的核心战略目标，涉及新能源利用系统中的“源、网、荷、储”等方面：

(1)在新能源的“源”侧，围绕新能源的开发和能量转换，介绍了二氧化碳的能源化利用，太阳能高温热化学合成燃料技术，海域天然气水合物渗流特性，生物质燃料的化学㶲，能源微藻的光谱辐射特性及应用，以及先进核能系统热控技术、核动力直流蒸汽发生器中的汽液两相流动与传热等。

(2)在新能源的“网”侧,围绕新能源电力的输送,介绍了大容量新能源变流器并联控制技术,面向新能源应用的交直流微电网运行与优化控制技术,能量成型控制及滑模控制理论在新能源系统中的应用,面向新能源发电的高频隔离变流技术等。

(3)在新能源的“荷”侧,围绕新能源电力的使用,介绍了燃料电池电催化剂的电催化原理、设计与制备,Z源变换器及其在新能源汽车领域中的应用,容性能量转移型高压大容量电平变换器,新能源供电系统中高增益电力变换器理论及其应用技术等。此外,还介绍了特色小镇建设中的新能源规划与应用等。

(4)在新能源的“储”侧,针对风能、太阳能等可再生能源固有的随机性、间歇性、波动性等特性,围绕新能源电力的存储,介绍了大型抽水蓄能机组水力的不稳定性,锂离子电池状态的监测和状态估计,以及储能型风电机组惯性响应控制技术等。

该系列图书是哈尔滨工业大学等高校多年来在太阳能、风能、水能、生物质能、核能、储能、智慧电网等方向最新研究成果及先进技术的凝练。其研究瞄准技术前沿,立足实际应用,具有前瞻性和引领性,可为新能源的理论研究和高效利用提供理论及实践指导。

相信本系列图书的出版,将对我国新能源领域研发人才的培养和新能源技术的快速发展起到积极的推动作用。

2022年1月

前 言

微藻具有生长快速、光合效率高、生长周期短及其培养可不占用农业耕地等优点，是一种很有发展潜力的生物质原料，同时也是生物固碳的重要途径。微藻大规模培养可用于生产生物柴油、营养食品、抗氧化剂和天然色素等，在可持续能源、生物制药、环境保护、太空食品、微生物基新材料等领域有着重要及广泛的应用前景。然而，大规模生产微藻存在生产率低和成本高等问题，如何提高微藻培养的生产率是应用中亟须解决的问题。微藻生长受多种因素影响，其中光照是影响微藻生长的关键因素，对光生物反应器中光辐射场分布的了解和分析是光生物反应器设计和优化的基础，对提高微藻细胞光合产率进而降低规模化培养成本具有重要意义。

辐射传递理论是光生物反应器中光场定量分析的基本理论。在基于辐射传递理论的光辐射场分布中，微藻细胞混悬液的光谱辐射特性参数（衰减系数、吸收系数、散射相函数）是光辐射传输定量分析的基础物性。微藻细胞混悬液的光谱辐射特性由培养液及微藻细胞的光学特性共同决定，其核心问题为微藻细胞的光散射特性。总体而言，微藻细胞的光散射特性归属于粒子光散射问题范畴，但由于微藻细胞生长迅速，其光散射特性具有与生命体生长相关的特殊性。由于生物细胞具有生长代谢过程，随着微藻细胞的生长和分裂过程其谱辐射特性也随之发生变化，这与一般粒子有显著差异，因而需要对微藻细胞的光谱辐射特性开展专门研究。

本书主要介绍了能源微藻光谱辐射特性的研究进展，系统总结了作者课题组近年来在微藻辐射特性的理论、测量方法、试验研究及生物反应器中光辐射场分布应用方面的研究工作，特别介绍了微藻细胞辐射特性在线测量方法、微藻生长相关辐射特性及随生长时间的变化规律方面的成果。

全书共分为8章：第1章介绍了微藻的培养及光生物反应器、微藻光谱辐射特性方面的基础知识，着重介绍了微藻光谱辐射特性的研究进展；第2章介绍了微藻光谱辐射特性的直接测量方法，重点介绍了在线测量方法；第3章介绍了微藻光谱辐射特性的间接测量方法；第4章介绍了微藻细胞的生长相关光谱辐射特性；第5章介绍了微藻细胞光散射特性理论模拟；第6章、第7章为微藻光谱辐射特性的应用，介绍了光生物反应器时间相关辐射传输分析及微藻细胞生长辐射特性生长动力学模型；第8章介绍了微藻生产光生物燃料简介，包括微藻光合色素和细胞储存油脂、蛋白质和糖的机理及不同组分的光学特性等。

本书可为从事微藻光谱辐射特性及能源微藻光生物反应器设计及优化等相关方向的研究人员和工程技术人员提供参考。

本书的研究工作得到国家自然科学基金项目(No. 51276051；No. 52106080)资助，在此表示衷心感谢。

由于作者水平有限，书中不足和疏漏之处在所难免，敬请读者批评指正。

作　者

2023年10月

符 号 表

缩写

ATP	三磷酸腺苷
BRDF	双向反射分布函数
BSDF	双向散射分布函数
BG11	培养基名称
CUDA	统一计算架构
DDA	离散偶极子近似
DE	Delta-Eddington
DOM	离散坐标法
FDTD	时域有限差分
GPU	图形处理器
H－G	Henyey-Greenstein
K－K	Kramers-Kronig
MC	蒙特卡罗(Monte Carlo)
NADPH	烟酰胺腺嘌呤二核苷酸磷酸
OD	光学密度
PAR	光合有效辐射(photosynthetically active radiation)
PBR	光生物反应器

PSO	粒子群优化算法
RTE	辐射传输方程
TSF	相似因子(时间相似率)
T-matrix	T 矩阵方法

英文字母

A_{dect}	探测器面积
A_{abs}	质量吸收截面
b_λ	后向散射率
C_{ext}	衰减截面
C_{sca}	散射截面
C_{abs}	吸收截面
C_1、C_2	加速因子或某个常数
C_j	色素质量浓度
c	真空光速
D_j	细胞组分质量浓度
D	投影直径
d	偶极子间距或直径
$Ea_{\lambda,j}$	细胞色素光谱吸收截面
$Es_{\lambda,j}$	细胞成分光谱散射截面
$\boldsymbol{E}_i$	总电场
$\boldsymbol{E}_{i,\mathrm{inc}}$	入射电场
$F(x)$	目标函数
$\boldsymbol{F}(\boldsymbol{n})$	散射振幅矢量
$f_{\mathrm{a,c}}$	吸收系数修正系数
$f_{\mathrm{e,c}}$	衰减系数修正系数
$f_j(t)$	单个细胞色素浓度
f	前向散射因子
$G_{\mathrm{in,c},\lambda}$	平行光源的入射强度
$G_{\mathrm{in,d},\lambda}$	漫射光源的入射强度

$G_\lambda(r)$	局部光谱投射辐射
$G(r)$	局部投射辐射
g	不对称因子
$\bar{I}$	单位张量
I	辐射强度
K_s	光半饱和常数
K_I	光抑制常数
k	吸收指数或波数
L	反应器厚度
l	相邻两球心的距离
l'	相邻两细胞中心距离
m	复折射率
N	细胞数密度或长链微藻细胞个数
N_{dect}	探测光子数
N_{tot}	总光子数
N_p	粒子群数量
N_d	偶极子数目
$\boldsymbol{n}$	散射方向矢量
n	折射率
$\boldsymbol{P}_i$	偶极矩
p_g	全局最佳位置
p_i	粒子 i 的最佳位置
$q(r)$	辐射热流矢量
R	探测器臂半径
$\boldsymbol{R}_1(t)$、$\boldsymbol{R}_2(t)$	随机数矢量
$\boldsymbol{r}$	位置矢量
r	半径或细胞呼吸率
r'	半径
$r_{eq,V}$	等体积半径
$r_{eq,S}$	等面积半径

r_c	圆柱半径
S_{sca}	质量散射截面
$\boldsymbol{s}$	方向矢量
s	步长或中心距离
T_h	半球透过率
T_n	法向透过率
t	时间
$v_i(t)$	粒子 i 的速度
w_j	色素 j 的干质量分数
X	细胞质量浓度
x_i	粒子 i 的位置
x	尺度参数
φ_w	细胞内水的体积分数

希腊字母

α_i	极化率
α	权重
β	衰减系数
ε_i	介电函数
δ	Dirac delta 函数
σ	标准差
η	单个周期长度
φ	方位角
$\varphi_1(t)$、$\varphi_2(t)$	随机数矢量
Φ	散射相函数
Γ_l	敏感性系数
$\bar{\mu}$	平均生长率
μ_p	色素生长率
μ_c	细胞成分生长率
μ'_p	单细胞色素相似生长率

μ'_c	单细胞成分相似生长率
ν	光子频率
ν_i	权重
ξ	随机数或角度值
ξ_Φ	随机数
ρ_{dry}	细胞的干质量密度
κ_a	吸收系数
κ_s	散射系数
θ	天顶角
θ_i	平行光源的入射角度
Ψ	量子效率
τ	光学厚度
ω	反照率
Ω、Ω'	立体角

上标

*	复数共轭

下标

abs	吸收
c	平行光
d	漫射光
ext	衰减
exp	实验结果
eff	有效
h	半球
inc	入射
i, j	数字编号
n	法向
ref	参考

sca	散射
sim	模拟结果
STP	稳定期
λ	波长

目　录

第1章 绪 论

本章主要介绍微藻在生物质能源中的发展现状，微藻的分类及特点，微藻细胞光合作用的基本原理，微藻培养的光生物反应器基本类型，微藻细胞生长的影响因素，光生物反应器内微藻混悬液中光辐射传输过程及光辐射场分析理论，微藻细胞光谱辐射特性参数的实验测量方法及理论研究进展。

当前世界各国在保持经济快速可持续发展的情况下，均不可避免地面对能源危机和环境污染等问题。《bp世界能源统计年鉴》(2021版)表明，传统化石燃料占能源消耗的83.1%，其中石油占31.2%、煤占27.2%、天然气占24.7%；而水能与核能分别约占能源消耗的6.9%与4.3%，新型可再生能源占能源消耗的5.7%并表现出逐年增加的趋势。煤和石油等化石燃料的大量使用产生SO_x、NO_x等有害气体[1]，且化石燃料燃烧产生大量的CO_2温室气体会加剧全球变暖[2]。预计到2035年，世界的一次能源消耗将会增加约37%，开发新型清洁可再生能源已成为各国学者研究的关键问题。微藻作为一种生物质原料，具有生长周期短、光合效率高、油脂含量高等优点，同时微藻的培养可用于生产高附加价值的营养品和一些重要的生物药品原料[3-4]。

虽然微藻生物质燃料具有非常好的发展前景，但当前也存在很多问题亟须解决。微藻的大规模工业化培养存在培养成本高和产量低等问题。在微藻的大规模培养中影响其生长的因素有很多，如光照、温度、pH以及营养物质的量等[5-9]，其中光照是影响微藻生产率的重要因素[10]。太阳光入射到光生物反应器时，会受到微藻悬浮液吸收系数和散射的作用，因此定量研究光生物反应器中的光辐射场分布是提高微藻生产率及优化光生物反应器的关键。而微藻细胞的光谱辐射特性是求解光生物反应器内光辐射场分布的基础物性参数[10]。

微藻细胞的光谱辐射特性与细胞的化学组成成分、细胞形状及细胞内细胞器的分布状况相关[11]，细胞的成分主要由碳水化合物、蛋白质、油脂及光合色素构成[12]。细胞的主要成分可通过生物化学方法进行测量，但这些成分在可见光区的光谱复折射率数据非常稀少[11]，只有光合色素的相关吸收光谱数据[13]，所以很难根据微藻细胞的成分构成及结构从电磁理论上准确获得其光谱辐射特性。微藻细胞光谱辐射特性参数的直接测量也比较困难[11]，目前通过实验测量结合反演方法是获得微藻细胞光谱辐射特性参数相对容易的途径[14-15]。现阶段研究中也主要使用实验方法获得微藻细胞的辐射特性，但直接测量所需的实验设备较复杂，对样品约束条件较多，测量难度相对较大。因此，对微藻辐射特性测量方法的研究还有待进一步发展。

以微藻光谱辐射特性参数为输入物性参数，通过求解辐射传递方程即可定量求解光生物反应器内的光辐射场分布，进一步结合微藻的生长动力学模型可对光生物反应器的性能进行评估，或对其培养条件及结构参数进行优化设计以达到提高产量和产油率的目的。综上，微藻细胞的光谱吸收截面、光谱散射截面、散射相函数等辐射特性参数是光生物反应器性能分析和优化设计所必要的基础辐射物性数据，对其开展系统研究具有重要意义。

1.1 微藻的培养及光生物反应器

微藻可以通过光能自养或者异养的方式进行培养，而且可以在封闭系统（如光生物反应器）、开放系统（如池塘）和混合系统中进行规模化养殖。虽然利用微藻大规模生产生物质能源具有很好的发展前景，但也存在一些技术瓶颈。本节主要对微藻培养及其光生物反应器中的光传输过程进行介绍。

1.1.1 微藻细胞的形状和尺寸

微藻种类数以千计，是具有多种形状和大小的光合微生物，可分为硅藻、绿藻、红藻、褐藻和蓝藻。大多数硅藻和绿藻以单细胞形式存在，蓝藻（也称蓝细菌）可以是单细胞的也可以是多细胞。图 1.1(a)为单细胞莱茵衣藻（*Chlamydomonas reinhardtii*）的显微照片，呈球状，长径和短径为 7～10 μm。莱茵衣藻已用于光生物制氢和脂质的生产[16]。图 1.1(b)为呈哑铃形的自由漂浮单细胞蓝藻集胞藻（*Synechocystis* sp.）的显微照片，其半径为 3～5 μm，该藻种常用于生物燃料生产。图 1.1(b)插图为细胞分裂成两个形态相同的子细胞后立即拍摄的集胞藻显微照片。此外，某些多细胞蓝细菌，如项圈藻（*Anabaenopsis* sp.）和圆环菌（*Circularis*）等会生长出异型囊的特殊细胞，这些细胞含有用于将气态氮催化还原成氨的固氮酶，这种固定气态氮的特殊能力使这些蓝细菌成为肥料的潜在生产者[17]。图 1.1(c)为蓝藻项圈藻的显微照片，由直径为 3～

3.5 μm的小球状营养细胞和直径为 4 μm 的球状营养细胞以及直径为 4～5 μm 的近球形异胚胞组成。图 1.1(d)为丝状异囊蓝藻鱼腥藻(*Anabaena cylindrica*),由相连的和接近球形的营养细胞组成,直径为 2～4 μm,细丝长度变化很大,但通常大于 100 μm。

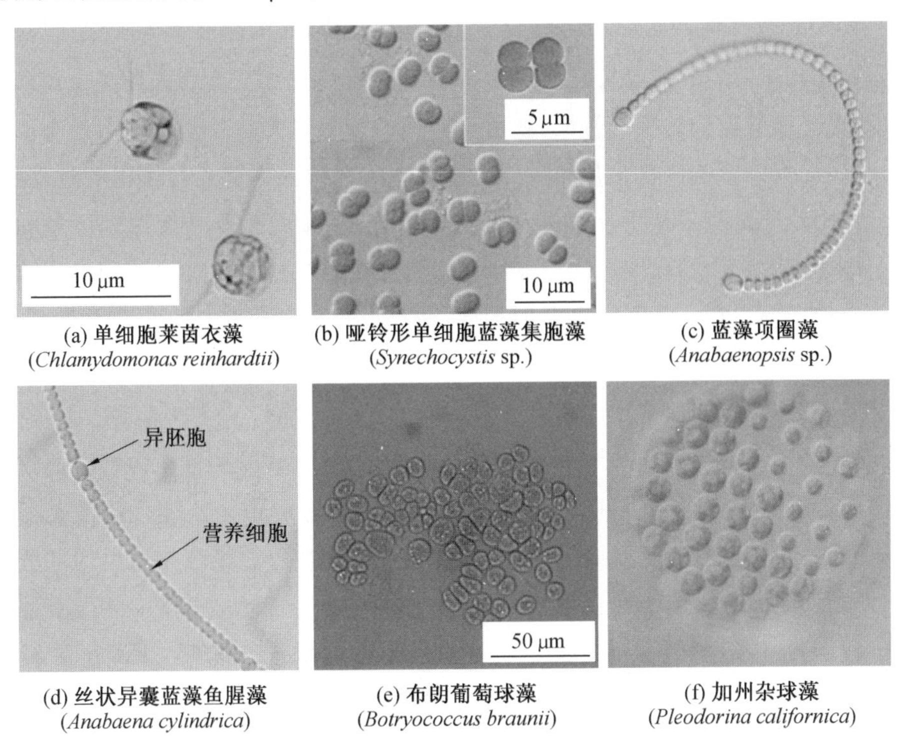

(a) 单细胞莱茵衣藻 (*Chlamydomonas reinhardtii*)
(b) 哑铃形单细胞蓝藻集胞藻 (*Synechocystis* sp.)
(c) 蓝藻项圈藻 (*Anabaenopsis* sp.)
(d) 丝状异囊蓝藻鱼腥藻 (*Anabaena cylindrica*)
(e) 布朗葡萄球藻 (*Botryococcus braunii*)
(f) 加州杂球藻 (*Pleodorina californica*)

图 1.1 微藻细胞的显微照片[18]

微藻物种在其生长过程中会形成菌落。例如,布朗葡萄球藻(*Botryococcus braunii*)分泌胞外多糖(EPS),这是一种黏性物质,覆盖细胞表面并导致其聚集成集落。EPS 生成是保护机制的一部分,环境条件变化可激活该保护机制,例如有限的光照、非最佳温度、高盐度和有限的养分供应。此外,最近的一项研究表明,细胞聚集在浓溶液中是可逆的[19]。图 1.1(e)为布朗葡萄球藻(*Botryococcus braunii*)的显微照片,由嵌在半透明 EPS 基质中紧密堆积的细胞组成,这些菌落类似于由扩散限制聚集(DLA)形成的分形聚集体。图 1.1(f)为加州杂球藻(*Pleodorina californica*)形成复杂球形聚集体的显微照片,图中包含固定数量的细胞:空球藻(16 个、32 个或 64 个细胞);杂球藻(32～128 个细胞);团藻(多达

50 000 个细胞)。大型集落比小型自由漂浮细胞更容易收集,因而更有利于工业生产。

1.1.2 微藻光合作用及培养

大部分微藻可将水和 CO_2 转化为 O_2 和有机物,如油脂或者碳水化合物等,在光合作用中,太阳光是动力源,CO_2 是碳源,水是电子源。光合作用是微藻最基本的,也是极其重要的生态特征,被用于藻种的选育。大部分微藻依靠光合作用生长,因而光是影响微藻生长的重要因素之一。在微藻细胞光合作用的过程中,光合作用效率是决定其生产力大小的关键,可直接影响生物质能源的产量和质量。藻类光合作用合成的产物约占地球总光合作用产物的 1/3,是利用太阳能生成物质最多的生物。在给定表面面积内,微藻的产油能力是陆地油籽作物的 30 倍[20]。另外,微藻固定 1 kg CO_2 仅需要 140～200 kg 水,而植物却需要 550 kg 水,可见微藻固碳的效率远远高于植物。

如图 1.2 所示,微藻利用太阳辐射作为能量源,并利用 CO_2 作为碳源通过光合作用合成碳水化合物等并产生 O_2。在光合作用过程中一些种类的微藻还会合成高附加价值的副产品,如氢气、虾青素及营养物质等。光合作用由两部分组成,即光反应和暗反应。在光反应过程中光子被微藻细胞叶绿体中的类囊体膜吸收用于产生三磷酸腺苷(ATP)和电子载体烟酰胺腺嘌呤二核苷酸磷酸(NADPH),这些光反应生成物在暗反应过程中被用于合成碳水化合物、蛋白质及油脂[21]。

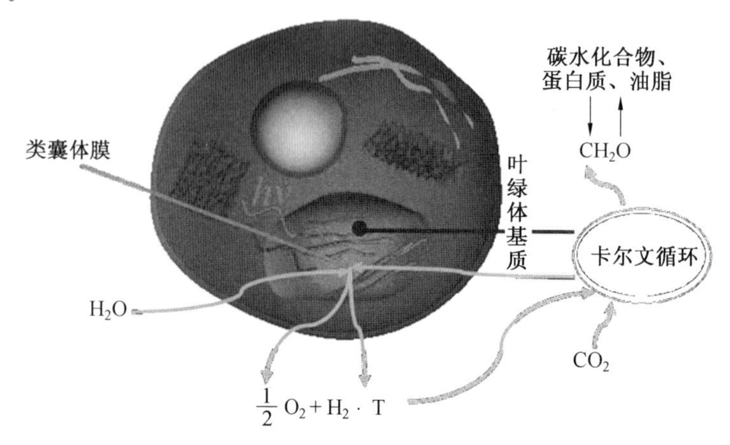

图 1.2 微藻光合作用示意图[21]

图 1.3 为微藻光合作用原理图，如图所示，微藻光合作用需要碳源、电子源、氮源和动力源，而且也有一些外部因素会影响其光合作用，如矿物质元素、光照、温度、pH 等。微藻通过光合作用可以合成脂类、有机酸类和氧气等，干燥后的提取物可直接进行生物燃料和副产品的生产。微藻光合作用的碳源和氮源可分为无机和有机两种类型，大都产生氧气，当然也有不产生氧气的藻类，如蓝藻（蓝细菌）的电子源是 H_2S 而不是水，光合作用合成含硫颗粒而不产生氧气。许多综述文章都详细介绍了微藻细胞的光合作用途径，即使改善光照条件，在微藻培养系统中光能利用的局限性仍无法消除，在大规模的培养中，微藻密度较高时，会出现外层利用光能充分而内层不足的现象，从而引起生长限制[22-23]。

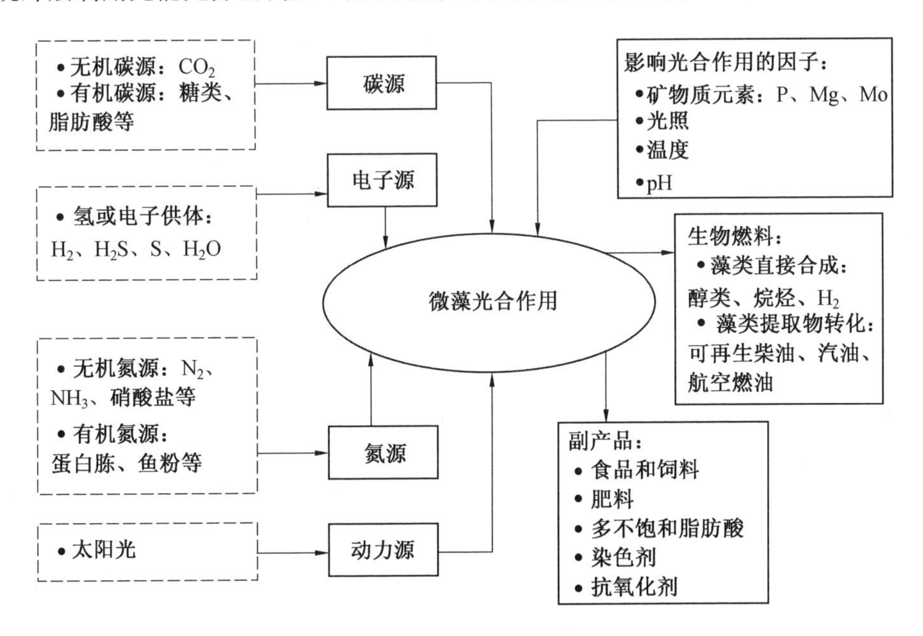

图 1.3 微藻光合作用原理图

微藻细胞具有防止过量吸收光能的机制，光照强度增大时，微藻细胞不能吸收的光能将以热或者荧光的形式流失，从而造成浪费[16]。此外，即使有光保护机制，也不能完全防护和使其不发生光损伤现象，从而降低了光合作用效率。另外除了光源和光强的因素外，光源明暗转换频率大小和接受光照的时间长短对微藻的生长也同样有较大的影响，明暗高频率的转化可以加速微藻的生长，这种高频率的脉冲激发了局部光合模中质体醌池在黑暗期的再氧化，从而提升微藻细胞将光能转化为化学能的能力。

研究证实高浓度CO_2对藻类光合特性有重要影响，当CO_2的体积分数在5%时，莱茵衣藻细胞对CO_2的亲和力降低。另外，很多淡水单细胞藻类和蓝藻存在CO_2浓缩机制，而低体积分数的CO_2是其形成的条件，高体积分数CO_2限制了浓缩机制和碳酸酐酶的合成[24]。微藻在增殖过程中需要矿物质，其中最重要的就是氮、磷类营养盐，而氮磷比存在一个最佳值，能使光合作用效率达到最大，对于微藻来说，当氮营养盐类型不同时，最佳的氮磷比也可能不同。此外，研究表明不同种类的氮盐对微藻的生长促进作用不同[25]，培养液中氮元素的供给速率也会对微藻的生长产生影响[26]，存在特定条件下的最佳值使光合作用效率达到最大的情况。

微藻的培养环境主要受温度、pH、营养物质和光照强度的影响，温度主要影响产油微藻的生长速度、油脂含量和脂肪酸组分[5-9]。不同微藻对温度有不同的适应范围，具有专一性。微藻的生长环境也有最适合的pH范围，在培养微藻的过程中，随着培养基中物质不断变化，pH随之改变。为了使微藻能够长期处于快速生长状态，必须维持培养基的pH相对稳定。

影响微藻生长的重要因素还有营养物质和光照强度。强光照会对产油藻类的光合系统造成不可逆的损伤，影响其生长。光照强度影响微藻自身的化学组成结构，在不同的光照条件下，微藻细胞的光合活性及总化学成分色素会发生显著变化。通常微藻通过光能自养或异养的方式进行培养。光能自养大多采用开放式跑道池和封闭式光反应器进行培养，而异养培养多在发酵罐中进行。在光能自养培养中，微藻细胞需要光照维持生长、繁殖及合成生物质，封闭式光反应器的建造和大规模化生产的成本都比开放塘高，但易于得到质量和纯度较高的微藻；在混合培养系统中，光生物反应器可为开放塘供给藻种，工业化应用前景较广泛。在异养培养中，微藻在黑暗的条件下，利用外加碳源（例如糖类）生殖并合成新的生物质，而且可以获得较高的生物质浓度，从而减少微藻生产的成本。此外，采用混合营养的培养方式可同时利用微藻光能自养和异养的能力，较好地实现优劣互补，提高微藻工业化生产的经济性。

1.1.3 微藻培养的光生物反应器

经过多年的微藻工业化生产，人们认识到生物反应器技术的发展能进一步

促进微藻技术的成熟，而这是微藻产业化的关键技术之一。目前，微藻的规模化工业生产都使用光生物反应器，其中大部分由玻璃或者塑料建造而成，培养过程中大都用泵或者气升系统来实现通气或者均匀混合的效果。光生物反应器的优势是能实时监控生长条件，防止杂菌污染，提高光合作用效率，有助于连续性生产。目前微藻的培养方式可分为两大类，即开放式光生物反应器和封闭式光生物反应器[27]。开放式光生物反应器主要为跑道池式，其有较好的经济性，适合大规模培养，但是由于可控性较差，其适合培养的藻种有限。封闭式光生物反应器的种类很多，包括管式、平板式、柱式（图 1.4）、气升式、两步式、鼓泡式、圆锥式、圆环式及内照明式等。以下简单介绍几种常用的封闭式光生物反应器[4, 28]。

(a) 管式

(b) 平板式

(c) 柱式

图 1.4 光生物反应器

1. 管式光生物反应器

在所有的光生物反应器中，管式光生物反应器最适合户外培养，管式光生物反应器的优点是在光照较好的地域非常适合户外露天培养，光照面积较大，生产力高且运行成本低，是一种高效的光生物反应器，但其缺点是传质能力较差。例如，管式光生物反应器内的溶解氧含量很容易升高，而溶解氧量比空气饱和度高或低都将影响其生产力。户外的管式光生物反应器非常容易出现光抑制现象，当反应器管径增大时，光照与体积比将会减小。管式光生物反应器温度控制相对困难一些，虽然安装自动调温器会解决这一问题，但无疑会大大增加运行成本。管式光生物反应器可以通过延长反应管长度和增大管径来实现放大培养，具体长度受生物质浓度、光照强度、供气条件等因素影响。此外，由于反应管过长，安装和清洗困难，若微藻附壁生长，碱性环境下金属离子化合物的沉积结垢将会阻碍光线传递，对微藻培养产生不利影响，增加清洗和运行费用。

2. 平板式光生物反应器

平板式光生物反应器最大的优势是光照面积非常大，光合作用旺盛，亦同样适合户外培养，且易于清理，运行经济性也较好。相对于管式光生物反应器而言，平板式光生物反应器的溶解氧积累量比较低，连续长时间运行时对微藻的生产力影响较小，微藻细胞数密度和生产效率都较高。其他类型光生物反应器都有关于规模和传质能力关系的研究，但平板式光生物反应器不存在这一问题。同样，平板式光生物反应器也存在一些缺陷，在大规模培养时需要很多空间间隔和支撑物，所以占地面积较大，反应器内温度调控也较困难，微藻在培养时会受到流体应力的影响，从而影响其生长。

3. 柱式光生物反应器

柱式光生物反应器设备简洁、成本低且易于操作，反应器内液体的混合效率更高，湍流强度更大，适宜微藻大规模培养。柱式光生物反应器的光源可选择外光源或者内光源，柱式光生物反应器内微藻混合均匀时剪切应力较小，其传质能力较强，能量消耗低，杀菌和调节比较方便，有良好的扩展性，最重要的是可以有效减弱光抑制和光氧化的影响，所以也是目前培养微藻的一个理想反应器。当然，其缺点也比较明显：光照面积小，而且它的建造往往需要比较复杂的材料。

4. 气升式光生物反应器

气升式光生物反应器是一种高效的光生物反应器，为了改善反应器内培养基的循环，在鼓泡塔中加置了导流筒，它的设计目标是实用化，在无人值守时也可长时间稳定运行。气升式光生物反应器光能利用效率高，占地面积小，反应器内微藻细胞混合均匀，剪切力较小，传质能力突出，可对微藻进行长期培养，另外温度的控制也相对简易。这种光生物反应器缺点相对较少，只是在高密度培养时混合不够均匀，但仍有很大优化空间。

5. 两步式光生物反应器

两步式光生物反应器是把微藻的培养分成两个阶段:第一阶段,在第一个反应器内不断通入氮营养物质,氮源可以促进细胞增殖,此阶段要求低碳氮比,进而提高微藻的繁殖速度,当达到一定密度后通过藻液分离器分离出一部分不含培养基的微藻进入第二阶段;第二阶段要求高碳氮比,从而促进油脂的积累。两步式光生物反应器可以避免微藻增殖和油脂积累的矛盾,是未来获得产量高、含油量大且能在工业生产中保持连续效果的一种有效设计思路。

6. 鼓泡式光生物反应器

鼓泡式光生物反应器一般由透明的有机玻璃或玻璃制成,圆柱的直径一般大于10 cm,高径比大于2。鼓泡式光生物反应器的优点在于能耗低、混合效果好、结构简单,特别适合作为实验室内进行理论研究的模型反应器和藻种扩培的装置。但是目前关于鼓泡式光生物反应器的研究也存在一些问题,如常规鼓泡式光生物反应器内部的流场比较杂乱,研究人员主要通过增加导流筒、挡板等改变其内部结构,这使得反应器的内部结构过于复杂,建造成本高,也给操作上带来不便。此外,鼓泡式光生物反应器存在放大难的问题,除增加反应器数量外还没有更好的增加产量的方法,制约了其大规模应用。在鼓泡式光生物反应器的设计中,气体分布器的布置结构极大地影响藻液的混合效果,并最终影响微藻产率。

7. 圆锥式光生物反应器

圆锥式光生物反应器与常见的刚性管式或板式光生物反应器同为平面安装结构,但具有更大的照明面积。正午时太阳高度角较大,太阳直射辐射强度较大,圆锥式光生物反应器中央区域的辐射损失比较重要,这些区域适合生物质生产。圆锥式光生物反应器有一个很大的受光区域,在最佳太阳辐射下可保持较高的光合作用效率。

8. 圆环式光生物反应器

圆环式光生物反应器基于其圆环形状,可在高度控制光照的同时提供非常有效的混合效果,尤其是沿培养物中光辐射场分布梯度方向的混合,这是光生物反应器运行的关键参数。这种几何形状反应器的一个缺点是剪切应力场没有得到很好的控制，并且仍然是非均质的，如在叶轮区域中存在相对较高的剪切应力。但是，圆环几何形状的回路配置在理论上具有两个优点，一是回路中的再循环使得在每一次新的旋转过程中，整个培养物都会穿过叶轮区域，因此，所有微藻细胞几乎都经历了相同的剪切应力变化过程，这有助于理解培养物对光生物反应器中剪切应力的整体响应；二是该回路通常采用低叶轮转速即可实现有效混合，这可以降低剪切应力，防止过高剪切应力对微藻培养的不利影响。

9. 内照明式光生物反应器

内照明式光生物反应器构造简单，可进行热灭菌和机械搅拌，且易于扩大规模，可以在保持光供应系数并因此保持生产率恒定的同时按比例放大。该光生物反应器安装了一个用于收集太阳光并将其通过光纤分布在反应堆内部的装置，并配备光跟踪传感器，使镜头随太阳的位置旋转，这使得在室内也可将太阳光用于光合细胞培养。为解决阴天和夜间生物量损失和生产率低下的问题，可将人工光源与太阳光收集装置结合使用，即通过光强度传感器监视太阳光强度，并使人造光根据太阳光强度自动打开或关闭。这样，通过在晴天使用太阳光，在阴天和夜间使用人造光，可以为反应堆提供连续的光照。昼夜周期和光强度的昼夜变化是使用太阳能的主要问题。在培养基中不存在光能或某些其他可代谢有机碳源的情况下，细胞会代谢细胞成分以获得维持能量，从而导致细胞质量减小。

总体而言，开放式和封闭式光生物反应器在实际微藻培养中各具优点。开放式光生物反应器在微藻培养过程中易受到污染且微藻培养浓度较低，其主要优点是养殖成本低。封闭式光生物反应器的大规模化生产成本较高，需要额外通入 CO_2 碳源，其优点是培养液不易受到外界杂菌的污染、培养条件可控、光能利用率和微藻培养浓度相对较高，对光生物反应器详细的描述可参见文献[4, 29-36]。开放式和封闭式光生物反应器的优缺点几乎是互补的，两者的光辐射传输模型也类似。

在理论研究中，无论是开放式还是封闭式光生物反应器，大部分可简化为平板式光生物反应器或圆管式光生物反应器模型。平板式光生物反应器具有光照面积大且光照强度分布相对均匀、光合作用效率高等优势[37]。然而，平板式光生物反应器在大规模生产中，需要相邻平板保持一定间隔以保证充足光照，其占地

面积较大。Aiba[38]使用蒙特卡罗法求解了一维平板式光生物反应器中的光照强度分布,并比较了蒙特卡罗法和比尔定律的区别,发现比尔定律由于未考虑到内向散射而过高地估计了微藻细胞的吸收率。Cornet 等[39-40]使用光辐射传输模型耦合微藻生长动力学模型预测了微藻细胞的生长。Cornet 和 Albiol[41]使用 Schuster 近似结合微藻生长动力学模型研究了一维平板式光生物反应器内的生物质产率,并使用此模型对 5 种不同碳源的实验结果给予了很好的预测。Pottier 等[42]利用 Mie 理论计算了莱茵衣藻细胞的光谱辐射特性,使用二热流近似方法研究了环形光生物反应器内的光强分布。Lee 等[43]研究了平板式和圆管式光生物反应器内的辐射场分布随太阳光谱的变化,并比较了不同形状光生物反应器的单位面积微藻日产率。Kong 和 Vigil[44]使用多维光谱辐射传输模型研究了管状光生物反应器中的光辐射场分布,并对比了圆柱反应器中光强的理论计算结果和实验测量数据。Mooij 等[45]的实验研究了不同入射光谱对莱茵衣藻生长率的影响,发现在莱茵衣藻的连续培养中,黄光可使其达到最大生长率,而白光、红光及蓝光光源照射下其生长率较低。Fuente 等[46]研究了哑铃形单细胞蓝藻集胞藻及其变异体在培养液中的光辐射场分布及不同位置的光谱构成。本书作者基于微藻生长相关辐射特性的实验测量结果,建立了微藻细胞的生长模型,并研究了生长相关辐射特性对光生物反应器中光辐射传输的影响[47]。

1.1.4 光生物反应器内辐射传输过程

图 1.5 为光合微生物对光子吸收系数和散射在光生物反应器中的光传输。在光生物反应器中,由于搅拌和气泡喷射,微生物通常呈均匀且随机定向分布,并保持悬浮状态。因此,可以假设微藻光生物反应器中培养物是均匀的。

在悬浮液中沿着方向 $\hat{s}$、波长 λ 和位置 r 的光谱辐射强度 $I_\lambda(r,\hat{s})$ $(\mathrm{W/(m^2 \cdot sr \cdot nm)})$满足辐射传输方程(RTE),表示为[16]

$$\hat{s} \cdot \nabla I_\lambda(r,\hat{s}) + \kappa_\lambda I_\lambda(r,\hat{s}) + \sigma_{s,\lambda} I_\lambda(r,\hat{s}) = \frac{\sigma_{s,\lambda}}{4\pi}\int_{4\pi} I_\lambda(r,\hat{s}_i)\Phi_\lambda(\hat{s}_i,\hat{s})\mathrm{d}\Omega_i \quad (1.1)$$

式中 κ_λ 和 $\sigma_{s,\lambda}$ ——悬浮液的有效光谱吸收系数和散射系数(以 $\mathrm{m^{-1}}$ 为单位);衰减系数定义为 $\beta_\lambda = \kappa_\lambda + \sigma_{s,\lambda}$;

$\Phi_\lambda(\hat{s}_i,\hat{s})$ ——散射相函数,沿方向 $\hat{s}_i$ 和立体角 $\mathrm{d}\Omega_i$ 传播的光散射方向 $\hat{s}$ 和散射立体角 $\mathrm{d}\Omega$ 的概率,标准化为[16]

$$\frac{1}{4\pi}\Phi_{\lambda}(\hat{s}_i,\hat{s})\mathrm{d}\Omega_i=1 \tag{1.2}$$

式(1.1)左边的第2项和第3项分别表示吸收系数和散射(外向散射)引起的衰减,而最后一项对应于由于内向散射引起的辐射增强。

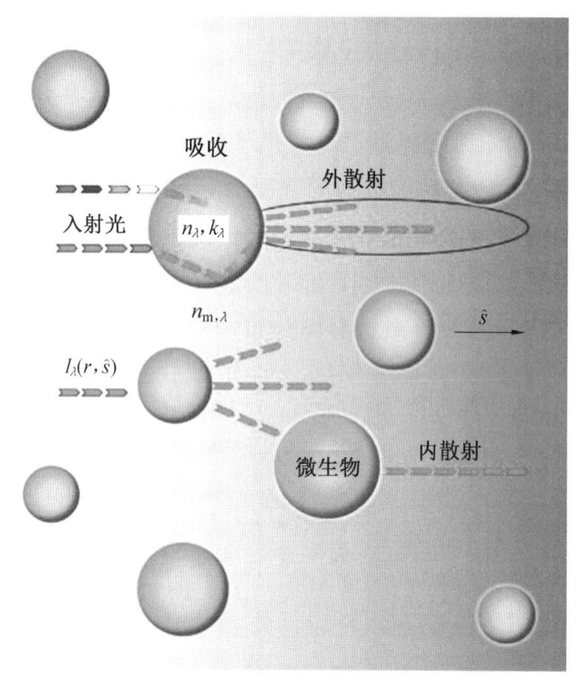

图1.5　光合微生物对光子吸收系数和散射在光生物反应器中的光传输[18]

可以通过散射不对称因子 g_{λ} 来描述散射相函数 $\Phi_{T,\lambda}$ 的角空间分布基本特征,其定义为[16]

$$g_{\lambda}=\frac{1}{2}\int_{0}^{\pi}\Phi_{\lambda}(\Theta)\cos\Theta\sin\Theta\mathrm{d}\Theta \tag{1.3}$$

式中　Θ——入射方向 $\hat{s}_i$ 与散射方向 $\hat{s}$ 之间的夹角。

散射不对称因子的取值在−1～1之间变化,分别对应于完全后向散射和完全前向散射的极限情况。对各向同性散射,散射相函数 $\Phi_{T,\lambda}(\Theta)=1$,此时 $g_{\lambda}=0$。类似的,可以定义一个后向散射比 b_{λ} [18]

$$b_{\lambda}=\frac{1}{2}\int_{\pi/2}^{\pi}\Phi_{\lambda}(\Theta)\sin\Theta\mathrm{d}\Theta \tag{1.4}$$

对于纯前向散射、各向同性散射和完全后向散射的微藻细胞悬浮液,b_{λ} 分别等于 0、1/2 和 1。值得说明的是，由于光合微生物细胞的尺寸一般较大，在可见光波段其前向散射很强，具有 g_λ 趋于 1 及 b_λ 趋于零的特性。

多分散微藻细胞悬浮液的平均吸收截面 $C_{abs,\lambda}$ 和散射截面 $C_{sca,\lambda}$（m^2）与其光谱吸收系数 κ_λ 和散射系数 $\sigma_{s,\lambda}$ 有关[16]，即

$$\bar{C}_{abs,\lambda}=\frac{\kappa_\lambda}{N_T} \text{ 和 } \bar{C}_{sca,\lambda}=\frac{\sigma_{s,\lambda}}{N_T} \tag{1.5}$$

式中 N_T ——细胞数密度，定义为每立方米悬浮液的细胞数。

N_T 也可用单位体积悬浮液的干重质量（g/L 或 kg/m^3）表示的微藻悬浮液的生物质浓度来代替。以 m^2/kg 干重表示的平均光谱质量吸收截面 $A_{abs,\lambda}$ 和散射截面 $S_{sca,\lambda}$ 表示为[16]

$$\bar{A}_{abs,\lambda}=\frac{\kappa_\lambda}{X}, \quad \bar{S}_{abs,\lambda}=\frac{\sigma_{s,\lambda}}{X} \tag{1.6}$$

式中 X ——细胞质量浓度，kg/m^3。

通常，传统光生物反应器中的生物质量浓度在 0.1～2.0 g/L 之间变化。但在封闭的增强型光生物反应器中，例如生物膜或内部照明的光生物反应器中，生物质量浓度可以达到 100 g/L。

1.1.5 生长动力学与光生物反应器性能的关联

从能量的角度来看，光合微生物（微藻）的光合作用对光子的吸收“忽略”了入射光子的方向，可不考虑方向辐射强度 $I_\lambda(r,\hat{s})$，更适合使用局部光谱投射辐射 $G_\lambda(r)$（也称光子通量率，与光子密度成正比）考虑从所有方向入射的光子贡献。在光生物反应器中的位置 r 处，$G_\lambda(r)$ 定义为[16]

$$G_\lambda(r)=\int_{4\pi} I_\lambda(r,\hat{s})\,d\Omega \tag{1.7}$$

由于包含不同色素，光合微生物可以利用各种波长的光子。可在光合有效辐射光谱区（PAR）上对局部投射辐射进行平均，定义 PAR 平均局部投射辐射 $G_{PAR}(r)$ 为

$$G_{PAR}(r)=\int_{PAR} G_\lambda(r)\,d\lambda \tag{1.8}$$

基于一维平板和管式光生物反应器的双通量近似，可导出 $G_\lambda(r)$ 的简单解析解，其可较准确地预测暴露于直射和漫射阳光下露天池塘和平板型光生物反

应器内的 $G_\lambda(r)$ 和 $G_{PAR}(r)$ [48]分布。采用该分析解法，可无须通过数值方法求解辐射传输方程，但仍然需要了解微生物悬浮液的光谱辐射特性，即 κ_λ、$\sigma_{s,\lambda}$ 和 Φ_λ。

在光生物反应器中，微藻细胞处于悬浮状态。实际应用中，可从局部 PAR 平均光谱投射辐射估算出体积为 V 的整个光生物反应器内的平均光谱投射辐射 G_{ave}

$$G_{ave}=\frac{1}{V}\int_V G_{PAR}(r)\mathrm{d}V \tag{1.9}$$

平均光谱投射辐射 G_{ave} 已用于生长动力学模型，适用于光学上较薄的光生物反应器，其中 PAR 平均局部投射辐射在光生物反应器内变化不大。然而，当光生物反应器 $G_{PAR}(r)$ 具有较大梯度时，常用的方法是将局部增长率 $\mu(r)$ 与光生物反应器的局部注量率 $G_{PAR}(r)$ 和平均值 $\mu(r)$ 联系起来。

表征光辐射场分布的相关参量 $G_{PAR}(r)$、G_{ave} 与微藻的生长动力学以及光生物反应器的生产率和效率密切相关。为对光辐射场分布进行理论分析，必须知道微藻细胞悬浮液的光谱辐射特性参数，包括有效光谱吸收系数 κ_λ、有效光谱散射系数 $\sigma_{s,\lambda}$ 及散射相函数 $\Phi_\lambda(\Theta)$，将在后面章节详述。

1.2 微藻光谱辐射特性

微藻细胞光谱辐射特性是表征微藻光学性质的基本物理参数，也是研究光在微藻培养液中传输过程所依赖的基础物性。因此如何获得微藻细胞粒子的辐射特性参数是一个非常重要的科学问题。本节主要介绍微藻细胞光谱辐射特性参数的测量方法、微藻光谱辐射特性实验测量及微藻光谱辐射特性理论的研究进展。

1.2.1 微藻光谱辐射特性测量方法

微藻细胞的辐射特性参数包括散射截面、吸收截面及散射相函数，一般可通过实验测量或电磁场理论计算获得，辐射特性的实验测量又可分为直接测量和间接测量。直接测量指通过实验测量信号利用测量公式直接获得辐射特性参

数，间接测量指利用实验获得的测量信号结合正问题求解方法及优化算法进行辐射特性参数的反演。对散射相函数的直接测量要求被测样品的光学厚度 $\tau \ll 1$，即满足单散射条件，光在样品介质中仅经历 1 次散射[16]。衰减系数一般通过测量法向透过率获得，测量法向透过率时探测器需要与被测样品介质保持一定的距离，尽量避免计入除透射方向外的散射信号以降低测量误差[16]。为消除器皿界面的多次反射及折射效应的影响，需要测量仅装有培养基溶液的法向透过率作为参考。因此有学者提出使用浸没式的测量设备，把光源光纤和探测器都浸没在被测样品介质中，这样就避免了器皿壁面的多次反射和折射效应的影响[49]。Li 等[50]发明了一种双光程方法用于测量粒子混悬液系衰减系数，并消除器皿介质界面多次反射的影响。

吸收系数的测量方法较多，但其依据的基本原理本质上相一致。Moore 等[51]和 Zaneveld 等[52]设计了反射管式吸收系数测量装置，该实验装置可用于测量极低浓度的微藻悬浮液样品。Fry 等[53]提出了积分腔吸收系数测量装置由漫射半透明壁面分隔的同心球壳构成，积分腔设备被认为是一种精确测量吸收系数的装置。Privoznik 等[54]和 Berberoglu 等[55]使用积分球装置测量微藻悬浮液的吸收系数，测量中要求被测微藻悬浮液贴近积分球的开口，以使散射光尽量进入积分球内降低实验测量误差。

以上介绍的衰减系数和吸收系数测量方法均针对生长稳定期的微藻细胞，对处于生长期间的微藻细胞辐射特性参数的在线测量较困难。对于生长期的微藻一般来讲无法满足单散射条件，如对其进行取样稀释则会对生长中的微藻培养液造成一定的影响，因此在不影响微藻生长的前提下去测量生长相关辐射特性是研究生长期微藻辐射特性问题的关键，也是研究生长相关辐射特性变化规律的前提。本书在总结前人工作的基础上，介绍了生长期微藻辐射特性的在线测量方法。

相对于直接测量方法，间接测量方法在获得辐射特性参数上也具有其重要的研究地位和应用价值。间接测量方法一般利用实验测量信号结合正问题求解方法和优化算法获得衰减系数、吸收系数及散射相函数等辐射特性参数。辐射传输方程是微分－积分方程，除了在简单情形下存在解析解，一般需要求助于数值方法对其进行求解。辐射传输正问题的数值求解方法有离散坐标法、有限体积法、有限元法、谱元法及蒙特卡罗法等[56-57]。反演方法的优点是对被测样品和测量设备没有特殊要求，如不要求被测样品的光学厚度 $\tau \ll 1$，缺点是反演过程需要对正问题进行反复求解，计算量较大、花费时间较多且反演结果对于特定的问题存在多值性等困难[58-59]。相关研究如 Dombrovsky 等[60]使用二热流近似方法结合优化算法及实验测量的方向半球散射信息对含气泡玻璃介质的近红外波段的辐射特性进行了反演分析，在获得辐射特性的同时还可得到玻璃介质内的气泡体积分数及杂质的掺入信息。Randrianalisoa 等[59]使用双向散射透过率数据结合两阶段反演优化算法对含气泡玻璃介质的辐射特性参数进行了反演，提出的两阶段反演方法可获得更加准确的辐射特性参数。反演方法对于在线测量的应用具有一定的优势，可在不干扰微藻生长的前提下完成对微藻细胞辐射特性的测量。针对蒙特卡罗法具有并行度高和适应性强的特点，本书将介绍使用图形处理器(GPU)并行加速的蒙特卡罗法结合全局优化算法解决反演测量方法计算量大的问题。

散射相函数一般也称单散射相函数，其直接测量的前提为弥散介质满足单散射条件，一般使用角度散射仪完成。角度散射仪可以由探测器使用步进电机带动进行旋转，从而获得不同角度下的测量信号，再经过一定的处理就获得了散射相函数。最一般的粒子散射相函数是天顶角 θ 和方位角 φ 的函数，但实际混悬液中的粒子的取向可认为是随机均匀分布的，这样散射相函数就只是天顶角 θ 的函数而与方位角 φ 无关[55]。Jonasz 和 Fournier[11]对各种不同的散射相函数测量仪进行了详细介绍。最近的研究中，Pilon 课题组[10]设计了一种浸没式散射相函数测量设备，其把探测器和光源出射口都浸没在微藻悬浮液中，避免了盛装藻液的器皿壁面的散射效应对藻液相函数测量的影响，其主要缺点是设备结构相对复杂且测量时需要的藻液样品量较大。由于微藻细胞在可见光波段具有较大的尺度参数，其散射相函数在可见光光谱都表现出强前向散射特征[16]。

1.2.2 微藻光谱辐射特性实验研究

微藻细胞的光谱辐射特性主要与细胞粒子的光谱复折射率、粒径分布及形态相关[11]。其中，细胞的光谱复折射率为最基础的光学参数，因此获得不同种类微藻细胞的光谱复折射率对微藻光合作用动力学过程的深入理解和微藻能源的开发和利用具有重要意义。微藻细胞的光谱复折射率实部与细胞内的碳含量相关[11]，而光谱复折射率虚部主要与细胞内的光合色素相关[13]。Spinrad 等[61]使

用流式细胞仪分析了6种浮游藻类的光谱复折射率实部。Jonasz等[62]使用浸泡折射率方法研究了多种海洋微藻细胞的光谱复折射率实部，其实验测量基本原理为微藻细胞的折射率和周围介质的折射率相同时，被测样本对光能的衰减最小，此时可认为周围介质的折射率即为微藻细胞的折射率。Green等[63]使用流式细胞仪测量微藻细胞的前向散射和侧向散射等信号，结合Mie理论得到微藻细胞的光谱复折射率。Jonasz和Fournier[11]详细介绍了多种用于预测和测量微藻细胞光谱复折射率的方法，这些方法的主要缺点是只能测量某个波长下的光谱复折射率值。

由于微藻细胞对光能的吸收是由细胞内的光合色素完成的，因此微藻细胞光谱复折射率的吸收指数 k_{λ} 可通过细胞内的光合作用色素光谱吸收截面及相应的色素浓度得到。Kandilian等[64]定量研究了使用色素吸收截面预测的藻细胞吸收系数与实验测量的吸收系数之间存在的差异，表明理论预测的吸收系数在吸收峰处更加尖锐，但总体上可以较好地描述实验测量结果。Lee等[14]利用实验测量得到的吸收截面和散射截面及粒径分布数据，结合Mie理论进行了多种微藻光谱复折射率的反演研究。Heng等[65]利用实验测量得到的散射和吸收截面结合无限长圆柱假设反演算法，获得了丝状蓝藻（*Anabaena cylindrica*）的光谱复折射率参数。

微藻细胞的辐射特性，即吸收截面、散射截面及散射相函数参数，与微藻种类和生长条件相关。目前只有实验测量方法可以准确地获得其辐射特性参数，但使用电磁场理论对微藻细胞辐射特性进行定性甚至定量的研究也是重要的研究方向。许多学者对微藻辐射特性的研究工作做出了重要贡献，Privoznik等[54]通过实验测量了单细胞藻类 *Chlorella pyrenoidosa* 的光谱衰减截面、吸收截面及散射相函数辐射特性参数。Davies-Colley等[66]通过实验测量了新西兰多种淡水藻类的光谱吸收系数和散射系数。Reynolds等[67]研究了氮源对假微型海链藻（*Thalassiosira pseudonana*）的光谱吸收截面和散射截面的影响，发现氮源对其辐射特性会产生明显影响。

近年来，美国加州大学洛杉矶分校Pilon教授课题组通过实验研究了多种微藻细胞的辐射特性。Berberoglu和Pilon[68]通过实验测量了两种产氢微藻，即多变鱼腥藻（*Anabaena variabilis*）和类球红细菌（*Rhodobacter sphaeroides*）在300～1 300 nm光谱范围的光谱吸收截面和散射截面及632.8 nm波长下的散射相函数。Berberoglu 等[55]通过实验测量了 *C. reinhardtii* CC125 及其基因改造型 tla1、tlaX 和 tla1－CW^+ 的吸收截面、散射截面和散射相函数等参数，对比研究了基因改造的莱茵衣藻与野生莱茵衣藻的区别。Berberoglu 等[69]通过实验研究了 3 种小球藻的光谱吸收截面、散射截面及散射相函数。Kandilian 等[64]通过实验研究了微绿球藻(*Nannochloropsis oculata*)的光谱辐射特性参数，并对比了不同入射光源对其辐射特性参数的影响。Heng 等[70]通过实验测量了微绿球藻在不同生长阶段的光谱吸收系数和散射截面，结果表明光谱吸收截面和散射截面随生长时间会发生显著变化，而细胞的粒径分布变化很小。Heng 和 Pilon[71]通过实验研究了集胞藻(*Synechocystis* sp.)的光谱辐射特性参数，并对其光谱复折射率进行了反演分析。Kandilian 等[72]测量了两种绿藻纲微藻的光谱吸收截面和散射截面，并给出了简化理论模型。本书作者[73-78]通过实验研究了多种微藻的生长相关辐射特性，提出了生长相似律理论模型用于描述辐射特性随生长的变化规律。微藻光谱辐射特性的实验结果表明，微藻细胞的光谱吸收截面存在多个吸收峰，其位置与细胞内光合色素的吸收峰相对应，微藻细胞的散射相函数表现出强前向散射特征且在 PAR 光谱区间上近似不变，微藻细胞的光谱辐射特性与微藻的生长条件相关。

综上所述，可通过直接实验测量和间接实验测量方法获得微藻细胞的光谱复折射率，直接实验测量方法一般需要测量细胞内的化学组成及其复折射率，结合等效介质理论得到微藻细胞的等效复折射率参数，该方法对实验设备要求较高且实验误差较大。间接测量方法在获得微藻细胞的等效光谱复折射率参数上则相对容易和准确，但受反演模型和计算量的限制。使用实验设备直接测量微藻细胞光谱吸收截面、光谱散射截面及散射相函数的方法是目前微藻辐射特性研究的重要方式，该方法不受微藻形状、生长条件及细胞内细胞器分布的影响，是准确获得微藻细胞辐射特性的重要方法。

1.2.3 微藻辐射特性理论研究

在已知微藻细胞的形状、粒径分布及光谱复折射率等参数后，微藻细胞的光谱辐射特性可通过求解电磁场理论 Maxwell 方程组进行理论预测。对于均匀简单几何形状的粒子，Maxwell 方程组可以得到解析解，如 Lorenz-Mie 理论是 Maxwell 方程组对于均匀球状粒子施加适当边界条件获得的解析解[79-80]，对于

同心球及无限长圆柱形粒子，Maxwell 方程组同样存在解析解[79, 81-82]。对于复杂形状的折射率不均匀的粒子可以使用离散偶极子(DDA)、T 矩阵(T-Matrix)及时域有限差分(FDTD)等数值方法获得微藻细胞的散射特性参数[83]。微藻细胞内存在多种细胞器导致细胞折射率存在不均匀性，但很多学者假设微藻细胞为均匀球体，以使用 Lorenz-Mie 理论对藻细胞辐射特性进行研究。由于微藻的主要成分如蛋白质、碳水化合物及油脂等的折射率相差不大，假设藻细胞粒子折射率均匀是合理的。目前对于类球形细胞粒子的研究相对成熟，但微藻细胞形态多样，对于丝状等更加复杂形状的多细胞藻类而言，均匀折射率假设带来的局限性和偏差目前尚不明确。Quirantes 和 Bernard [84]使用均匀折射率假设研究了双层球细胞粒子和非球形椭球细胞粒子模型的辐射特性。Dong 等[85]使用 DDA 方法研究了细胞表面毛刺对微藻细胞粒子辐射特性如光谱散射截面、吸收截面及不对称因子等参数的影响。Lee 和 Pilon 等[86]使用多球 T-Matrix 方法研究了多球丝状微藻的散射特性及其等效圆柱模型的散射特性，证明了等体积圆柱等效模型可以对多球丝状微藻的辐射特性进行更准确的描述，但其对偏振元素的预测则存在较大的差异(除偏振元素 S_{44}/S_{11} 外)。作者基于离散偶极子方法对多种微藻散射特性进行理论研究，考虑了细胞核、表面形态、细胞膜及胶鞘对散射特性的影响，此外还研究了圆柱等效散射体用于预测微藻辐射特性[87-88]。

如前所述，细胞内的各种细胞器的存在导致细胞粒子的折射率不均匀，且一般来讲细胞器的光谱复折射率参数是未知的。Aas 等[89]基于细胞的各种组成成分研究对比了多种等效介质方程对确定细胞粒子等效复折射率的影响，并指出细胞含水量的不确定性对等效折射率的影响甚至超出等效介质模型的选择。Pottier 等[42]假设折射率在可见光区为常数，而吸收指数 k_λ 则由各种色素的光谱吸收截面和色素质量浓度确定，即

$$k_\lambda = \frac{\lambda}{4\pi}\sum_j C_j Ea_j \tag{1.10}$$

式中 C_j ——第 j 种色素在细胞中的质量浓度，kg/m^3；

Ea_j ——第 j 种色素的光谱吸收截面。

Bidigare 等[13]通过实验测量了多种色素的光谱吸收截面，如类胡萝卜素、叶绿素 a、叶绿素 b 等。最近，Dauchet 等[90]抛弃了在 PAR 光谱区间折射率为常数的假设，基于微藻细胞的光谱吸收指数 k_λ，使用 Kramers-Kronig 关系确定微藻

细胞的光谱复折射率 n_{ν}，即

$$n_{\nu}=n_{\nu_p}+2\frac{(\nu^2-\nu_p^2)}{\pi}P\int_{\nu_{\min}}^{\nu_{\max}}\frac{\nu' k_{\nu}'}{(\nu'^2-\nu^2)(\nu'^2-\nu_p^2)}\mathrm{d}\nu' \tag{1.11}$$

式中 ν——频率；

P——柯西主值。

获得细胞粒子的光谱复折射率参数后，使用电磁场理论即可给出细胞粒子的辐射特性参数及偏振元素信息。

实验观察表明，微藻细胞在生长分裂过程中会出现细胞团聚现象[91]。Heng等[92]研究对比了双细胞粒子、四细胞粒子团聚体和环形细胞粒子团聚体及其等效球体模型的辐射特性和偏振元素，发现上述细胞团聚体的辐射特性可由等效双层球模型近似计算。Kandilian 等[93]研究了团聚物及其等效双层球模型的吸收截面、散射截面及不对称因子等参数，研究表明可使用双层球模型的辐射特性参数近似描述团聚物的辐射特性参数。He 等[94]使用分形理论对细胞团聚体进行建模并使用广义 Mie 理论计算了莱茵衣藻(C. *reinhardtii*)团聚体的辐射特性，研究了分形维数和团聚体细胞数等对细胞团聚物辐射特性的影响。

综上所述，对微藻细胞辐射特性理论预测的主要困难来源于藻细胞形态的多样性及藻细胞的内部结构。准确获得细胞内部细胞器的光谱复折射率、细胞组成成分、细胞的形态及粒径分布等参数是理论预测的前提。如果考虑到微藻细胞粒子在生长过程中发生的团聚现象，则会对理论预测提出更高的要求。然而，细胞团聚体占微藻整体细胞的百分比及其对微藻培养液辐射特性的影响程度还有待进一步实验研究。目前，对简单类球形藻细胞粒子辐射特性的理论研究相对较多也比较成熟，但对复杂形状的细胞粒子辐射特性的研究还比较少，其理论近似和实验研究方法还有待进一步完善。

第2章 微藻光谱辐射特性的直接测量方法

本章主要介绍微藻光谱辐射特性的直接测量方法，包括实验器皿高透材料复折射率测量方法和微藻生长期光谱辐射特性在线测量方法，并分析传统测量方法应用于微藻辐射特性在线测量的局限性，基于微藻细胞辐射特性的特征提出改进方案。此外，对改进方案及传统测量方法应用于在线测量的准确性进行对比分析，给出多种典型微藻在稳定期及生长期辐射特性的实验研究结果。

微藻混悬液中的光辐射场分布（光子投射辐射场、局部光照环境）是影响微藻生长的重要因素。光生物反应器中的光辐射场分布与微藻的光谱辐射特性密切相关。目前，微藻光谱辐射特性的研究主要针对处于生长稳定期的微藻细胞。然而，由于微藻细胞具有生长、分裂及代谢过程，微藻辐射特性必然会随着这些过程发生变化。测量微藻辐射特性随生长时间的变化对于准确预测微藻混悬液内的光强分布具有重要意义。传统的稳定期微藻辐射特性测量基于单散射条件，而对于处于生长期的微藻则不能进行稀释，只能对其进行在线测量，因此需要研究传统测量方法应用于在线测量时的误差分析并给出新的测量方法。由于微藻细胞在可见光波段具有较大的尺度参数，其散射相函数具有强前向散射特征，一般认为其散射相函数与波长无关，所以其散射相函数的在线测量实际意义不大。因此，微藻的光谱吸收系数和光谱衰减系数是研究微藻生长期辐射特性的两个关键参数。

本章主要介绍微藻生长期辐射特性在线测量方案，分析传统测量方法应用于微藻辐射特性在线测量的局限性，基于微藻细胞辐射特性的特征提出改进方案。同时，对改进方案及传统测量方法应用于在线测量的准确性进行对比分析，最后以多种典型微藻为例进行稳定期和生长期辐射特性的实验研究。本章给出的生长期微藻辐射特性在线测量方法是研究微藻生长相关辐射特性的基础，在第 4 章中将使用本章给出的在线测量方法研究多种微藻的生长相关辐射特性。

2.1　实验器皿高透材料复折射率测量

盛装待测颗粒混悬液的器皿一般为高透固体材料，同时也是研究颗粒混悬液光谱辐射特性的重要部件。窗口材料的光谱特性取决于其复折射率，测量用窗口材料的复折射率将直接带入到多层介质(玻璃一样本一玻璃)计算模型中,它的准确与否会直接影响颗粒混悬液辐射特性的测量精度。为了更精确地获得颗粒混悬液辐射特性数据,对窗口材料光学特性的研究是十分有必要的。

高透窗口材料被广泛应用于很多领域,如激光窗口、透镜、滤波器和中红外光纤材料[95]。一般的光学窗口材料在紫外到红外波段都具有高透明度、低色散和低瑞利散射。高透窗口的光学性质对于光学系统和光波导的准确设计至关重要,但现存方法难以精确测得其复折射率,尤其是在弱吸收的高透波段。

本章分析了双光程透射法与椭偏法各自存在的问题及解决方法,提出了一种新的精确测量窗口材料复折射率的双光程透射与椭偏联合法(DOPTM-EM),并搭建对应实验测量系统对该方法进行验证和误差分析;应用该方法测量获得了高透波段氟化钡、氟化钙、氟化镁、硫化锌和硒化锌等窗口材料不同温度下的复折射率,并分析了温度对其复折射率的影响。

2.1.1 材料复折射率的常用测量方法

几种典型的测量透明窗口材料的方法有反射与透射联合法、Kramers-Kronig 关系转化法、光声技术法、衰减全反射法、椭偏法和透射法。因测量对象不同,它们与测量液态半透明介质的方法存在明显差异。Khashan 等[96]提出了一种基于固体平板的反射比和透射比来获得其复折射率的方法,即反射与透射联合法,获得了室温下玻璃和硅基片的复折射率,并发现固体材料的衰减因子、界面处的菲涅尔反射比和透射比是影响其光学特性的 3 个重要因素。Khashan 等[97]使用反射与透射联合法研究了在 0.2~3 μm 波段半导体硅薄膜的复折射率。Wahab 等[98]用反射与透射联合法研究了在 0.4~2.5 μm 波段 $Cd_{1-x}Zn_xSe$ 薄膜的复折射率。El-Zaiat 等[99]采用反射与透射联合法研究了在 0.22~2.2 μm 波段 $B_2O_3-PbO-Al_2O_3-Sm_2O_3$ 玻璃的复折射率。反射与透射联合法适合测量高折射率的材料,但对于某些低折射率的材料,例如氟化物窗口材料,其在高透波段的反射率小于 0.05。此时,反射比测量误差较大,所以该方法不适用于低反射材料复折射率的测量。

Steyer 等[100]用反射比与 Kramers-Kronig 关系式结合法获得了石英的复折射率,但在石英吸收较弱时用透射比与 Kramers-Kronig 关系式结合来进行计算。Birch 等[101]直接用 Beer-Lambert 定律结合透射数据获得普通石英玻璃透

过波段的吸收指数，然后再由 Kramers-Kronig 关系式得到其折射率。Kitamura 等[102]由透射比与 Kramers-Kronig 关系式结合获得了硅玻璃高透波段的折射率和吸收指数，而在紫外及吸收特别强的红外波段，将反射比与 Kramers-Kronig 关系式结合来获得硅玻璃的复折射率。但是，实验数据需要在一个很宽的波段，折射率和吸收指数才能满足 Kramers-Kronig 关系，而由于高透材料的吸收很低，难以准确测量，这限制了应用 Kramers-Kronig 关系的准确性。

光声技术法已经被广泛应用于低吸收固体材料吸收系数的测量。Bennett 等[103]用光声技术法测量了多种高透材料的吸收系数，此方法通常使用激光来诱导可检测的光声效应，进而获得弱吸收材料的吸收系数。Hordvik 和 Schlossberg[104]用光声技术法测量了若干透明材料的吸收系数。但由于此方法须使用较大功率的单波长激光光源，因此很难满足连续波长的测量需求。

衰减全反射法已被广泛用于研究散装材料、表面和薄膜的光学特性。Haas 等[105]用衰减全反射法对 $Si-SiO_2$ 表面的光学特性进行了研究。Hordvik[106]对于衰减全反射法测量低吸收材料的研究做了综述，研究者指出此方法对于发现材料的吸收特性非常有用。Regalado 等[107]用衰减全反射法来测量固体的复折射率，并指出了此方法的不足之处。但是衰减全反射法难以获得精确的吸收系数结果，尤其当测量用玻璃与待测样本折射率相近时，测量结果误差更大。

椭偏法在固体和薄膜复折射率方面的应用已被人们熟知。Kvietkova 等[108]研究了红外窗口材料 ZnSe 和半导体材料 $Zn_{0.87}Mn_{0.13}Se$ 的光学特性，并对这两种材料的椭偏参数进行了对比分析。Zolanvari 等[109]用椭偏法研究了 ZnS/Ag/ZnS 透明导电的三明治结构的折射率和吸收指数。Wang 等[110]用椭偏法研究了不同厚度 ZnS 薄膜中红外波段的光学特性。然而，椭偏法在测量低吸收材料的复折射率时存在一定的局限性。

透射法非常适用于高透窗口材料的测量，尤其是在吸收系数非常小时，此方法可获得准确度较高的数值。Tuntomo 等[111]用双光程透射法测量了液体碳氢燃料在 2.5～15 μm 波段范围内的折射率和吸收指数，这是首次提出用此方法获得介质的复折射率。Dong 等[112]用双光程透射法测量了 ZnSe 玻璃在 0.83～21 μm波段的折射率和吸收指数，并对反演结果产生的误差进行了分析。双光程透射法是依据两组不同的透射比联立方程并反演获得材料的折射率和吸收指数，但是求解联立方程时极易出现两组不同的解，所以亟待找到合理的方法去解决多值性问题。综合上述方法可知,想要精确测量连续波段高透窗口的复折射率,需要对它们的不足进行改进。

2.1.2 固体材料测量的双光程透射与椭偏联合法

因窗口材料在高透波段的吸收系数极小,所以可选用双光程透射法(Double Optical Pathlength Transmission Method,DOPTM)来获得其复折射率。但是由于 DOPTM 存在多值性问题,EM 可获得稳定的单值解,所以将上述两种方法联合(即 DOPTM−EM)是一种最佳选择。DOPTM−EM 既可解决两种方法各自的缺点,还可进一步提高其测量结果的精度。

当待测样本吸收较强时,可以直接使用椭偏法获得其复折射率。椭偏法的关键特征是测量光在样本表面反射后其偏振态的变化。入射光线经起偏器作用后转变为线偏振光,入射线偏振光经实验样本反射后,偏振状态变成椭圆偏振光,反射椭圆偏振光经检偏器作用后变为线偏振光并被探测器接收。椭偏参数 ψ 和 Δ 用来表征入射偏振光偏振状态的改变,其可定义为[113]:

$$\tilde{\rho}=\tan\psi e^{i\Delta}=\tilde{r}_p/\tilde{r}_s=\left(\frac{E_{rp}}{E_{ip}}\right)/\left(\frac{E_{rs}}{E_{is}}\right) \tag{2.1}$$

式中 $\tan\psi$ 与 Δ—— 表示 p 和 s 偏振方向上反射系数比 $\tilde{\rho}$ 的幅值和相位差;

E_{is} 与 E_{ip}—— 表示 s 和 p 偏振方向上入射光电场的分量;

E_{rs} 与 E_{rp}—— 表示 s 和 p 偏振方向上反射光电场的分量;

$\tilde{r}_p$ 与 $\tilde{r}_s$—— 表示 s 和 p 偏振方向上的反射系数。

如果使用复数坐标表示振幅反射系数,此时由公式(2.1)可得到如下公式:

$$\psi=\tan^{-1}|\tilde{\rho}|=\tan^{-1}\left|\frac{\tilde{r}_p}{\tilde{r}_s}\right| \tag{2.2}$$

$$\Delta=\arg\tilde{\rho}=\begin{cases}\tan^{-1}[\mathrm{Im}(\tilde{\rho})/\mathrm{Re}(\tilde{\rho})] & \mathrm{Re}(\tilde{\rho})>0\\ \tan^{-1}[\mathrm{Im}(\tilde{\rho})/\mathrm{Re}(\tilde{\rho})]+180^\circ & \mathrm{Re}(\tilde{\rho})<0,\quad \mathrm{Im}(\tilde{\rho})\geqslant 0\\ \tan^{-1}[\mathrm{Im}(\tilde{\rho})/\mathrm{Re}(\tilde{\rho})]-180^\circ & \mathrm{Re}(\tilde{\rho})<0,\quad \mathrm{Im}(\tilde{\rho})<0\end{cases} \tag{2.3}$$

椭偏仪通过测量椭偏参数 ψ 和 Δ 进而可得到样本的复折射率(或介电函数)。由于会受到表面粗糙度和衬底的影响,需建立测量系统的光学模型,从而获取样本真实的复折射率,椭偏仪数据主要使用 WVASE32 软件进行后处理。

由于实际待测样品的厚度有限，当样本吸收较弱时，容易受到前后两层界面间多次反射的影响，椭偏法测量的结果随着入射角的不同而变化，导致数据测量精度下降。图2.1为振幅比ψ和相位差Δ随着折射率和吸收指数的变化。图中假设模拟基片为无穷厚度，N_0和N_1分别为空气($N_0=1$)和样本的复折射率，入射角为70°。如图2.1所示，振幅比ψ和相位差Δ随着折射率变化剧烈，但当吸

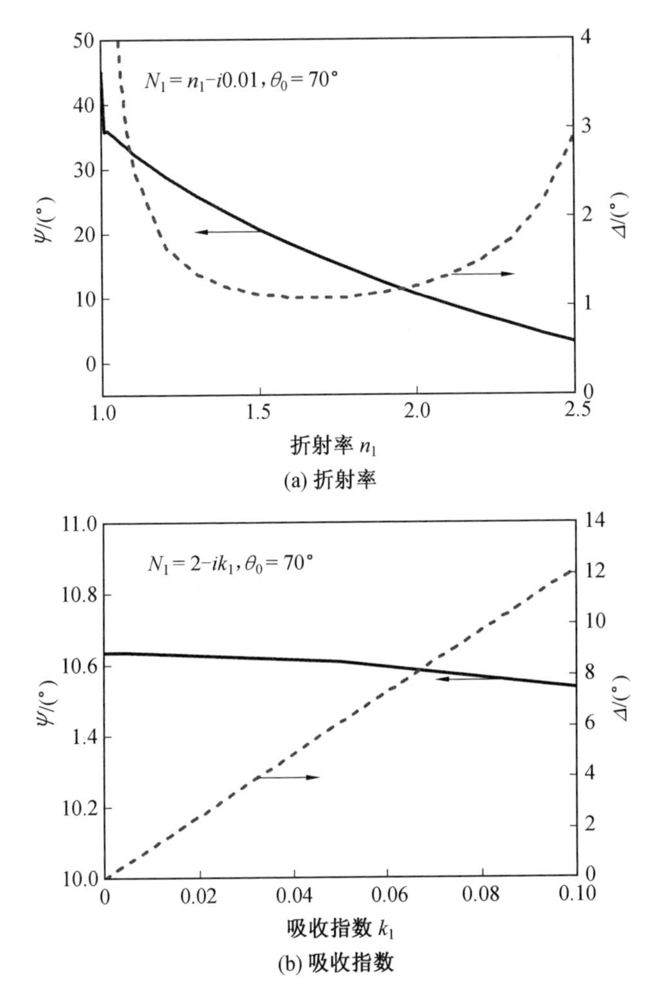

图2.1　振幅比ψ和相位差Δ随着折射率和吸收指数的变化

收指数较小时，振幅比ψ基本没有随吸收指数的减小而变化。例如，当$N_1=2-i0.0001$时，振幅比ψ对吸收指数的偏导数($\mathrm{d}y/\mathrm{d}k_1=0.0015$)远小于振幅比$\psi$

对折射率的偏导数($dy/dn_1=17.6$)。因此,在吸收较弱时(高透波段)椭偏法可以得到相对精确的折射率,但是测量得到的吸收指数误差较大。

为了更好地说明在高透波段用椭偏法测量高透窗口材料复折射率的精度,图 2.2 和图 2.3 分别给出了在 2～14 μm 波段通过椭偏法测量得到(单晶)氟化钡的折射率和吸收指数在不同入射角下随波长的分布。从图 2.2 和图 2.3 中可知,在入射角分别为 75°、70°、65°、60°、55° 和 50°时,氟化钡基片折射率和吸收指数产生明显的变化。另外,在 14 μm 波段附近,氟化钡基片折射率和吸收指数随着入射角增大数值变化较小。图 2.2 中氟化钡的折射率在入射角为 60°时,比较接近文献中的数值,但是图 2.3 中各个入射角下的基片吸收指数与文献值都相差较远。由此可知,用椭偏法测量高透窗口材料在低吸收波段的复折射率时会产生不可忽视的误差。

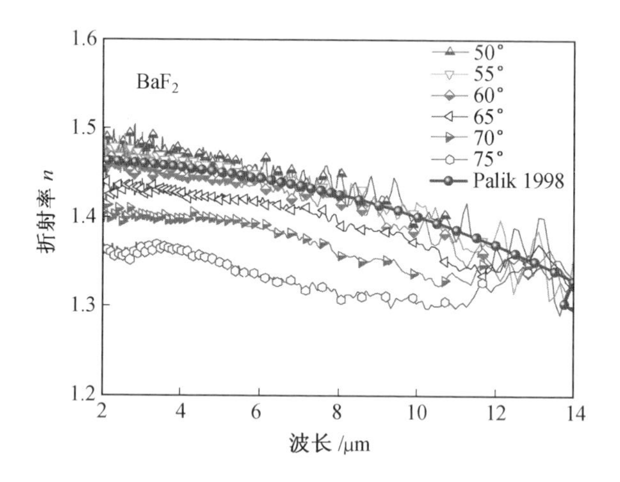

图 2.2　椭偏法测量得到氟化钡的折射率在不同入射角下(75°、70°、65°、60°、55° 和 50°)随波长的变化并与文献值[114]进行对比

图 2.4 为不同入射角下椭偏法测量样本基片时的光线路径模型。如图所示,由于探测器接收角的大小是有限的,反射光线不能被完全探测到。当入射角非常小时,探测器可接收到更多的反射光。因受到样本基片/空气界面的多次反射和折射的影响,用椭偏法测量高透窗口材料产生的误差难以消除。但是鉴于椭偏法测量氟化钡的折射率与文献值非常接近,此时可把椭偏参数测量值用于 DOPTM 迭代计算的初始值,从而有效消除其多值性。

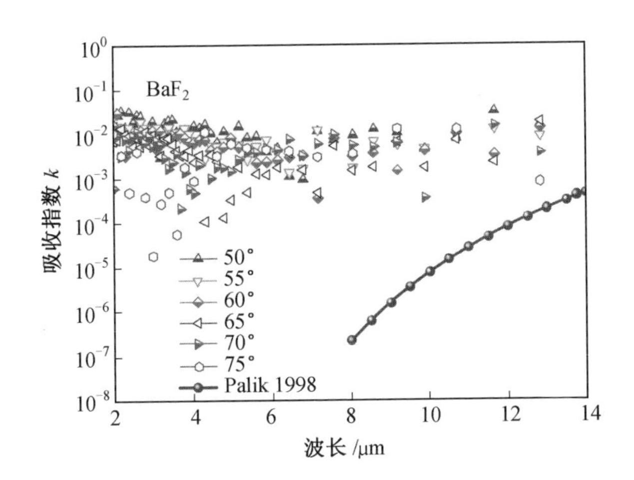

图 2.3　椭偏法测量得到氟化钡的吸收指数在不同入射角下(75°、70°、65°、60°、55° 和 50°)随波长的变化并与文献值[114]进行对比

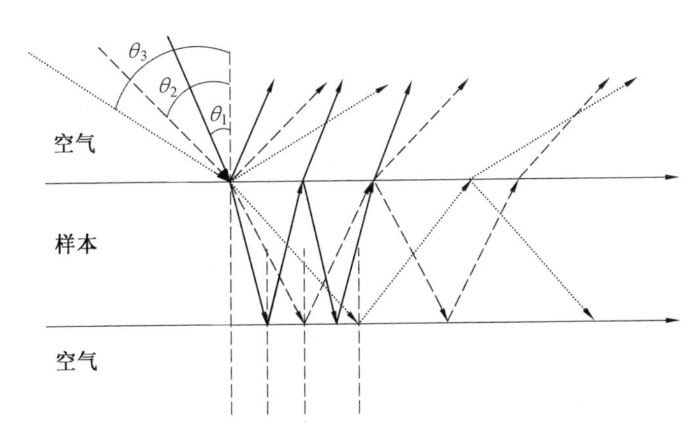

图 2.4　不同入射角下椭偏法测量样本基片时的光线路径模型

2.1.3　改进双光程透射法

高透窗口材料的复折射率可通过测量两个不同光程的透射比来获得。图 2.5为光在介质中传输的示意图及参数定义。一层样本系统的透射比(T_1)、二层样本系统的透射比(T_2)和三层样本系统的透射比(T_3)都是样本的折射率、吸收指数和样本厚度的函数,其中空气的复折射率为 $n_0+ik_0=1+i_0$。透射比模型中含有两个未知数(样本折射率 n 和吸收指数 k),它们可以通过联立此 3 种样本

系统透射比中的任意两个来求出，例如，T_2 和 T_3 组合或者 T_1 和 T_3 组合。如何选择透射比组合的标准取决于样品在对应波段的吸收。例如，氟化钡在紫外、可见光和近红外波段吸收较小，因此，T_2 和 T_3 组合是最佳选择，而它在中红外段吸收较大时可选择 T_1 和 T_2 组合。这种方式的选择可以有效提高透射比测量的精度，最终提高复折射率测量的准确度。

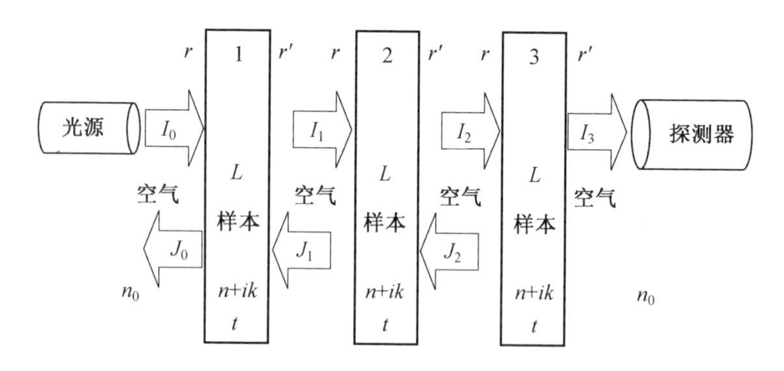

图 2.5　光在介质中传输的示意图及参数定义

如图 2.5 所示，q_0、q_1、q_2 和 q_3 分别为在到达样本 1、样本 2、样本 3 和空气中的前向传输光子投射辐射；p_0、p_1 和 p_2 分别为在空气中、到达样本 1 和样本 2 的后向传输光子投射辐射。考虑多个样本间的多次反射和透射，可以得到如下的关系：

$$p_0 = q_0 r + p_1 t, \quad p_1 = q_1 r + p_2 t, \quad p_2 = q_2 r \tag{2.4}$$

$$q_1 = q_0 t + p_1 r', \quad q_2 = q_1 t + p_2 r', \quad q_3 = q_2 t \tag{2.5}$$

式中　t——单层样本的透射比；

r——在入射方向单层样本的反射比；

r'——反射方向单层样本的反射比且 $r = r'$；一层样本系统的透射比 T_1（一个样本）、二层样本系统的透射比 T_2（两个同样材质的样本）和三层样本系统的透射比 T_3（3 个同样材质的样本）可通过求解上式获得[115]：

$$T_1 = t \tag{2.6}$$

$$T_2 = \frac{q_2}{q_0} = \frac{t^2}{1 - r^2} \tag{2.7}$$

$$T_3 = \frac{q_3}{q_0} = \frac{t^3}{1 - 2r^2 + r^4 - t^2 r^2} \tag{2.8}$$

每层样本的反射比和透射比根据菲涅耳公式获得。单层样本在入射侧的反射比和透射比分别为[116]

$$r = \rho + \frac{\tau^2 \rho e^{-2\alpha L}}{1 - \rho^2 e^{-2\alpha L}} \tag{2.9}$$

$$t = \frac{\tau^2 e^{-\alpha L}}{1 - \rho^2 e^{-2\alpha L}} \tag{2.10}$$

样本与空气层界面处的反射率也可以用菲涅耳公式来计算[117]：

$$\rho = \frac{(n - n_0)^2 + (k - k_0)^2}{(n + n_0)^2 + (k + k_0)^2} \tag{2.11}$$

样本与空气层界面处的透射率表示为 $\alpha = \frac{4\pi k}{\lambda}$。每层样本的吸收系数定义为

$$\alpha = \frac{4\pi k}{\lambda} \tag{2.12}$$

式中　λ—— 波长。

样本的复折射率不能在方程中直接求解得到，用共轭梯度迭代法来反演待测样本的复折射率（n 和 k）。其中，目标函数 F 定义为

$$F = (T - T_{EXP})^2 + (T' - T'_{EXP})^2 \tag{2.13}$$

式中　T_{EXP} 和 T'_{EXP}—— 实验测量的两组不同光程透射比；

T 和 T'—— 模型中计算的两组不同光程透射比。

DOPTM 的实现依据下列流程进行：

(1) 设置迭代过程中复折射率（n_{ini} 和 k_{ini}）的初始值。

(2) 正向求解给出计算透射比 T_1、T_2 和 T_3。

(3) 如果目标函数收敛标准被满足则终止迭代；否则，进入下一步。

(4) 通过共轭梯度迭代法反演计算并得到复折射率的新值，此时返回到步骤(2)。

由于测得透射比的标准不确定度 ΔT_{EXP} 小于 0.5%，反演计算中判定目标函数的收敛准则为 $F < 10^{-6}$（$< 2 \times \Delta T_{EXP}^2$）。然而，可能存在几个不同的复折射率值都具备满足目标函数收敛的条件，即不同的初始值可能会得到不同的反演结果，详细的讨论及解决办法将在后面的章节叙述。

2.1.4 双光程透射法的多值性及解决办法

为了更好地描述两个未知数(n 和 k)可能出现的多值性，下面通过理论分析满足两个不同光程透射比的折射率和吸收指数。不同层数介质系统的透射比等值线如图 2.6 所示。理论分析时每层介质样本厚度为 4 mm，图中带有下划线的数值是单个样本的透射比(实线)，不带下划线的数值是两个样本的透射比(虚线)，每两层样本之间的距离为5mm。例如，如图2.6(a)所示，透射比分别为

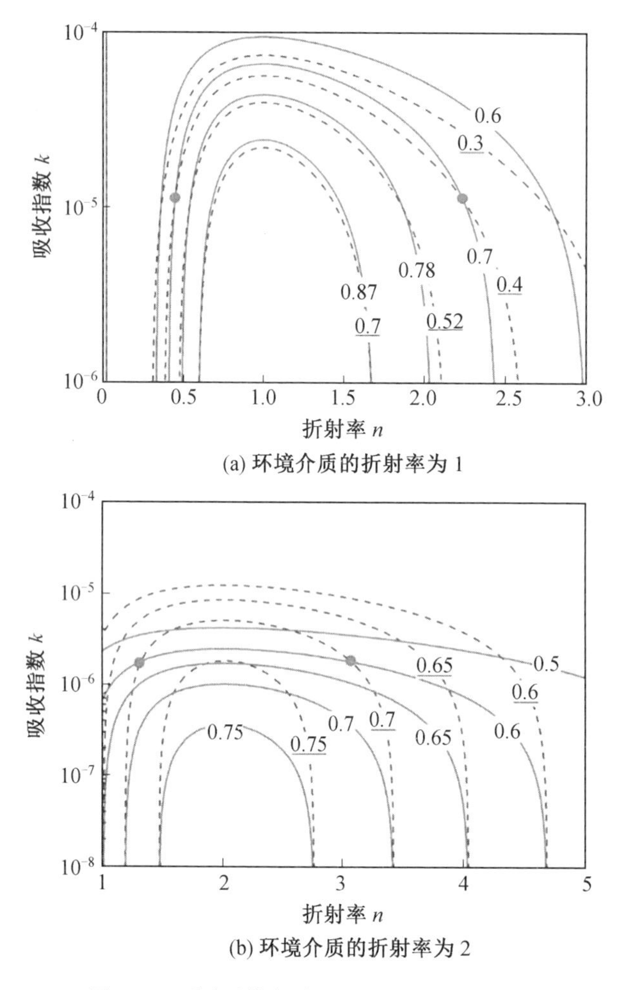

图 2.6 不同层数介质系统的透射比等值线

0.7 和 0.4 的等值线相交于两点，可看出这里存在两组不同的复折射率解。从图中可知，有两个不同的解位于环境介质折射率的两侧，即一个解大于环境介质折射率，另一个解则小于环境介质折射率。

选择合适的透射比是提高反演复折射率准确度的一个有效方式，当然这也取决于样本的厚度。透射比的大小是影响样本层数选择的重要因素。反演结果中只有一组是正解，给定一个恰当的初始复折射率值（接近真实值）是一种获得正确反演结果的有效方法。在双光程透射和椭偏联合法中，椭偏法用于提供反演计算中复折射率的初始值。因为共轭梯度迭代法的特征和优点，基于椭偏法提供的初始值，它可以帮助反演结果向正确的方向移动，并且确保只会得到复折射率的真实值。此外，选择适当的初始值能大大提高共轭梯度最小化过程的收敛速度。为了方便使用，附录给出了双光程透射与椭偏联合法程序。

2.1.5　双光程透射与椭偏联合法的验证

验证用（单晶）氟化钡窗口材料为圆片状（中国天津），其直径为 25 mm，厚度为 4 mm。因为氟化钡在紫外、可见光和近红外波段吸收较小，在中红外波段吸收较大，应根据它的吸收强弱而选择不同的光程。例如，在紫外、可见光和近红外波段选用两层（两个样本）和三层（3 个样本）透射测量；在中红外波段选用一层（一个样本）和两层（两个样本）透射测量。样片通过金属壳进行固定，样片中间用均匀厚度的聚四氟乙烯垫填充以保持彼此平行。样片的平行度关系到入射角以及光程的大小，这将影响测量结果的准确性。因此，样片应尽可能地保持平行。

透射测量实验使用 V－VASE 和 IR－VASE 椭偏仪完成，如图 2.7 所示。为了覆盖从紫外到红外研究波段，V－VASE 和 IR－VASE 椭偏仪分别选用氙气灯（0.19～2.5 μm）和碳化硅棒（1.5～40 μm）作为光源，并分别采用硅和铟镓砷光电二极管探测器。由于 IR－VASE 仪器内的光学元件易潮解，为保证实验仪器的测量精度，需用空压机每天 24 h 不间断向其通入干燥空气。用椭偏仪进行透射测量时要注意以下几点：

（1）入射光源一定要与待测样本的入射表面垂直。

（2）待测样本的入射和透射两侧表面要确保平行，同时要确保待测样本表面的光滑和平整度。

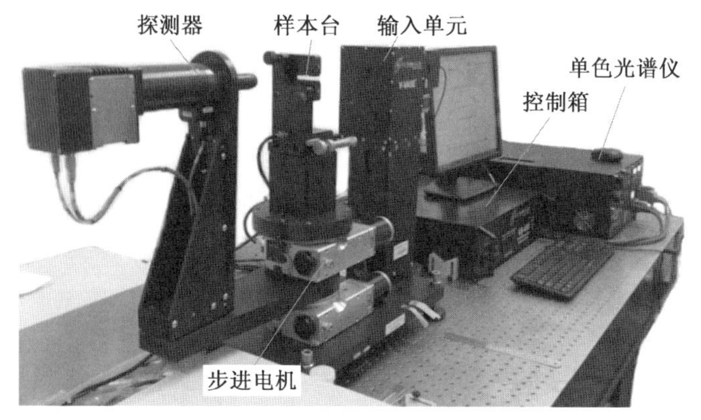

(a) V-VASE 椭偏仪

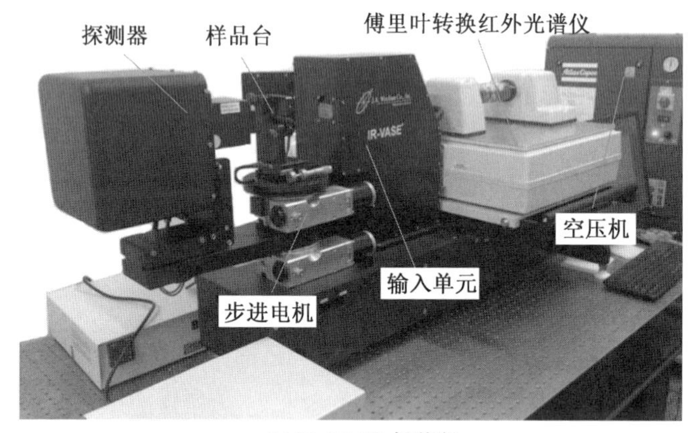

(b) IR-VASE 椭偏仪

图 2.7 实验装置及其主要组件

(3)入射光斑和探测器直径可控制大小,但探测器直径一定要大于或等于光斑直径。

(4)实验测量时要关掉屋内的所有光源,减小显示器的亮度,并尽量避免人员的走动;选取背景光时测量的环境要与放置样本测量时的环境保持一致。

每组透射测量的工作时间近 2 h,根据给定的初始值的不同,每组反演求解样本复折射率迭代过程的时间范围为 1～25 h。所有的实验测量均在室温和常压下进行。

为了降低 DOPTM－EM 实验的不确定性,每组样品测量 6 次。多次测量的透射光谱相对标准偏差 $\sigma_{T\lambda}$ 小于 0.5%。椭偏仪可以直接给出各波长下透射测量

的准确度 Δ。透射比的总不确定度 ΔT_{EXP}(68% 的置信度)可表示为

$$\Delta T_{\mathrm{EXP}}=\sqrt{(1.11\sigma_{\bar{T}})^2+\Delta^2} \tag{2.14}$$

由于反演得到的复折射率和透射比之间的关系非常复杂,不能用公式直接得到复折射率的不确定度。在考虑样本厚度的不确定度后($\Delta L_1=\Delta L_2=\Delta L_3=$ 0.05 mm),样本复折射率的不确定度可以通过反演获得。

以 BaF_2为例来验证所提出的方法。图 2.8 给出了 20 ℃时在 0.2～14 μm 波段范围内实验测得单层和双层高透波段氟化钡的透射光谱。不同层数样品的光谱透射比存在明显差别,该差别可以提高反演结果的精度。当待测样本吸收较弱时,可通过增加层数来增强样本总的吸收强度。图 2.9 为 0.2～14 μm 波段范围内透射比测量的不确定度。如图所示,实验测量透射比的不确定度范围为 0.25%～1.4%,且数值随波长变化而改变。图 2.10 为用 DOPTM－EM 获得氟化钡在 0.2～14 μm 波段范围的折射率和吸收指数并与参考文献[114]中的数据进行比较。其中,参考文献[114]给出的折射率为使用棱镜和最小偏差技术测得;在 0.27～14 μm 波段氟化钡的折射率数据由李兴灿[118]给出。

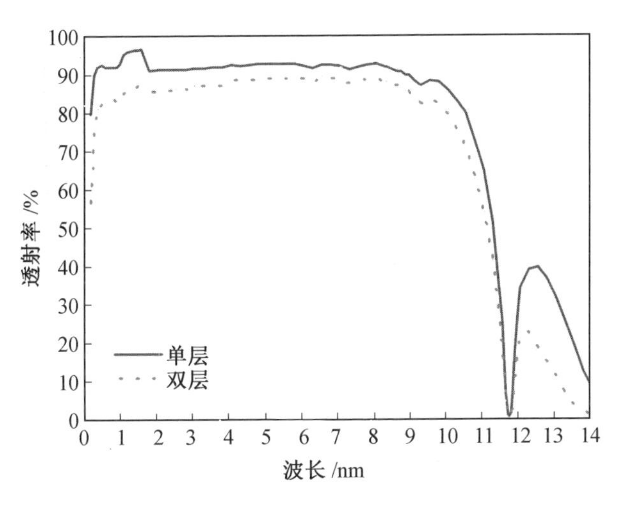

图 2.8　20 ℃时在 0.2～14 μm 波段范围内实验测得单层和双层氟化钡样品的透射光谱

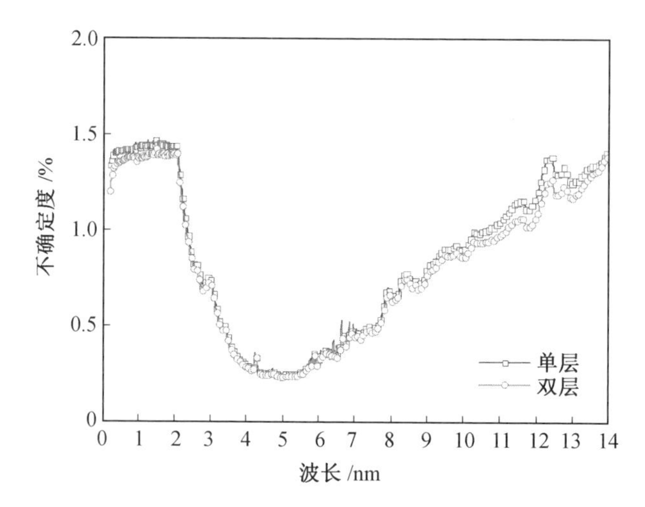

图 2.9 0.2～14 μm 波段范围内透射比测量的不确定度

从图 2.10(a)中可知,两条折射率曲线之间的相对偏差在所研究的光谱范围小于 2%。如图 2.10(b)所示,使用 DOPTM－EM 测量得到氟化钡的吸收指数 k 与参考文献数据吻合较好。在 11～12 μm 波段 DOPTM－EM 测量得到氟化钡的吸收指数存在一个吸收峰,这主要是样本制造商为增加基片强度(或其他性

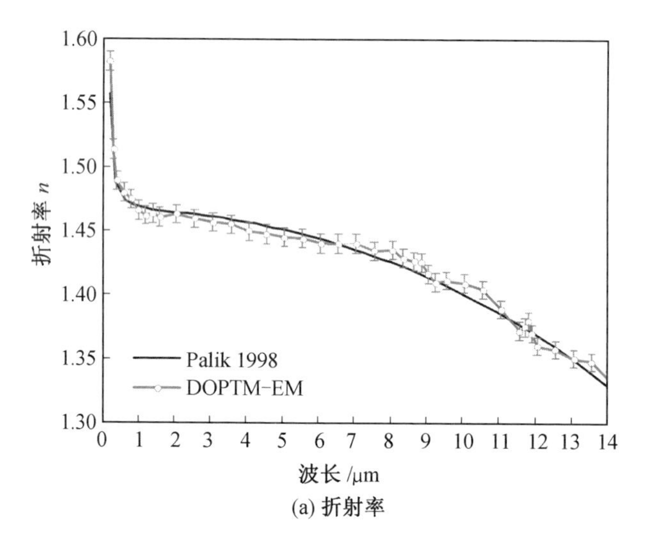

(a) 折射率

图 2.10 用 DOPTM－EM 获得氟化钡在 0.2～14 μm 波段范围的折射率和吸收指数并与参考文献[114]中的数据进行比较

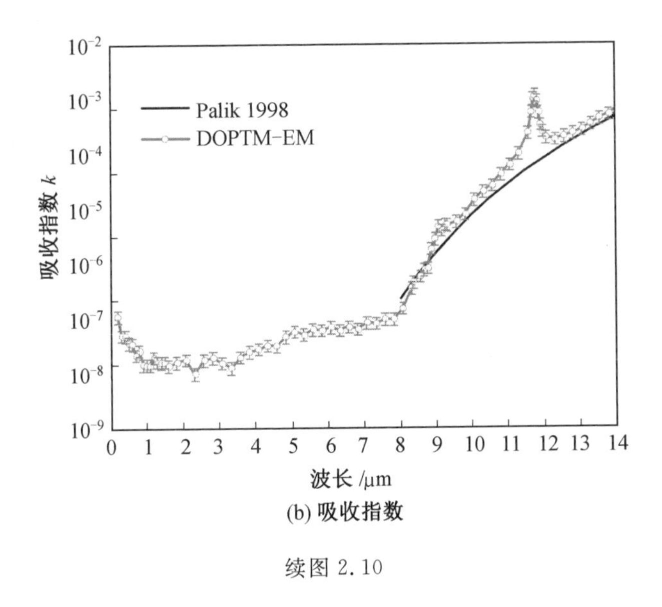

(b) 吸收指数

续图 2.10

能)而添加微量元素所造成的差异。此外,由于在 0.2～8 μm 波段氟化钡的吸收非常小,其吸收指数的变化在此波段少有研究,因此该数据对该领域进行了有效补充。综上所述,DOPTM－EM 可以获得高透窗口材料可靠和高精度的复折射率结果。

2.2　光谱吸收、衰减及散射系数测量方法

光谱吸收系数、光谱散射系数及散射相函数是求解辐射传递方程的基本物性参数。实际测量中,可以使用积分球测量吸收系数,使用法向透过率信号获得衰减系数,然后利用关系式 $\beta_\lambda = \kappa_{a,\lambda} + \kappa_{s,\lambda}$ 获得散射系数,而散射相函数可使用散射测量仪进行测量。下面给出微藻光谱吸收系数及光谱衰减系数实验测量的传统测量方法的原理及测量误差的分析。

2.2.1　光谱吸收系数测量

微藻光谱吸收系数测量装置示意图如图 2.11 所示,积分球可以把散射能量统计在内,这样损失的能量仅来自于吸收作用。如前所述,微藻是一种具有强前

向散射特征的介质，其不对称因子为 0.97～0.98[16]，因此可以仅通过测量半球透过率来获得微藻的吸收系数。

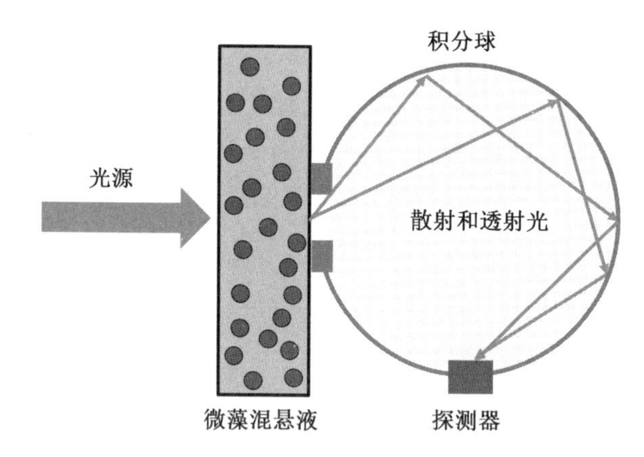

图 2.11 微藻光谱吸收系数测量装置示意图

下面给出微藻光谱吸收系数的原理。对辐射传递方程作角度空间积分可得无发射介质的辐射能量方程为[119]

$$\nabla \cdot q_{\lambda} = -\kappa_{a,\lambda} G_{\lambda} \tag{2.15}$$

式中 $q_{\lambda}(r)$ ——辐射热流，$q_{\lambda}(r)=\int_{4\pi} I_{\lambda}(r,\Omega)\Omega \mathrm{d}\Omega$；

$G_{\lambda}(r)$ ——投射辐射，$G_{\lambda}(r)=\int_{4\pi} I_{\lambda}(r,\Omega)\mathrm{d}\Omega$。

对于一维问题，若直射光沿 x 方向照射，根据轴向对称性，辐射热流只存在 x 方向分量，从而式(2.15)可以写为

$$\frac{\mathrm{d}q_{\lambda,x}}{\mathrm{d}x} = -\kappa_{a,\lambda} G_{\lambda} \tag{2.16}$$

同时投射辐射也只是 x 坐标的函数，即

$$q_{\lambda,x}(x)=\int_{4\pi} \cos\theta I_{\lambda}(x,\Omega)\sin\theta \mathrm{d}\theta \mathrm{d}\varphi = 2\pi\int_{-1}^{1} \xi I_{\lambda}(x,\xi)\mathrm{d}\xi \tag{2.17}$$

$$G_{\lambda}(x)=\int_{4\pi} I_{\lambda}(x,\Omega)\sin\theta \mathrm{d}\theta \mathrm{d}\varphi = 2\pi\int_{-1}^{1} I_{\lambda}(x,\xi)\mathrm{d}\xi \tag{2.18}$$

假设散射相函数具有强前向散射特征，因此，辐射强度仅在前向很小的角度范围内才具有显著的数值，$\xi \in [-\delta,\delta]$，δ 为一很小数值。假设相对于辐射强度，ξ 在该小角度区间内为缓变量，此时热流可以表示为

$$q_{\lambda,x}(x)=2\pi\int_{-1}^{1}\xi I_{\lambda}(x,\xi)\mathrm{d}\xi=2\pi\xi_0\int_{-\delta}^{\delta}I_{\lambda}(x,\xi)\mathrm{d}\xi=2\pi\int_{-\delta}^{\delta}I_{\lambda}(x,\xi)\mathrm{d}\xi \tag{2.19}$$

其中，ξ_0 取角度区间中心的值，$\xi_0=1$。由上面的假设，$G_{\lambda}(x)$ 可以表示为

$$G_{\lambda}(x)=2\pi\int_{-1}^{1}I_{\lambda}(x,\xi)\mathrm{d}\xi=2\pi\int_{-\delta}^{\delta}I_{\lambda}(x,\xi)\mathrm{d}\xi \tag{2.20}$$

从而 $q_{\lambda,x}(x)=G_{\lambda}(x)$，因此式(2.16)可以写为

$$\frac{\mathrm{d}q_{\lambda,x}}{\mathrm{d}x}=-\kappa_{\mathrm{a},\lambda}q_{\lambda,x} \tag{2.21}$$

即辐射热流满足如下形式的类似比尔定律的关系式

$$q_{\lambda,x}(x)=q_{\lambda,x}(0)\exp(-\kappa_{\mathrm{a},\lambda}x) \tag{2.22}$$

根据比尔定律可知，无散射介质的辐射热流准确满足上式。热流的透过率为

$$\frac{q_{\lambda,x}(L)}{q_{\lambda,x}(0)}=\exp(-\kappa_{\mathrm{a},\lambda}L) \tag{2.23}$$

图 2.12 为吸收系数测量示意图及实验测量装置照片，实验用光谱仪可以测量波长范围为 200～1 100 nm 的透过率数据，实验测量时需要将被测样品置于比色皿中。实验测量过程为：①测量比色皿加培养基时测得的光谱强度，参考信号 $T_{\mathrm{h},\lambda,\mathrm{ref}}$；②测量比色皿加微藻混悬液的光谱强度，实验信号 $T_{\mathrm{h},\lambda}$。选取参考溶液置入比色皿，则总的半球透过率可以表示为

$$T_{\mathrm{h},\lambda,\mathrm{ref}}=T_{\mathrm{g},\lambda}\exp(-\kappa_{\mathrm{a},\lambda,\mathrm{liquid}}L)T_{\mathrm{g},\lambda} \tag{2.24}$$

式中　$T_{\mathrm{g},\lambda}$ ——定制光生物反应器玻璃板的光谱透过率；

$\kappa_{\mathrm{a},\lambda,\mathrm{liquid}}$ ——培养基的光谱吸收系数。

对于微藻混悬液，总的吸收系数为液体介质吸收与藻细胞吸收之和，微藻混悬液的半球透过率可以表示为

$$T_{\mathrm{h},\lambda}=T_{\mathrm{g},\lambda}\exp[-(\kappa_{\mathrm{a},\lambda}+\kappa_{\mathrm{a},\lambda,\mathrm{liquid}})L]T_{\mathrm{g},\lambda} \tag{2.25}$$

从而得到传统的使用比较普遍的吸收系数的表达式为[68]

$$\kappa_{\mathrm{a},\lambda}=-\frac{1}{L}\ln\frac{T_{\mathrm{h},\lambda}}{T_{\mathrm{h},\lambda,\mathrm{ref}}} \tag{2.26}$$

式中　$T_{\mathrm{h},\lambda}$ 和 $T_{\mathrm{h},\lambda,\mathrm{ref}}$ ——微藻混悬液的法向半球透过率和参考介质(培养基)的法向半球透过率；

L ——微藻混悬液的几何厚度。

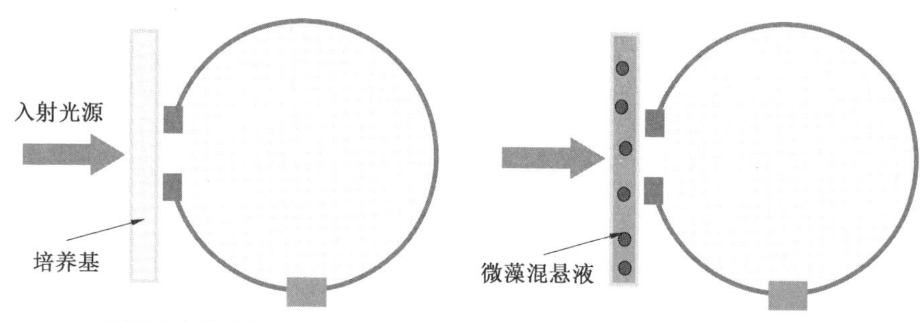

(a) 测量参考介质半球透过率　　(b) 测量微藻混悬液半球透过率

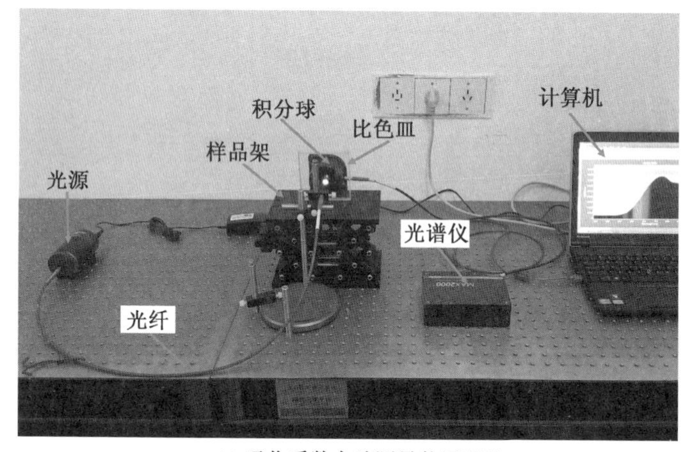

(c) 吸收系数实验测量装置照片

图 2.12　吸收系数测量示意图及实验测量装置照片

根据以上推导过程，可知该测量方法要求被测介质的散射相函数必须具有强前向散射特征，使用参考介质来消除两层玻璃盖板之间的多次反射作用的效果如何尚不明确。随着光生物反应器内细胞数密度的增加，盖板之间的多次反射作用会发生变化，这会引起测量结果的不确定性。该方法是否适用于生长期光谱吸收特性的测量需要进行评估。

2.2.2　光谱衰减系数测量

图 2.13 给出了衰减系数测量装置原理示意图及实验测量装置照片。光谱仪可以测量波长范围为 200～1 100 nm 的法向透过率数据，测量时将被测样品置于比色皿中。实验中分两组进行测量：①比色皿内加入培养基测得的参考光谱辐射信号 $T_{n,\lambda,ref}$；②比色皿加入微藻混悬液测得的光谱强度 $T_{n,\lambda}$。

下面给出光谱衰减系数的测量原理，辐射传递方程中的辐射强度可以分解为直射分量 $I_{\lambda,c}$ 和漫射分量 $I_{\lambda,d}$，即

$$I_{\lambda}(r,s)=I_{\lambda,c}(r,s)+I_{\lambda,d}(r,s) \tag{2.27}$$

两个分量分别满足如下辐射传递方程

$$s\cdot\nabla I_{\lambda,c}+\beta_{\lambda}I_{\lambda,c}=0 \tag{2.28}$$

$$s\cdot\nabla I_{\lambda,d}+\beta_{\lambda}I_{\lambda,d}=\frac{\kappa_{s,\lambda}}{4\pi}\int I_{\lambda,d}(r,s')\Phi_{\lambda}(s'\to s)\mathrm{d}\Omega'+\frac{\kappa_{s,\lambda}}{4\pi}\int I_{\lambda,c}(r,s')\Phi_{\lambda}(s'\to s)\mathrm{d}\Omega' \tag{2.29}$$

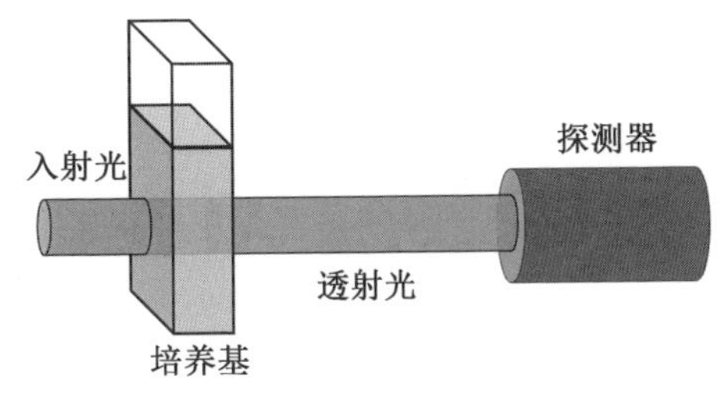

(a) 测量参考介质法向透过率

(b) 测量微藻混悬液法向透过率

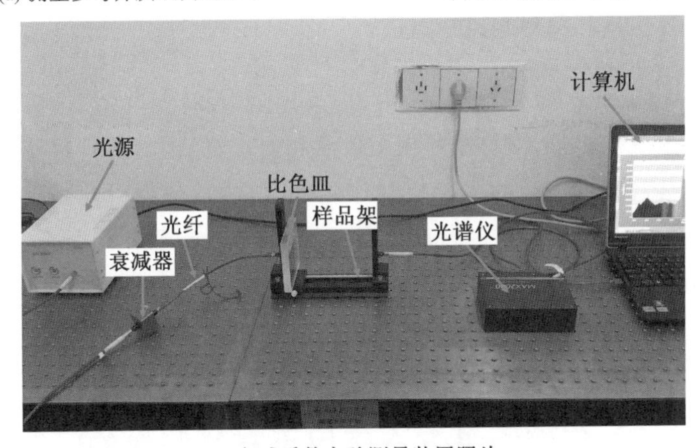

(c) 衰减系数实验测量装置照片

图 2.13　衰减系数测量原理示意图及实验测量装置照片

假设平行光照射方向为 s_c，由于平行入射光源的强度相对于漫射分量很大，则对于平行光分量其辐射强度可以写为 δ 函数的形式，即

$$I_{\lambda,c}(r,s)=q_{\lambda,c}(r)\delta(s-s_c) \tag{2.30}$$

从而式(2.28)和式(2.29)可以改写为

$$s_c \cdot \nabla q_{\lambda,c} + \beta_\lambda q_{\lambda,c} = 0 \tag{2.31}$$

$$s \cdot \nabla I_{\lambda,d} + \beta_\lambda I_{\lambda,d} = \frac{\kappa_{s,\lambda}}{4\pi}\int I_{\lambda,d}(r,s')\Phi_\lambda(s' \to s)\mathrm{d}\Omega' + \frac{\kappa_{s,\lambda}}{4\pi} q_{\lambda,c}(r)\Phi_\lambda(s_c \to s) \tag{2.32}$$

下面分析漫射分量在平行光方向的数值,对式(2.32)取 $s = s_c$,可得

$$s \cdot \nabla I_{\lambda,d} + \beta_\lambda I_{\lambda,d} = \frac{\kappa_{s,\lambda}}{4\pi}\int I_{\lambda,d}(r,s')\Phi_\lambda(s' \to s_c)\mathrm{d}\Omega' + \frac{\kappa_{s,\lambda}}{4\pi} q_{\lambda,c}(r)\Phi_\lambda(s_c \to s_c) \tag{2.33}$$

可以看出,由于源项 $\kappa_{s,\lambda}q_{\lambda,c}(r)\Phi_\lambda(s_c \to s_c)/4\pi$ 为非 δ 函数形式,$I_{\lambda,d}$ 也为非 δ 函数形式。从而在平行光方向,$I_{\lambda,d}$ 相对于 $I_{\lambda,c}$ 可以忽略。只要探测器探测的立体角足够小,则探测到的光子投射辐射可以认为等于 $q_{\lambda,c}$,而 $q_{\lambda,c}$ 满足比尔定律,即

$$q_{\lambda,c} = q_0 \exp(-\beta_\lambda x) \tag{2.34}$$

据此可得出衰减系数表达式为[68]

$$\beta_\lambda = -\frac{1}{L}\ln\frac{T_{n,\lambda}}{T_{n,\lambda,\mathrm{ref}}} \tag{2.35}$$

根据以上推导过程,虽对散射相函数没有要求,但该测量过程使用参考介质来消除两层玻璃盖板之间的多次反射作用,介质的散射会引起测量误差。随着光生物反应器内细胞数密度的增加,盖板之间的多次反射作用会发生变化,这会引起测量结果的不确定性。与光谱吸收系数的测量类似,该方法是否适用于生长期光谱衰减特性的测量需要进行评估。

2.3 传统测量方法应用于在线测量的问题

2.3.1 传统测量方法存在的问题

如上所述,微藻光谱吸收系数和衰减系数的测量要求满足单散射条件,并且光谱吸收系数的测量还要满足强前向散射条件。在获得光谱吸收系数和衰减系

数测量表达式的过程中，传统测量依法忽略了光生物反应器内的多次反射作用。微藻在生长的过程中，尤其在指数生长期浓度会迅速增加，因此不能保证满足单散射条件，并且在光生物反应器内的多次反射作用也会产生影响；但如果对生长过程中的微藻进行取样稀释，则会对微藻的生长造成一定的影响。因散射相函数基本不随微藻的生长发生变化，所以测量其稳定期的散射相函数即可。本节定量分析光谱吸收系数和衰减系数的测量公式应用于光学厚度 $\tau=\beta L$ 不满足单散射条件下产生的误差。下面的分析中引入无量纲参数散射反照率 $\omega=\kappa_s/\beta$。定义吸收(衰减)系数的相对误差表达式为

$$E=\frac{\left|\kappa_R^{\mathrm{exp}}-\kappa_R^{\mathrm{true}}\right|}{\kappa_R^{\mathrm{true}}}\times 100\% \tag{2.36}$$

其中，下标 R 可取值 a 和 e，即表示吸收系数和衰减系数。

平板式光生物反应器可以看作一个三层介质模型，两侧为玻璃介质，中间为微藻混悬液，使用蒙特卡罗法进行模拟计算。计算中两侧玻璃的折射率取为 $n_{\mathrm{glass}}=1.46$，单个玻璃厚度为 2 mm。中间微藻混悬液折射率 $n=1.34$，厚度取 10 mm，不对称因子 g 为 0.97。光源取直径为 4 mm 的高斯分布光源。对于衰减系数测量的探测器的直径取 4 mm，其距离被测样品 200 mm。对于吸收系数测量的探测器的直径取 10 mm，其距离被测样品 0 mm。以上参数的选取均是依据实验器材的具体条件参数以及实验对象的光学参数的实际值。图 2.14 给出了传统吸收系数和衰减系数测量方法相对误差图。

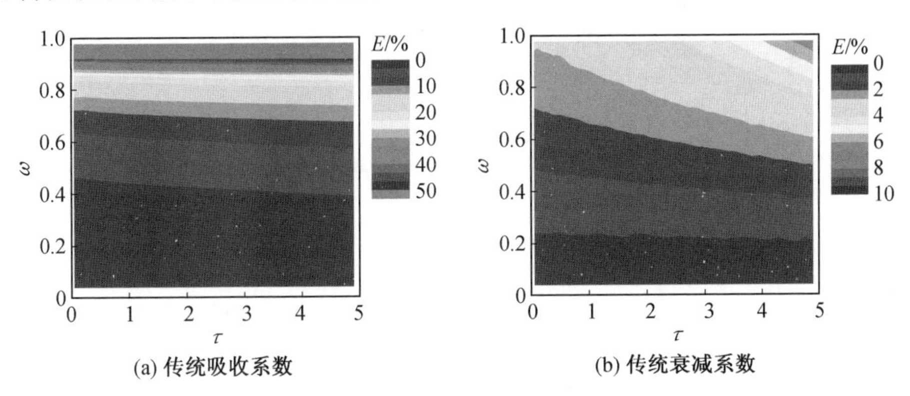

图 2.14　传统吸收系数和衰减系数测量方法相对误差图(彩图见附录)

从图 2.14(a)中可以看出，传统吸收系数测量方法的相对误差对光学厚度 τ

的变化不敏感，但其相对误差随反照率 ω 的增加而不断增大。在反照率 $\omega>0.9$ 的情况下，其相对误差大于45%。从图2.14(b)可以看出，传统衰减系数测量方法相对误差随光学厚度 τ 和散射反照率 ω 的增加而增大，但其相对误差在光学厚度 $\tau<5$ 的范围内小于10%。下面给出传统测量方法的改进方案以提高测量精度。

2.3.2 对传统测量方法的改进

从上述数值模拟中可以发现，传统吸收系数测量方法的相对误差对光学厚度变化不敏感，主要与反照率相关。当散射反照率大于0.8时，传统吸收系数测量方法的相对误差超过15%。已有的理论及实验研究结果表明，微藻的散射反照率约为0.8，且具有强前向散射特征，其散射不对称因子约为0.97。在微藻的生长中藻细胞数密度不断增加，则不能满足单散射条件。由此，本章通过引入与光学厚度和散射反照率有关的修正系数，给出了一种针对传统吸收系数和衰减系数测量方法的改进测量方案，可用于微藻辐射特性的在线测量，改进后的吸收系数和衰减系数测量公式为

$$\kappa_{a,\lambda}=-f_{a,c}\frac{1}{L}\ln\frac{T_{h,\lambda}}{T_{h,\lambda,ref}} \tag{2.37}$$

$$\beta_{\lambda}=-f_{e,c}\frac{1}{L}\ln\frac{T_{n,\lambda}}{T_{n,\lambda,ref}} \tag{2.38}$$

式中　$f_{a,c}$ 和 $f_{e,c}$ ——吸收系数和衰减系数的修正系数。

下面举例给出在光学厚度 $\tau=1.0$、不对称因子 $g=0.97$ 以及散射反照率 $\omega=0.8$ 和0.9的条件下(微藻的散射反照率一般为0.7～1)的修正系数。在散射反照率 $\omega=0.8$ 的条件下，传统吸收系数和衰减系数测量方法的修正系数分别为 $f_{a,c}=0.87$ 和 $f_{e,c}=1.025$；在散射反照率 $\omega=0.9$ 的条件下，传统吸收系数和衰减系数测量方法的修正系数分别为 $f_{a,c}=0.70$ 和 $f_{e,c}=1.030$，这里给出的修正系数与玻璃的折射率、积分球的开孔尺寸以及探测器的尺寸等因素相关。

图2.15为基于参考点 $\omega=0.8$ 和0.9情况下改进方案的吸收系数测量方法的相对误差。从图2.15(a)中可以看出，改进后的吸收系数测量方法在散射反照率 ω 为[0.7, 0.9]之间的值时，其测量结果的相对误差比传统测量方法明显减小(在 $\omega=0.8$ 处>15%)。从图2.15(b)中可以看出，在 $\omega=0.9$ 附近的区间，其相对误

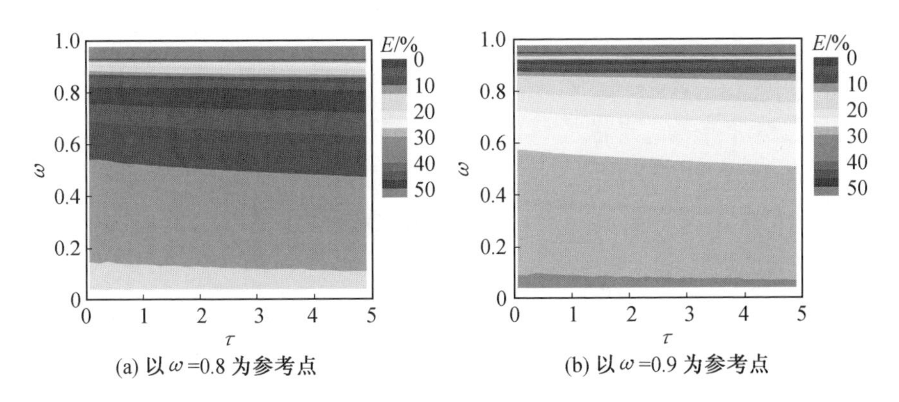

图 2.15　基于参考点 $\omega=0.8$ 和 0.9 情况下改进方案的吸收系数测量方法的相对误差（彩图见附录）

差明显减小，相比于传统方法误差降低了 45%以上，但 $\omega=0.9$ 时改进的吸收系数测量方法相比于 $\omega=0.8$ 的情况，其误差带变化更剧烈并且较窄，这是由于反照率较大时吸收系数较小，所以相对误差较大。在反照率 ω 接近 1 时，相对误差急剧增大，这是因为此时吸收系数很小（$\kappa_a \ll 1$），所以相对误差很大。图 2.16 给出了基于参考点 $\omega=0.8$ 和 0.9 情况下改进方案的衰减系数测量方法的相对误差。从图中可以看出，改进后的衰减系数测量方法在反照率 ω 取[0.5, 0.9]以及光学厚度 τ 取(0, 3.0]时相对误差很小（小于 2%），微藻辐射特性在线测量中光学厚度 τ 一般位于 0.1～3.0 之间，所以该改进方案具有实际意义。

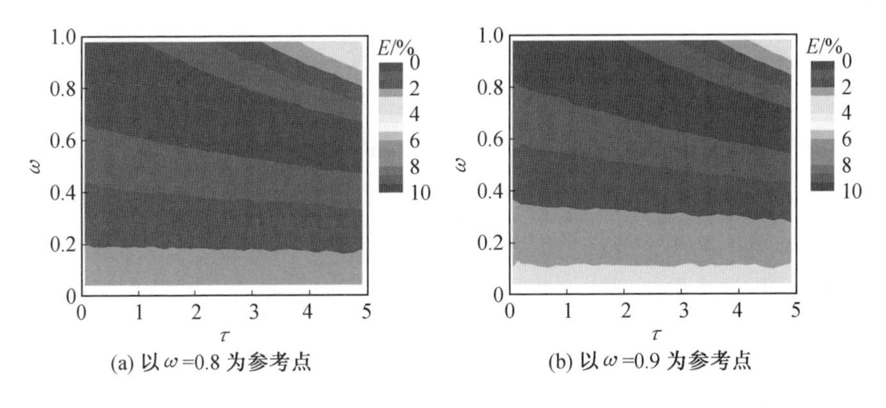

图 2.16　基于参考点 $\omega=0.8$ 和 0.9 情况下改进方案的衰减系数测量方法的相对误差（彩图见附录）

图 2.17 为以 $\omega=0.8$ 为参考点的改进方案对吸收系数和衰减系数测量的

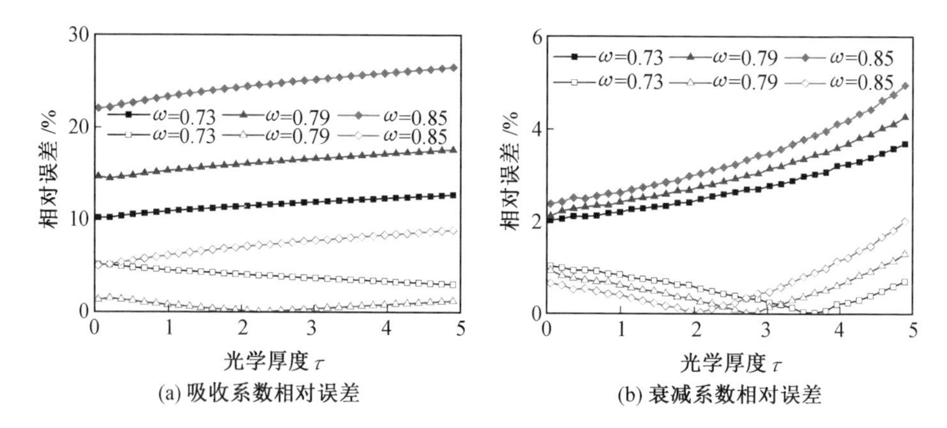

图 2.17 以 $\omega=0.8$ 为参考点的改进方案对吸收系数和衰减系数测量的相对误差

注:实心符号代表传统测量方法,空心符号代表改进的测量方案

相对误差。从图 2.17(a) 中可以看出,改进的吸收系数测量方法的相对误差更小(降低了 5%以上),并且在反照率 ω 位于[0.7, 0.85]改进后的测量方法相对误差在 10%以下,而传统方法相对误差大于 10%。从图 2.17(b) 中可以看出,改进的衰减系数测量方法在 $\omega=0.8$ 附近的相对误差明显减小,在光学厚度 $\tau<5$ 的范围内,其相对误差小于 2%。从图中可以看出改进的衰减系数测量方法明显地降低了测量误差。

图 2.18 为以 $\omega=0.9$ 为参考点的改进方案对吸收系数和衰减系数测量的相对误差。从图 2.18(a)中可以看出,改进的吸收系数测量方法在 $\omega=0.9$ 时大幅度降低了测量误差(>40%),并且降低了反照率 ω 在区间[0.85, 0.97]之间的测量误差。从图 2.18(b)中可以看出,改进的衰减系数测量方案在 $\omega=0.9$ 附近的相对误差明显减小,且在光学厚度 $\tau<3$ 的范围内的相对误差小于 2%。从图中可以看出,改进的衰减系数测量方案明显地降低了测量误差。图 2.19 为修正系数随散射反照率及光学厚度的变化关系。从图中可以看出,吸收系数和衰减系数的修正系数对光学厚度的变化不敏感,吸收系数的修正系数随反照率的增加而减小。这是由于反照率较大时散射相对较强,积分球测得的半球透过率偏小,进而获得的吸收系数值偏大。衰减系数的修正系数随反照率的增加呈现线性增大的趋势,但其变化幅度很小,所以可近似认为衰减系数的修正系数为一个常量(可取反照率 $\omega=0.8$、光学厚度 $\tau=1$ 的值)。

已有的多种微藻的实验数据的反照率位于 0.7~1.0[68-69],所以本书给出的

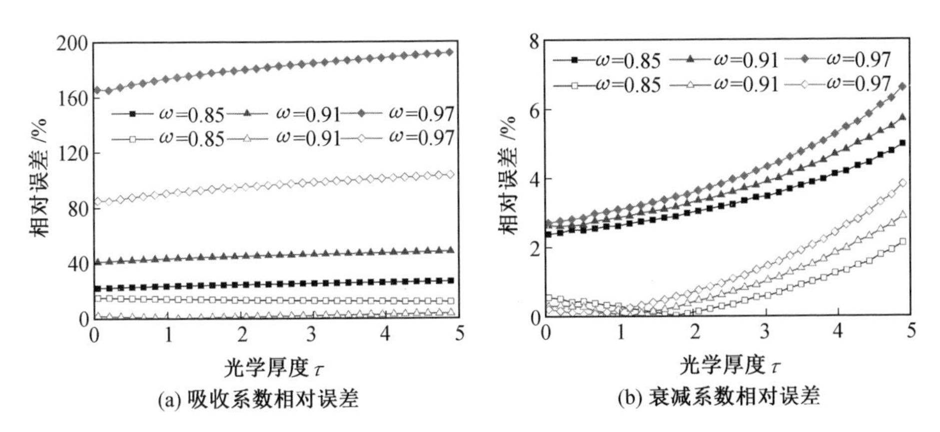

图 2.18　以 $\omega=0.9$ 为参考点的改进方案对吸收系数和衰减系数测量的相对误差

（实心符号代表传统测量方法，空心符号代表改进的测量方案）

改进的吸收系数和衰减系数测量方案在微藻混悬液介质条件下更有优势，即改进的吸收系数和衰减系数测量方案对于测量反照率 $\omega>0.7$ 的介质的吸收系数时比传统方法精度更高。综上，微藻的平均反照率在 0.8～0.9 之间，在微藻辐射特性的在线测量中平均光学厚度在 1 附近，所以本书给出的改进方案对于微藻辐射特性的在线测量可以大幅度提高微藻光谱吸收系数和衰减系数的测量精度。

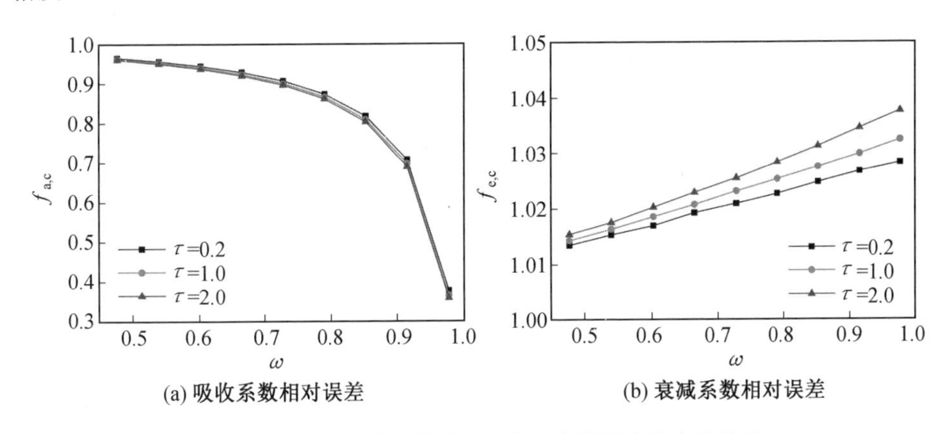

图 2.19　修正系数随散射反照率及光学厚度的变化关系

2.4 微藻光谱辐射特性在线测量方法

图 2.20 给出了光生物反应器中的光传输过程示意图。

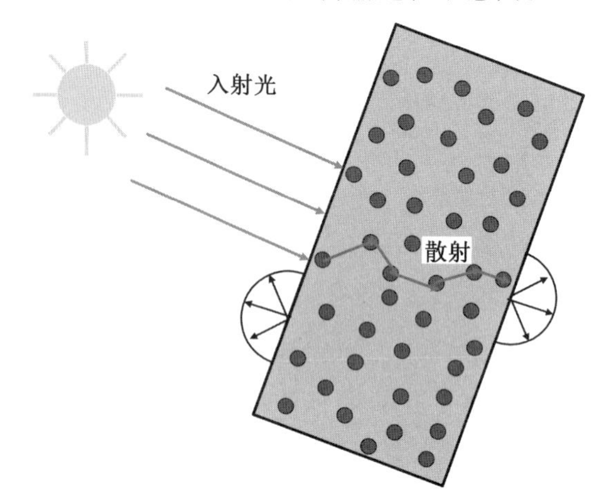

图 2.20 光生物反应器中的光传输过程示意图

微藻混悬液可以等效为半透明的吸收散射性介质,其中的辐射传输过程可由辐射传递方程来定量描述[119-120],即

$$s \cdot \nabla I_\lambda(r,s) + \beta_\lambda I_\lambda(r,s) = \frac{\kappa_{s,\lambda}}{4\pi}\int_{\Omega'=4\pi} I_\lambda(r,s')\Phi_\lambda(s' \to s)\mathrm{d}\Omega' \qquad (2.39)$$

式中 I_λ ——光谱辐射强度;

β_λ ——微藻混悬液的光谱衰减系数,$\beta_\lambda = \kappa_{a,\lambda} + \kappa_{s,\lambda}$;

$\kappa_{s,\lambda}$ ——光谱散射系数;

$\kappa_{a,\lambda}$ ——光谱吸收系数;

Ω' ——立体角;

$\Phi_\lambda(s',s)$ ——散射相函数 s' 方向的辐射散射进入 s 方向的概率,其满足归一化条件[120],即

$$\frac{1}{4\pi}\int_{4\pi} \Phi_\lambda(s',s)\mathrm{d}\Omega = 1 \qquad (2.40)$$

Henyey-Greenstein(H－G) 散射相函数可作为微藻散射相函数的一个很好的近似,且 H－G 散射相函数具有很好的适应性,经常作为参数化散射相函数模

型[16]，其形式如下：

$$\Phi_{\mathrm{HG},\lambda}(\theta)=\frac{1-g_{\lambda}^{2}}{(1+g_{\lambda}^{2}-2g_{\lambda}\cos\theta)^{3/2}} \tag{2.41}$$

式中　θ——s' 和 s 之间的夹角；

g_{λ}——不对称因子。

g_{λ} 可通过散射相函数计算为[120]

$$g_{\lambda}=\frac{1}{4\pi}\int_{4\pi}\Phi_{\lambda}(s',s)\cos\theta\mathrm{d}\Omega \tag{2.42}$$

实验研究表明，微藻混悬液是一种具有强前向散射特性的介质，其不对称因子 g_{λ} 为 0.97～0.98。光谱吸收系数和光谱衰减系数可以分别使用光谱吸收系数和衰减截面表达为[120]

$$\kappa_{\mathrm{a},\lambda}=C_{\mathrm{abs},\lambda}N \tag{2.43}$$

$$\beta_{\lambda}=C_{\mathrm{ext},\lambda}N \tag{2.44}$$

式中　$C_{\mathrm{abs},\lambda}$ 和 $C_{\mathrm{ext},\lambda}$——光谱吸收系数和衰减截面；

N——微藻细胞数密度，个/m^3。

从辐射传递方程可以看出，微藻辐射特性是求解辐射传递方程的基础参数。但微藻大规模培养中使用的光生物反应器并不适合辐射特性的在线测量。目前实验室中进行微藻培养的锥形瓶光生物反应器，虽可通过定时采样并将样品放置于专用测量容器进行辐射特性的测量，但这需要大量的采样操作，并会对光生物反应器中的微藻生长环境产生影响。此外，微藻在繁殖过程中要保持光生物反应器内的无菌环境，频繁地采样容易引起杂菌污染。

目前微藻辐射特性的研究主要集中于生长稳定期，其实验测量过程仅对生长稳定期进行取样，因而实验测量难度较小。但由于微藻细胞会进行生长和代谢过程，其辐射特性随生长发生变化。为了对微藻整个生长期辐射特性进行在线测量，需要较好地解决上述问题。这里给出一种将微藻培养与其辐射特性测量集成为一体的光生物反应器，并给出一种微藻辐射特性在线测量方案。该光生物反应器结构如图 2.21 所示，其几何形状为一个横向尺寸较宽的比色皿，可近似满足在法向光照下维持一维辐射传输的条件，这可以方便实现微藻生长期辐射特性的在线测量。图 2.21(a) 为由石英玻璃制成的光生物反应器实物照片(厚度为 10 mm)。石英玻璃在可见光波段具有很高的透过率，可以很好地满足所研究的微藻辐射特性的波长范围。图 2.21(b) 给出了辐射特性测量的光路布置。如图所示，将微藻细胞混悬液装在比色皿中，光源正入射到比色皿的一侧。由于比色皿的厚度远小于其长、宽，所以光源通过光生物反应器的过程可以近似为一维问题，可直接放置于实验系统中进行辐射特性在线测量。在微藻的培养及其辐射特性测量过程中需始终保持光生物反应器封闭，以保证不被杂菌污染。

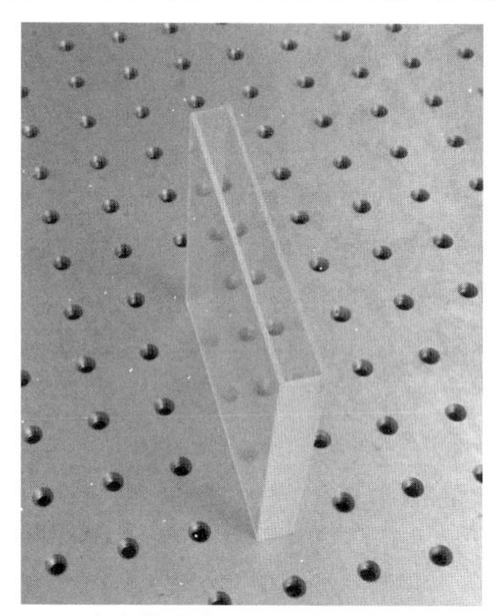

(a) 光生物反应器 / 比色皿实物照片

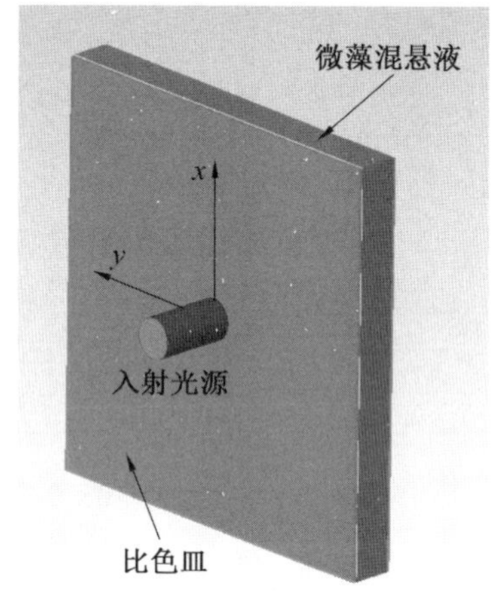

(b) 试验测量光路示意图

图 2.21　用于微藻培养及光谱辐射特性在线测量的一体式光生物反应器

2.5　散射相函数的测量方法

2.5.1　散射相函数测量方法

粒子混悬液的散射相函数是求解辐射传递方程的一个重要参数，它在能源、医学和生命科学等领域有重要应用[121-125]；而且针对散射较强的粒子混悬液，测量其散射相函数还可以用来修正或者反演其他光辐射特性参数。粒子的散射相函数可通过一种自制的浊度计来进行测量，一个圆形器皿用来盛放待测样本，这种典型的浊度计包含一个小接收角的探测器，它能够测量散射角和方位角的散射相函数[16]。浊度计法有两种典型的测量散射相函数的方式[120]：①探测器在圆形透明器皿内部，该设计减小了整体仪器的体积但同时也降低了探测器的敏感

度，且需要的样本量较大；②探测器在圆形透明器皿外部，该设计克服了第一种的缺点但却需要考虑透明器皿的影响。这里给出一种方便测量散射相函数的方法，此方法可通过测量已知复折射率和粒径分布的标准粒子实验值，其归一化后与 Lorenz-Mie 理论值进行比较，进而获得粒子混悬液在透明器皿内各角度散射光修正系数，并将该系数用来修正待测样本的散射相函数，然后对修正后的待测粒子散射光强分布进行归一化处理。

在单散射条件下，当光学厚度远小于 1 时，辐射强度分布与散射相函数成正比，可以依据此关系来测量散射相函数。图 2.22 为粒子混悬液散射相函数测量实验的光路示意图和实验设备照片。实验过程中，先根据需要选取一定波长的激光器，激光通过斩光器和分束器从法向照射装有粒子混悬液的圆形比色皿池，然后通过步进电机调整动态探测器(图 2.22 中探测器 2)的角度进行多角度测量，以探测器 1 的测量信号作为参考信号，获得一定波长在多角度下的散射相函数实验结果。测量装置采用两台锁相放大器进行探测信号和参考信号的测量，这可以显著提高对微弱散射信号的探测灵敏度。动态探测器的周向移动通过步进电机驱动，提供水平入射方向 0°～180°动态测量范围。

如图 2.22 所示，探测器 2 前面放置两个平凸透镜，计算并确定焦距位置后将它们放入透镜套管中(SM1L20)，从而保证探测器只能接收垂直方向 O 点的光线。当只考虑一阶散射时，在 O 点的光子投射辐射可表示为[126]

$$q_O = q_0 t_{\text{cuv}} \mathrm{e}^{-\beta_{\text{eff}} L_{OA}} \tag{2.45}$$

式中 q_0—— 入射光子投射辐射；

t_{cuv}—— 比色皿容器玻璃的透射比；

L_{OA}——A 点到 O 点的直线距离；

β_{eff}—— 介质等效衰减系数。

只有一部分光线能到达探测器，在散射角为 Θ 时，探测器探测到的光子投射辐射可计算为

$$q_{\text{detect}}(\Theta) = q_0 t_{\text{cuv}}^2 \mathrm{e}^{-\beta_{\text{eff}}(L_{OA}+L_{OB})} \sigma \frac{\Phi(\Theta)\Delta\Omega}{4\pi} G(\Theta) \tag{2.46}$$

式中 $\Phi(\Theta)$—— 散射角为 Θ 的散射相函数；

σ—— 介质的散射系数；

L_{OB}——B 点到 O 点的直线距离；

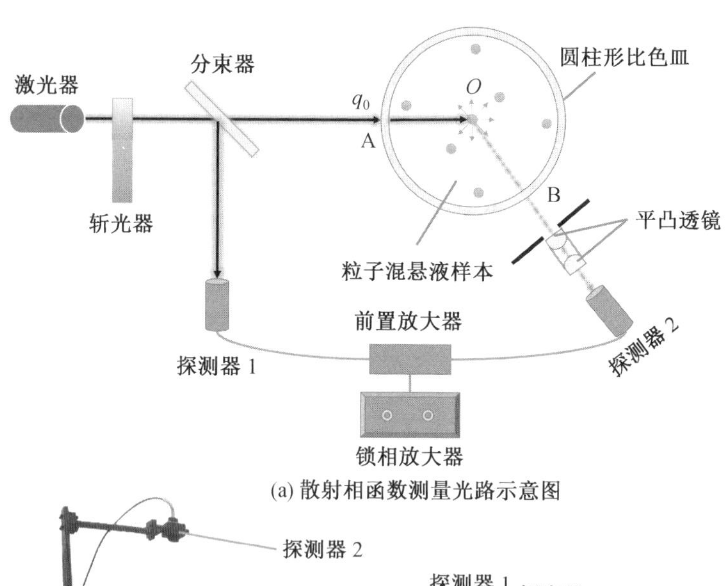

(a) 散射相函数测量光路示意图

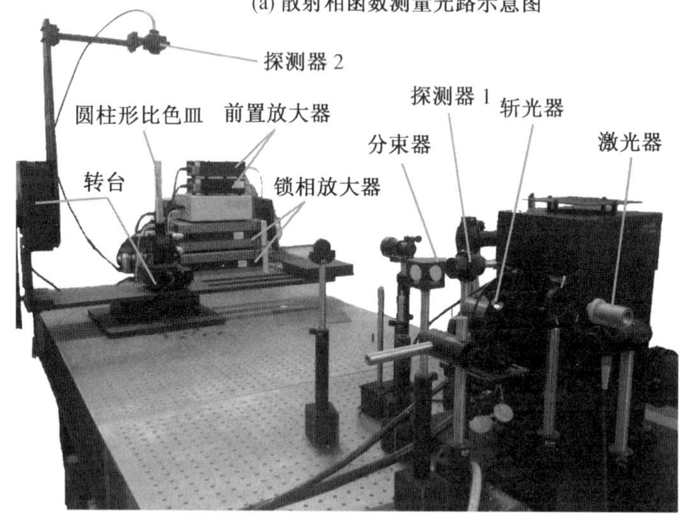

(b) 散射相函数测量实验设备照片

图 2.22　粒子混悬液散射相函数测量实验的光路示意图和实验设备照片

$\Delta\Omega$—— 接收立体角；

$G(\Theta)$—— 器皿与介质相互影响的修正系数。

粒子散射相函数可由公式转化获得：

$$\Phi(\Theta)=\frac{q_{\text{detect}}(\Theta)}{q_0\Delta\Omega}\times\frac{4\pi}{t_{\text{cuv}}^2 e^{-\beta_{\text{eff}}(L_{OA}+L_{OB})}\sigma G(\Theta)} \tag{2.47}$$

以单分散标准粒子作为参考系时，参考系的散射相函数为

$$\Phi_{\mathrm{Ref}}(\Theta)=\frac{q_{\mathrm{detect,Ref}}(\Theta)}{q_0\Delta\Omega}\times\frac{4\pi}{t_{\mathrm{cuv}}^2\mathrm{e}^{-\beta_{\mathrm{eff,Ref}}(L_{OA}+L_{OB})}\sigma_{\mathrm{Ref}}G(\Theta)} \tag{2.48}$$

式(2.47)和式(2.48)相除可得

$$\frac{\Phi(\Theta)}{\Phi_{\mathrm{Ref}}(\Theta)}=\frac{q_{\mathrm{detect}}(\Theta)}{q_{\mathrm{detect,Ref}}(\Theta)}X_{\mathrm{d}} \tag{2.49}$$

式中　X_{d}—— 定值系数。

从式(2.49)可得，对待测粒子和参考粒子的散射相函数进行归一化处理后，其比值大小只与不同散射角的探测器接收信号数值和 X 大小相关。由此可知，使用单分散标准粒子作为参考系，可以消除玻璃器皿对粒子散射相函数测量产生的影响。测量系统中，散射强度分布的实验测量关系为

$$S_{\mathrm{EXP}}(\Theta)=\frac{q_{\mathrm{detect,2}}(\Theta)}{aq_{\mathrm{detect,1}}(\Theta)\Delta\Omega} \tag{2.50}$$

式中　$q_{\mathrm{detect,1}}(\Theta)$—— 探测器 1(反射信号探测器)给出的测量信号；

$q_{\mathrm{detect,2}}(\Theta)$—— 探测器 2(散射信号探测器)给出的测量信号；

a—— 分束系数，当光路确定以后，该系数应为常数。

采用参考粒子参比法，在单散射条件下，对参考粒子测得散射强度分布 $S_{\mathrm{EXP}}(\Theta)$，并与 Lorenz-Mie 理论散射相函数值对比得到每个散射角下的修正系数 $U(\Theta)$，其可表示为

$$U(\Theta)=\frac{S_{\mathrm{EXP}}(\Theta)}{\Phi_{\mathrm{Mie}}(\Theta)} \tag{2.51}$$

用此修正系数去校正其他粒子在各个角度的散射相函数，此时待测粒子散射相函数的真实值可表示为

$$\Phi(\Theta)=S_{\mathrm{EXP}}(\Theta)/U(\Theta) \tag{2.52}$$

此时，对得到的待测粒子的散射相函数 $\Phi(\Theta)$ 进行归一化处理，用该方法可以有效消除玻璃器皿的影响，从而得到待测粒子的真实散射相函数。特别注意的是计算修正系数时，参考粒子的粒径分布对其至关重要。由于散射相函数的数量级跨度较大($10^{-3}\sim10^4$)，所以当探测弱信号时需要用锁相放大器放大其强度，且需要在不同放大档位进行多次测量来提高其精度。

2.5.2　测量方法验证

选择二氧化硅标准微球和聚苯乙烯标准微球为验证样本，基液为蒸馏水。

图 2.23 为二氧化硅微球与聚苯乙烯微球的显微照片，其中(a)通过扫描电子显微镜得到(JSM－6510MV，JEOL Ltd，日本)，(b)和(c)通过生物显微镜(UB203i－5.0M，中国)连接到电荷耦合器件(CCD)相机获得。

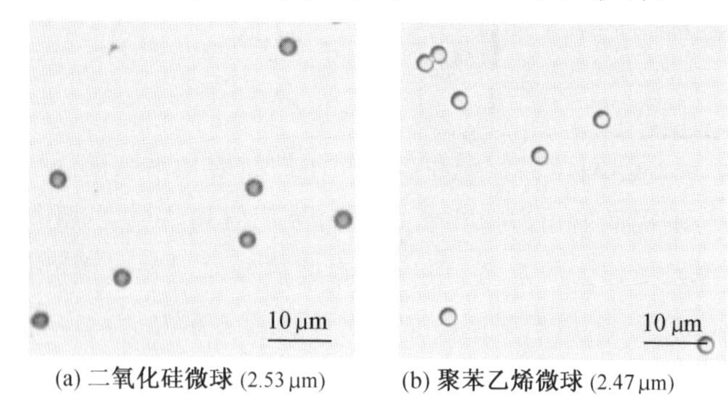

(a) 二氧化硅微球 (2.53 μm)　(b) 聚苯乙烯微球 (2.47 μm)

图 2.23　二氧化硅微球与聚苯乙烯微球的显微照片

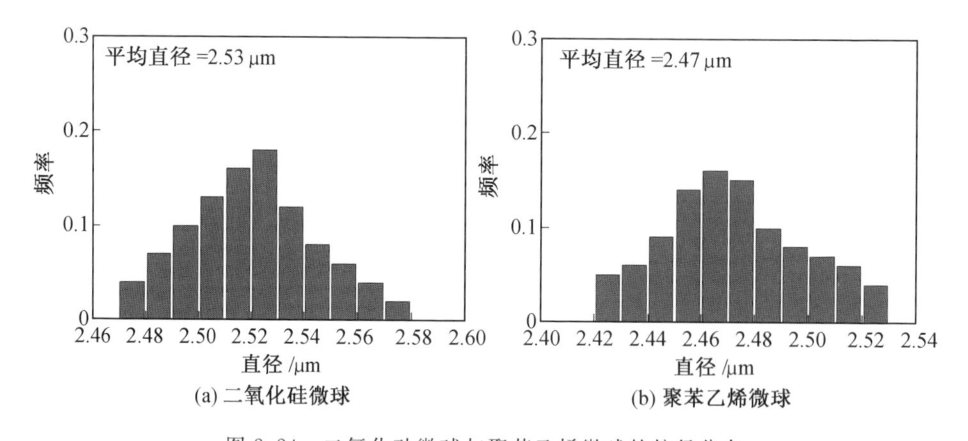

(a) 二氧化硅微球　(b) 聚苯乙烯微球

图 2.24　二氧化硅微球与聚苯乙烯微球的粒径分布

图 2.24 为二氧化硅微球与聚苯乙烯微球的粒径分布。如图所示，二氧化硅微球和聚苯乙烯微球粒径分布分别在(2.53±0.06)μm 和(2.47±0.06)μm 范围内。实验测量前用超声波振荡器(DL－1200D，中国)处理待测样本使其粒子分布均匀。二氧化硅微球混悬液不宜在空气中长时间放置，否则会发生粒子积聚，从而影响测量结果。在透射比测量完成之后，使用 Image J 软件通过照片对二氧化硅微球的粒径分布进行测定。Image J 测量并记录了 3 个不同直径的二氧化硅微球的粒径分布，每组样本需统计 300 多个粒子。粒子数密度通过使用 Petroff-Hausser 细胞计数器(Hausser Scientific，美国)获得。待测样本为单分散

微球，盛放待测样本圆形比色皿池的玻璃壁厚度为 1.5 mm。特别注意的是实验测量时光斑要控制得尽量小（光斑直径小于或者等于 1 mm），使光斑入射圆形比色皿时近似于平面入射。激光器的波长为 532 nm，二氧化硅在此波长下的折射率是 1.46。

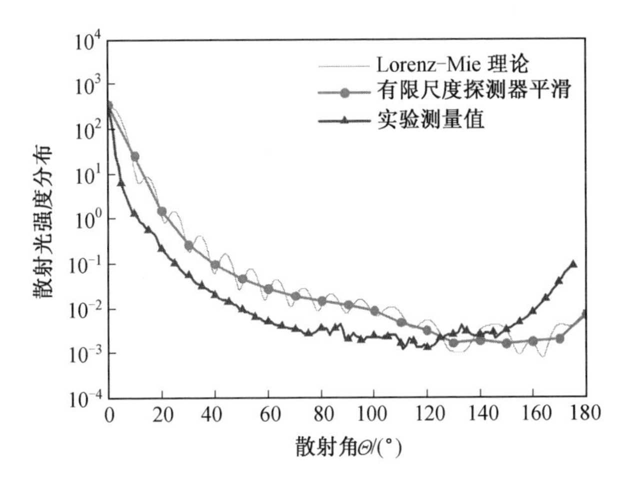

图 2.25　二氧化硅粒子混悬液散射光强度分布与 Lorenz-Mie 散射相函数理论值随散射角的分布

图 2.25 为二氧化硅粒子混悬液散射光强度分布与 Lorenz-Mie 理论值随散射角的分布。由于实际测量中存在探测器效应，因此需要对 Lorenz-Mie 理论值进行有限尺寸探测器平滑，图中带圆形符号曲线为平滑曲线。在散射角从 0°变化至 160°时散射光强度从 10^3 数量级降低至 10^{-2} 数量级，由于探测器本身的遮挡，在临近散射角 180°的附近 5°数据无法有效探测到。图 2.26 为散射光的修正系数。在每个散射角下的修正系数通过实验测量散射光强度值除以 Lorenz-Mie 理论值（消除探测器效应的平滑曲线）得到，但由于遮挡作用，临近散射角 180°附近 5°数据没有给出。

图 2.27 为聚苯乙烯粒子混悬液散射相函数实验测量值与 Lorenz-Mie 理论值随散射角的分布。聚苯乙烯混悬液的基液为蒸馏水，单分散聚苯乙烯标准微球直径为 2.47 μm。聚苯乙烯在 532 nm 波长下的折射率为 1.59。如图所示，修正前聚苯乙烯粒子混悬液散射相函数实验散射光强度分布与 Lorenz-Mie 理论值存在差异，但经修正后其数值基本与 Lorenz-Mie 理论值吻合较好，从而说明该方法能够消除器皿对测量的影响，提高粒子散射相函数测量的精度。

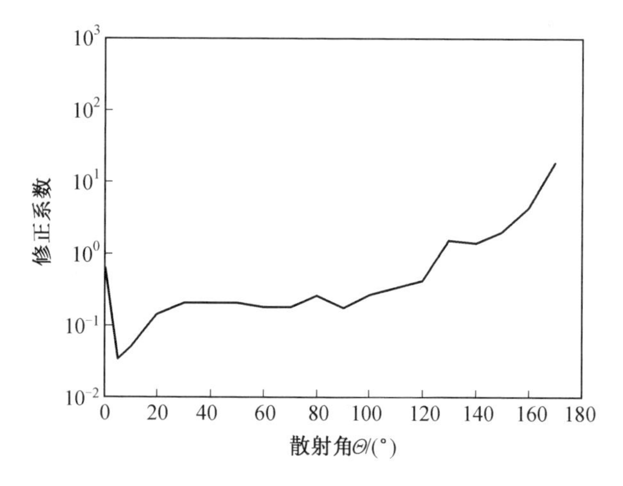

图 2.26　散射光的修正系数

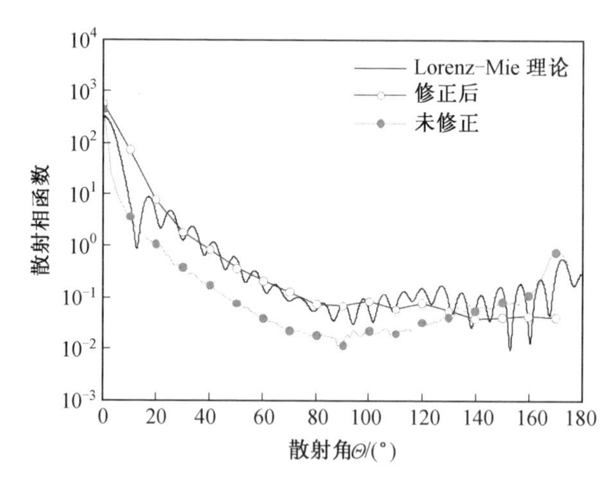

图 2.27　聚苯乙烯粒子混悬液散射相函数实验测量值与 Lorenz-Mie 理论值随散射角的分布

本节给出了一种粒子散射相函数的测量方法。因受到玻璃器皿的影响，所以首先测量已知复折射率和粒径分布的标准粒子散射光强度分布，并与 Lorenz-Mie 理论值对比得到每个散射角度的修正系数，然后将该系数去修正其他测量粒子的散射相函数。加入修正系数后，实验测量聚苯乙烯粒子散射相函数结果与 Lorenz-Mie 理论值吻合较好，由此可知，此方法可提高粒子散射相函数的测量精度。

2.5.3　微藻细胞散射相函数实验测量

微藻细胞散射相函数可以使用如图 2.28(a) 所示的散射测量仪进行测量，图 2.28(b) 为散射相函数测量示意图。在测量散射相函数的过程中，需要把微藻样品固定在样品架上并垂直于水平面以保证入射的激光光源垂直照射在样品上，通过探测器在水平面内进行 180°扫描获得散射信号。

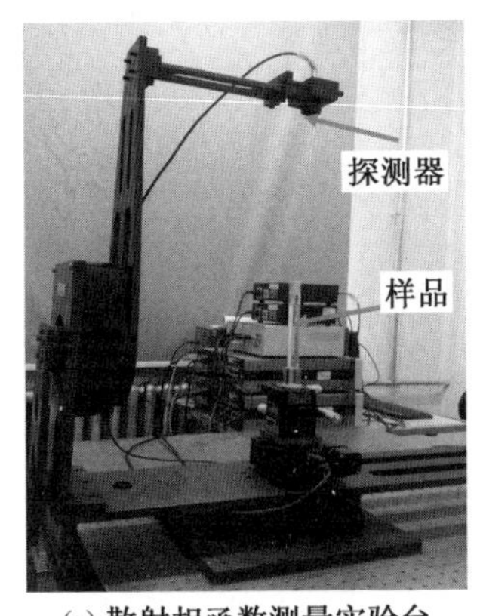

(a) 散射相函数测量实验台

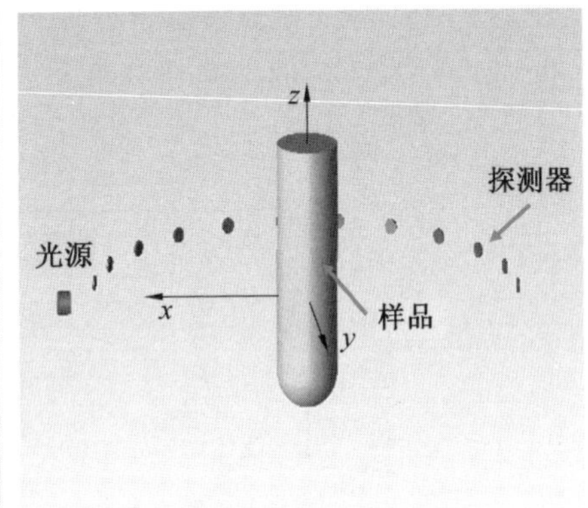

(b) 散射相函数测量示意图

图 2.28　散射相函数测量设备及原理

实验使用的 3 种小球藻 *C. vulgaris*、*C. pyrenoidosa*、*C. protothecoides* 样品均采用 BG11 培养基进行培养，将其在温度 25 ℃、4 000～4 500 lx 光照条件下连续培养 18 d。由于在测量过程中探测器和入射光源之间存在干涉以及试管玻璃反射的影响，这里只给出了 0°～140°范围内的散射相函数的测量数据。测量过程中使用波长为 531.7 nm 的激光光源。图 2.29 为测量得到的 3 种微藻在绿光(波长 531.7 nm)照射下的散射相函数及拟合的 H－G 散射相函数。3 种微藻的细胞数密度分别为 1.28×10^{12} 个/m^3，1.32×10^{12} 个/m^3 及 2.00×10^{12} 个/m^3。参数拟合得到的 3 种小球藻的不对称因子 g 分别为 0.986，0.988，0.988。从图中可以看出，3 种小球藻的散射能量主要集中在前向，散射相函数随角度的变化表现出相似的趋势和特征。

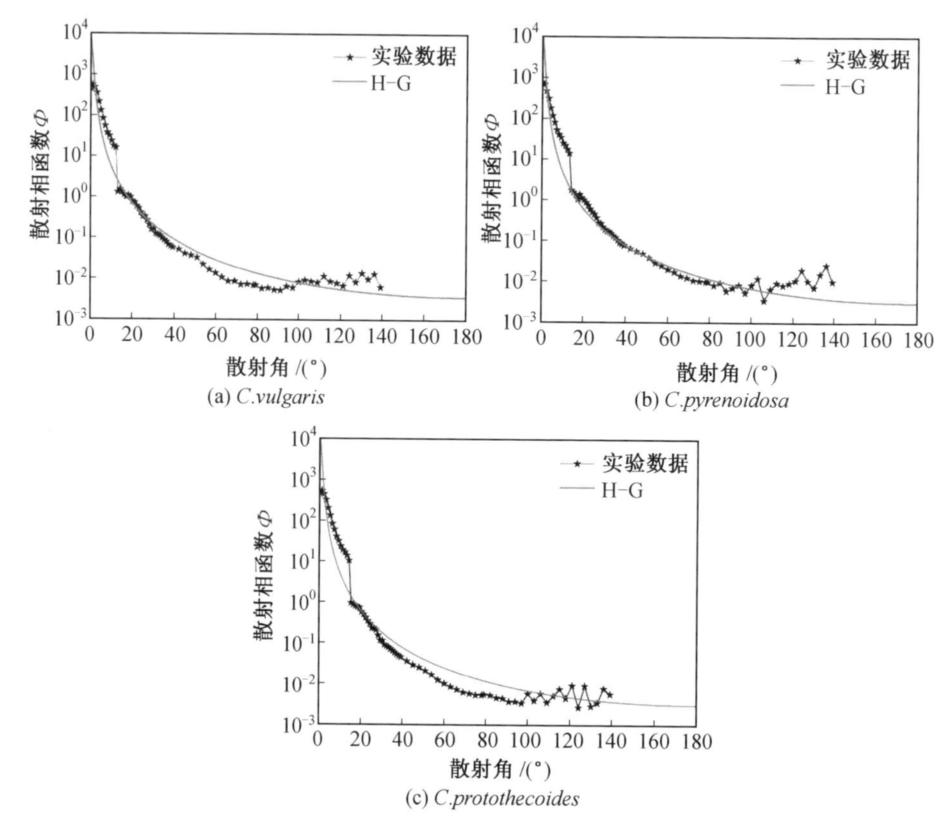

图 2.29　测量得到的 3 种微藻在绿光(波长 531.7 nm)照射下的散射相函数及拟合的 H－G 散射相函数

2.6　微藻光谱辐射特性实验测量

2.6.1　鱼腥藻细胞稳定期光谱辐射特性

研究中使用的鱼腥藻藻种(*Anabaena* sp. FACHB－82)购买自中国科学院水生生物研究所，图 2.30 为鱼腥藻的显微照片，从图中可以看出其为链状结构，细胞大多为圆柱状，细胞直径为 2.5～3 μm，其长度可达 50～100 μm。研究中使用 BG11 培养基，温度保持在约 25 ℃，在光照 2 000～2 500 lx 的条件下连续培

养 26 d 后进行辐射特性的测量。

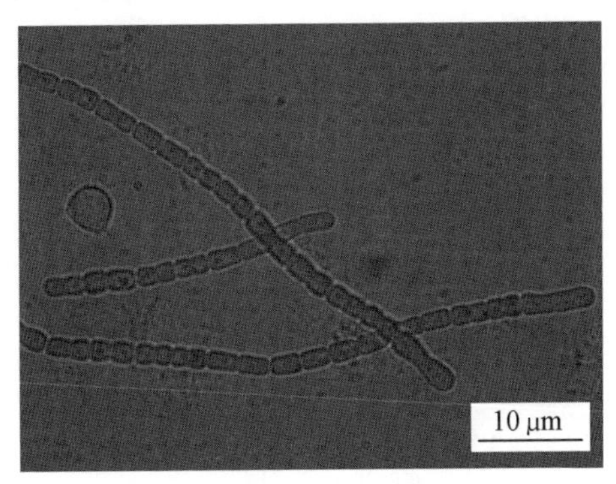

图 2.30　鱼腥藻的显微照片

图 2.31(a)为鱼腥藻光谱范围为 380～850 nm 波长下的不同浓度的吸收系数，从图中可以看出吸收系数随浓度的增加而增大。图中 435 nm 和 676 nm 波长下的吸收峰对应于叶绿素 a，450 nm 和 637 nm 处的吸收峰对应于叶绿素 c，485 nm 波长下的吸收峰对应于类胡萝卜素。色素对光的吸收作用是微藻光合作用的能量来源。图 2.31(b) 为 3 种不同质量浓度下对应的吸收截面参数，从图中可以看出，3 种不同质量浓度下的光谱吸收截面基本重合，这说明吸收截面与微藻细胞数密度无关，并且也说明测量中满足单散射条件，多次散射可以忽略。

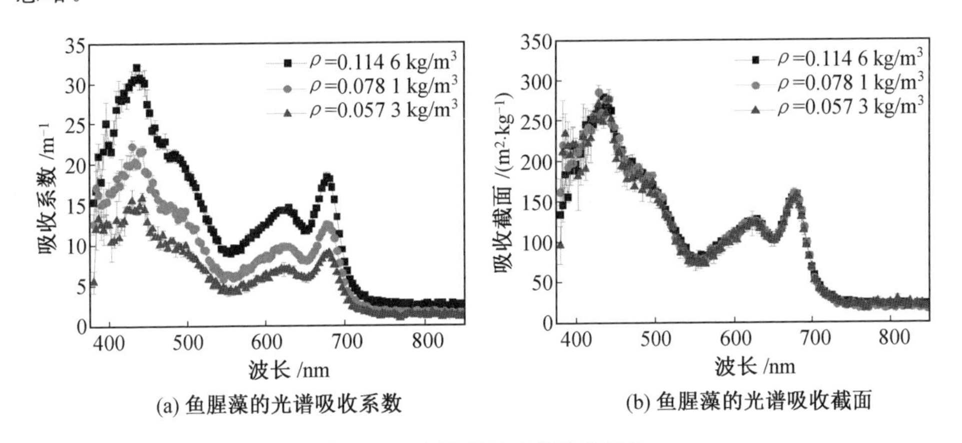

(a) 鱼腥藻的光谱吸收系数　　(b) 鱼腥藻的光谱吸收截面

图 2.31　鱼腥藻的光谱吸收特性

图 2.32(a) 给出了鱼腥藻的波长 380～850 nm 范围内不同质量浓度下的光谱散射系数。从图中可以看出，鱼腥藻的光谱散射系数随质量浓度增加而增大。

图 2.32(b) 给出了 3 种质量浓度下对应的光谱散射截面。可以看出，3 种不同细胞数密度下的散射截面在误差范围内重合在一起，这说明光谱散射截面与微藻细胞数密度无关。散射截面中的凹坑对应相应的吸收峰波长，这是由于微藻的复折射率实部和虚部不是独立的，而是由 K－K 关系决定，散射截面中的凹坑可由 Ketteler-Helmotz 理论给出预测[8]。图 2.33 给出了 3 种不同质量浓度鱼腥藻的光谱散射反照率。从图中可以看出，鱼腥藻的光谱散射反照率位于 0.7～1 之间，说明鱼腥藻中的光线传输中散射占主要地位。

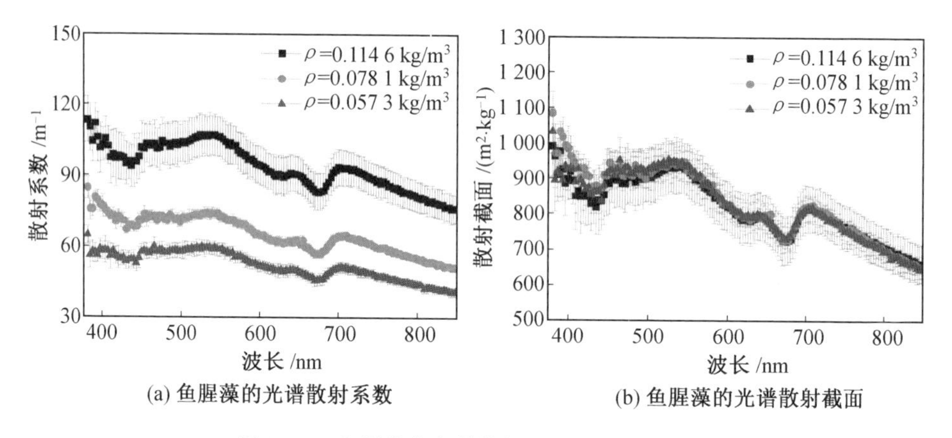

图 2.32　鱼腥藻的光谱散射特性(彩图见附录)

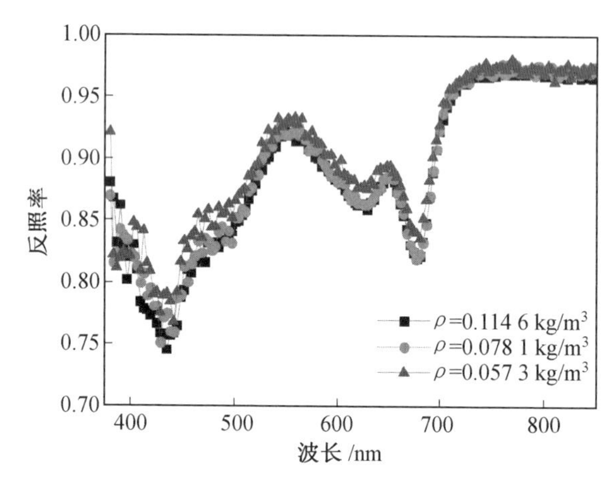

图 2.33　3 种不同质量浓度鱼腥藻的光谱散射反照率(彩图见附录)

测量结果表明，鱼腥藻细胞的光谱吸收截面及光谱散射截面与其质量浓度无关，吸收截面在波长 435 nm、450 nm、485 nm、637 nm 及 676 nm 处存在由于

微藻中光合色素(叶绿素 a、叶绿素 c 以及类胡萝卜素)引起的吸收峰。鱼腥藻细胞的光谱散射反照率大于 0.7,呈散射占优特性。

2.6.2　小球藻细胞稳定期光谱辐射特性

实验用微藻为淡水小球藻(*Chlorella* sp.),其干重脂肪质量分数分别为 18.7%～34%。淡水小球藻用 BG11 培养基培养并放置在一个 25 ℃的光照培养箱中,其光照强度为 1 000～1 500 lx。图 2.34 为小球藻的光学显微照片。所有微藻均在光照培养箱中进行培养。1 L BG11 培养基中包括 15 g $NaNO_3$、4 g K_2HPO_4、7.5 g $MgSO_4 \cdot 7H_2O$、3.6 g $CaCl_2 \cdot 2H_2O$、0.6 g 柠檬酸、0.6 g 柠檬酸铁铵、0.1 g $EDTANa_2$、2 g Na_2CO_3 和 1 mL A5 溶液。1 L A5 溶液中含有 2.86 g H_3BO_3、1.86 g $MnCl_2 \cdot 4H_2O$、0.22 g $ZnSO_4 \cdot 7H_2O$、0.08 g $CuSO_4 \cdot 5H_2O$、0.39 g $Na_2MoO_4 \cdot 2H_2O$、0.05 g $Co(NO_3)_2 \cdot 6H_2O$。通过 1 mol/L的 NaOH 或者 HCl 调整 pH 为 7.1。

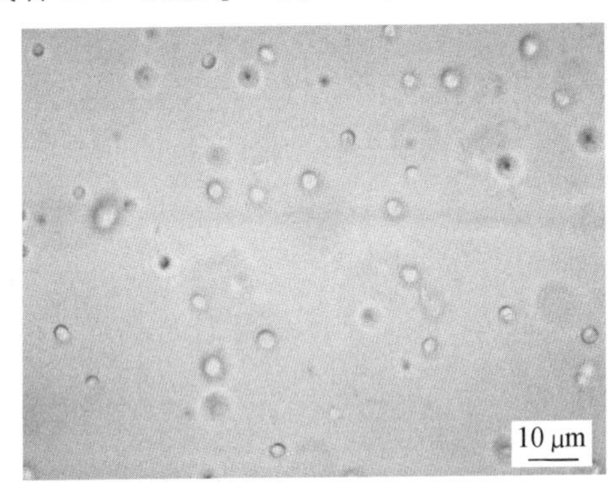

图 2.34　小球藻的光学显微照片

图 2.35 为双光程透射与椭偏联合法测得培养基和蒸馏水的折射率和吸收系数。从图中可知,BG11 培养基折射率比蒸馏水稍大(随波长从 1.39 降至 1.32),但两者整体变化趋势接近一致。在 300～700 nm 波段时培养基的吸收系数比蒸馏水大,在 700～1 800 nm 波段时基本吻合,BG11 培养基含有的化学成分和土壤提取液是造成这一差异的主要原因。

图 2.36 和图 2.37 为双光程透射与椭偏联合法测量 3 种细胞数密度 N 分别为 5.87×10^{12} 个/m^3、2.95×10^{12} 个/m^3 和 1.57×10^{12} 个/m^3 的小球藻混悬液在 300～1 800 nm 波段的光谱等效折射率、光谱等效吸收系数。从图 2.36 中可得,

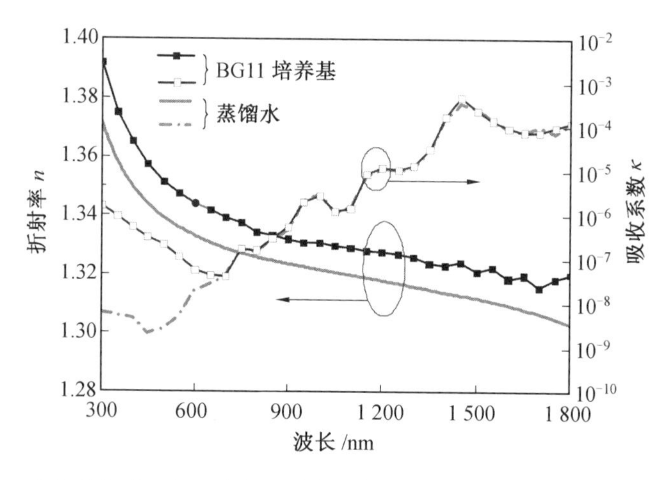

图 2.35 双光程透射与椭偏联合法测得培养基和蒸馏水的折射率和吸收系数[127]

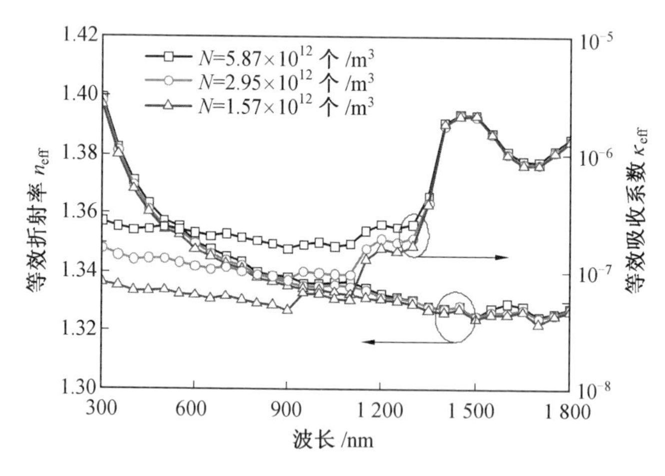

图 2.36 不同细胞数密度下小球藻混悬液的等效折射率 n_{eff} 和等效吸收系数 κ_{eff}[127]

3 种不同细胞数密度小球藻混悬液的等效折射率在 300～1 800 nm 波段从 1.40 降至 1.33，且反演得到的等效折射率数值几乎不随细胞数密度变化，但等效吸收系数随着细胞数密度变化显著。由于微藻混悬液的等效吸收系数远小于其等效折射率，分析可知，玻璃和混悬液界面的反射主要由折射率不同所引起，说明利用混悬液等效复折射率与直接利用培养基复折射率进行界面反射（透射）计算是近似等价的，这也证明了基于等效复折射率的处理方式的合理性。从图 2.37 中可知，在 300～1 300 nm 波段时，小球藻混悬液的光谱衰减系数随波长变化较明显且随着浓度的增大而增大；在 1 300～1 800 nm 波段时，小球藻混悬液衰减系

数变化较剧烈且浓度对其的影响减弱，结合图 2.35 分析可知，培养基在此波段吸收较大，而小球藻吸收较小，所以浓度变化对衰减系数的影响较弱。

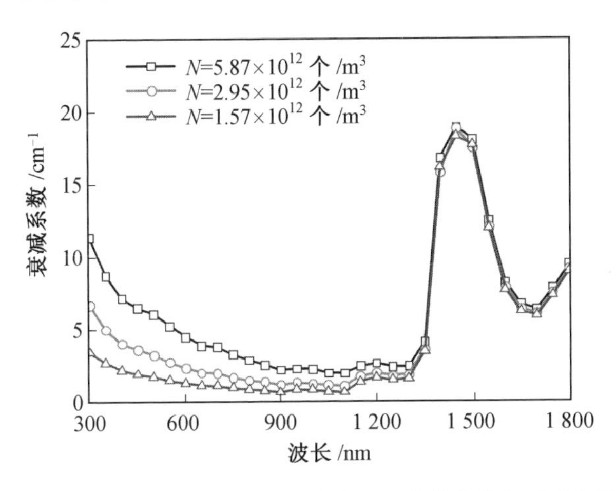

图 2.37　不同细胞数密度下小球藻混悬液的光谱衰减系数[127]

基于得到的小球藻混悬液的衰减系数和培养基的吸收系数，可求得小球藻细胞的衰减系数。图 2.38 给出了测得的细胞数密度分别为 5.87×10^{12} 个/m^3、2.95×10^{12} 个/m^3、1.57×10^{12} 个/m^3 的小球藻细胞在 300～1 800 nm 波段的光谱衰减系数。随着波长的增大，3 种不同细胞数密度小球藻细胞的光谱衰减系数逐渐减小且规律性较好。在 1 400 nm 附近出现衰减波谷，结合图 2.35 可知，培养基在此波段吸收较大，此时小球藻衰减系数较小。

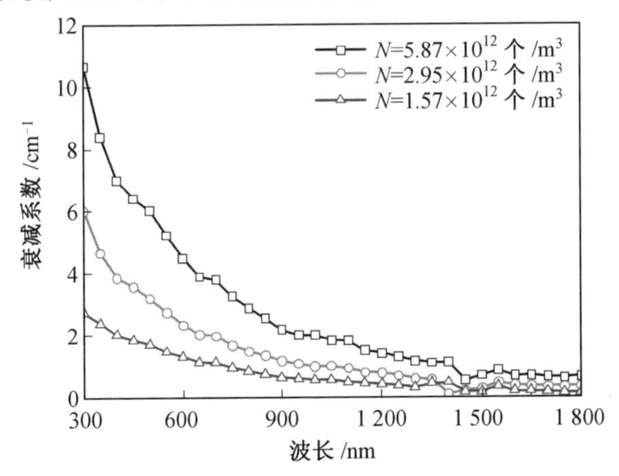

图 2.38　不同细胞数密度下小球藻细胞的光谱衰减系数[127]

图 2.39 为 3 种不同细胞数密度下小球藻细胞的光谱衰减截面。从图中可看出，3 种不同细胞数密度下小球藻细胞的光谱衰减截面非常接近，在测试波段基本重合，说明测得的光谱衰减截面不依赖于藻细胞数密度，证明了测量结果的合理性。

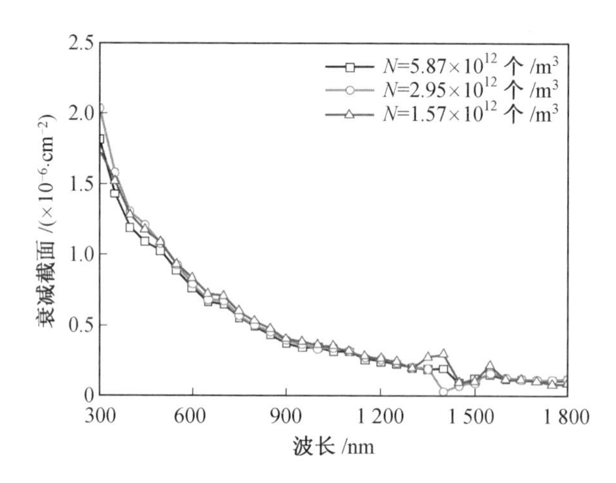

图 2.39　3 种不同细胞数密度下小球藻细胞的光谱衰减截面

2.6.3　小球藻细胞生长期光谱辐射特性

图 2.40 为实验测量得到的小球藻细胞数密度生长曲线及细胞显微照片，微藻细胞数密度使用血球计数板在显微镜下计数获得。如图所示，小球藻的生长可以分为 3 个阶段：滞后期、指数生长期和稳定期。从图中可以看出，前 5 d 为滞后期，其基本特征是生长速率很低，即微藻在适应环境。5～13 d 微藻进入指数生长期，这个时期的主要特点是细胞以指数分裂的方式快速繁殖。最后微藻进入稳定期，在稳定期微藻细胞数密度的波动是由于部分微藻会粘附在光生物反应器内表面。但这并不影响微藻辐射特性的测量结果，因为在进行取样时粘附在光生物反应器内壁上的微藻也没有被收集。从图 2.40 给出的小球藻显微照片可以看出，小球藻形状近似为球形，直径为 3～5 μm。

图 2.41 为小球藻细胞光谱吸收截面和光谱衰减截面随生长时间的变化。图 2.41(a)为实验测量的小球藻 380～850 nm 波长范围的不同生长时间的光谱吸收截面变化曲线。图中 435 nm 和 676 nm 波长下的吸收峰对应于叶绿素 a，485 nm 波长下的吸收峰对应于类胡萝卜素[70]。图 2.41(b)为 450 nm(蓝)、550 nm(绿)和

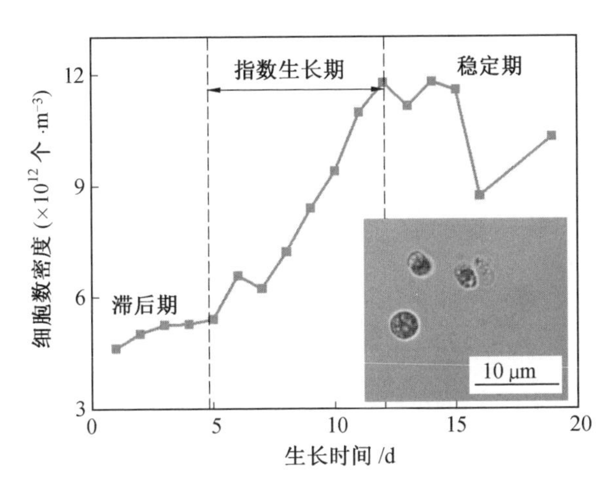

图 2.40　实验测量得到的小球藻细胞数密度生长曲线及细胞显微照片

650 nm(红)3 种典型波长下的吸收截面随生长时间的变化，从图中可以看出，总体上吸收截面随生长时间的增加呈减小的趋势，前 4 d 是由于生长环境的改变所需的适应期。图 2.41(c)为实验测量得到的小球藻 380～850 nm波长范围内不同生长期的衰减截面变化曲线。从图中可以看出，随着波长的增加衰减截面总体呈减小的趋势。图 2.41(d) 给出了 450 nm、550 nm 和 650 nm 3 种典型波长下的衰减截面随生长时间的变化，从图中可以看出，光谱衰减截面随时间的增加呈减小的趋势，同样初始 4 d 为适应期。光谱吸收系数和光谱衰减截面随生长时间变化显著，其相对变化率分别达 167％和 178％，因此微藻生长相关辐射特性对光生物反应器中的光辐射传输过程必然会产生重要的影响。

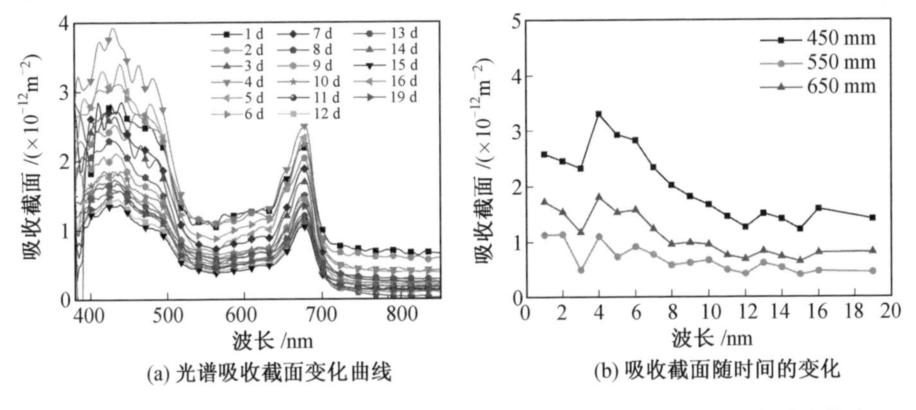

(a) 光谱吸收截面变化曲线　　(b) 吸收截面随时间的变化

图 2.41　小球藻细胞光谱吸收截面和光谱衰减截面随生长时间的变化(彩图见附录)

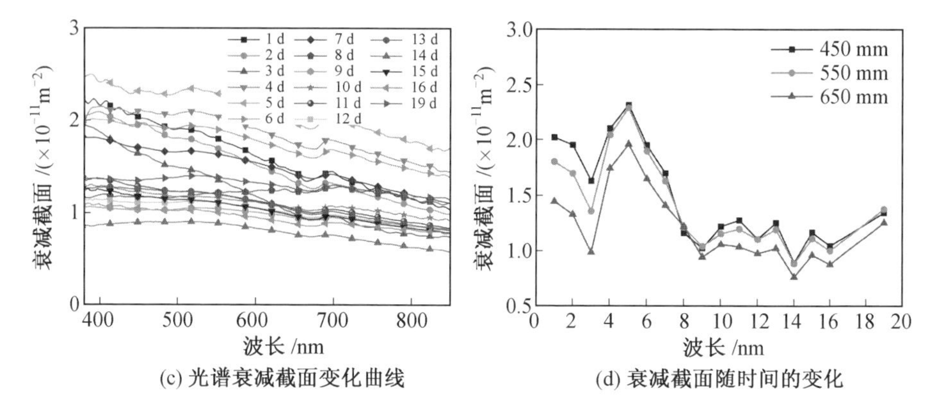

(c) 光谱衰减截面变化曲线　　(d) 衰减截面随时间的变化

续图 2.41

图 2.42 为通过在线测量得到的小球藻不同生长期的光谱散射反照率。从图 2.42(a) 中可以看出,小球藻的散射反照率为 0.8～1,根据第 2.3.2 节的研究结论可知,此时使用前面给出的改进的吸收系数和衰减系数测量方法可使结果具有更高的精度。从图 2.42(b) 中可以看出,3 种波长下的散射反照率随微藻培养时间的增加变化不大。

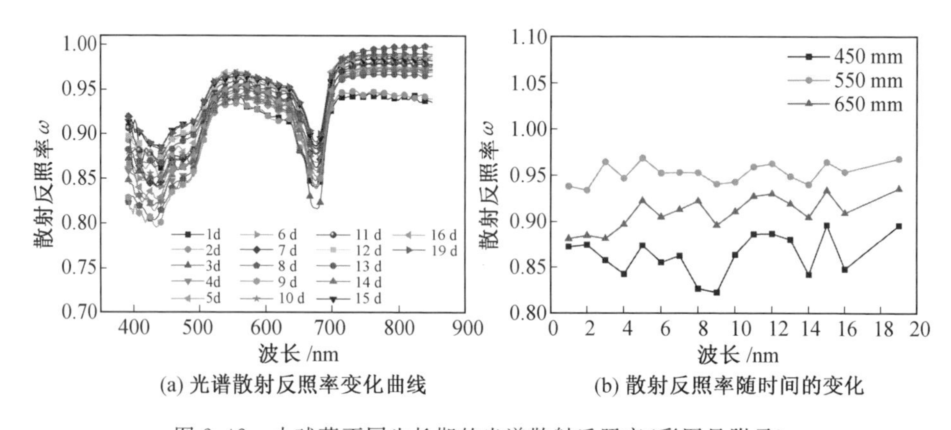

(a) 光谱散射反照率变化曲线　　(b) 散射反照率随时间的变化

图 2.42　小球藻不同生长期的光谱散射反照率(彩图见附录)

2.6.4 海生微藻的光谱辐射特性

研究中采用的海生拟球藻(*Nannochloropsis maritima*)、椭球藻(*Ellipsoidion* sp.(277.03))和杜氏盐藻(*Dunaliella Tertiolecta*)采购于中国科

学院水生生物研究所。海生拟球藻和椭球藻用 Erdschreiber 培养基培养并放置在光照培养箱中，其光照强度为 1 000～1 500 lx，温度为 25 ℃。3 L Erdschreiber 培养基主要包含 2.8 L 消毒的人工海水、36 mL P－IV 金属溶液、10 mL $NaNO_3$、10 mL $Na_2HPO_4 \cdot 7H_2O$、150 mL 土壤提取液和 3 mL 维生素 B_{12}（0.027 g 的维生素 B_{12} 加入 200 mL 离子水中）。1 L 的 P－IV 金属溶液中包含 0.75 g $Na_2EDTA \cdot 2H_2O$、0.041 g $MnCl_2 \cdot 4H_2O$、0.005 g $ZnCl_2 \cdot 7H_2O$、0.004 g $Na_2MoO_4 \cdot 2H_2O$、0.097 g $FeCl_3 \cdot 6H_2O$ 和 0.002 g $CoCl_2 \cdot 6H_2O$。通过 1 mol/L 的 NaOH 或者 HCl 调节 pH 为 7.8。

杜氏盐藻用 Dunaliella 培养基培养并放置在 25 ℃的光照培养箱中，其光照强度为 1 000～1 500 lx。1 L Dunaliella 培养基中包括 87.69 g NaCl、0.42 g $NaNO_3$、0.015 6 g $NaH_2PO_4 \cdot 2H_2O$、0.044 g $CaCl \cdot 2H_2O$、0.074 g KCl、0.23 g $MgSO_4 \cdot 7H_2O$、0.84 g $NaHCO_3$、0.5 mL 柠檬酸铁（1%）和 1 mL A5 溶液。1 L A5 溶液中含有 2.86 g H_3BO_3、1.86 g $MnCl_2 \cdot 4H_2O$、0.22 g $ZnSO_4 \cdot 7H_2O$、0.08 g $CuSO_4 \cdot 5H_2O$、0.39 g $Na_2MoO_4 \cdot 2H_2O$、0.05 g $Co(NO_3)_2 \cdot 6H_2O$。通过 1 mol/L 的 NaOH 或者 HCl 调节 pH 为 7.5。

图 2.43 为海生拟球藻、椭球藻和杜氏盐藻的光学显微照片。因微藻样本呈现椭球形，所以有必要给出包括其长直径和短直径的粒径分布。微藻细胞分布通过 Image J 软件获得。Image J 统计的数据显示海生拟球藻、椭球藻和杜氏盐藻的细胞直径分别为 2～4.5 μm、2.5～4.5 μm 和 3～6.5 μm。每组样本统计超过 500 个微藻细胞。微藻细胞数密度通过使用 Petroff-Hausser 细胞计数器获得。利用超声波振荡器（DL－1200D，中国）使细胞分散得更均匀。将配制好的微藻混悬液样本（30 μL）用移液器置于 Petroff-Hausser 细胞计数器上进行统计。为减少细胞数密度测量的误差，每个细胞数密度下的微藻混悬液取出 2 个样本，每个样本在室温下测量 5 次。

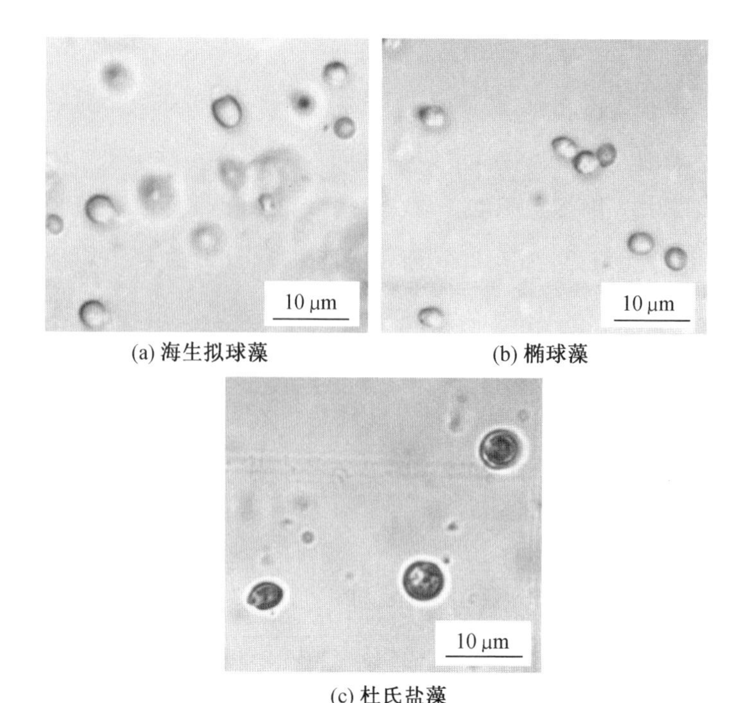

(a) 海生拟球藻 (b) 椭球藻 (c) 杜氏盐藻

图 2.43 海生拟球藻、椭球藻和杜氏盐藻的光学显微照片[128]

培养基的复折射率对于微藻细胞光谱衰减系数的测量是非常有必要的。图 2.44 和图 2.45 分别为用双光程透射与椭偏联合法测量 Erdschreiber 培养基和 Dunaliella 培养基在 300～1 800 nm 波长范围内的复折射率。图中使用蒸馏水的复折射率(来源于 Segelstein 发表的数据)作为参照。

如图 2.44 和图 2.45 所示，Erdschreiber 培养基、Dunaliella 培养基和蒸馏水的折射率趋势相似，它随着波长的增加从 1.69 降到 1.3。Erdschreiber 培养基和 Dunaliella 培养基的吸收系数曲线数值相近，但在 300～900 nm 波段范围内与蒸馏水的吸收系数差异较大，这可能与培养基加入的其他各类化学成分相关。从图中可观察到 Erdschreiber 培养基和 Dunaliella 培养基在 960 nm、1 200 nm 和 1 450 nm处出现了吸收峰，这与蒸馏水的吸收峰分布相同，而且在 900～1 800 nm波段范围内，培养基的吸收指数光谱分布与蒸馏水大致相同。

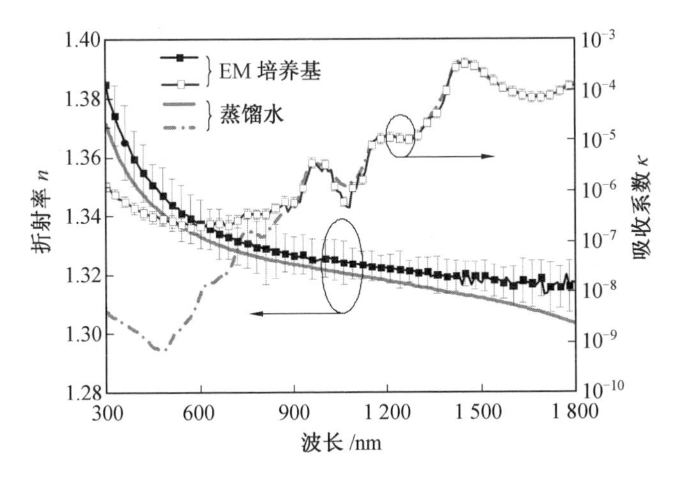

图 2.44　Erdschreiber 培养基的复折射率

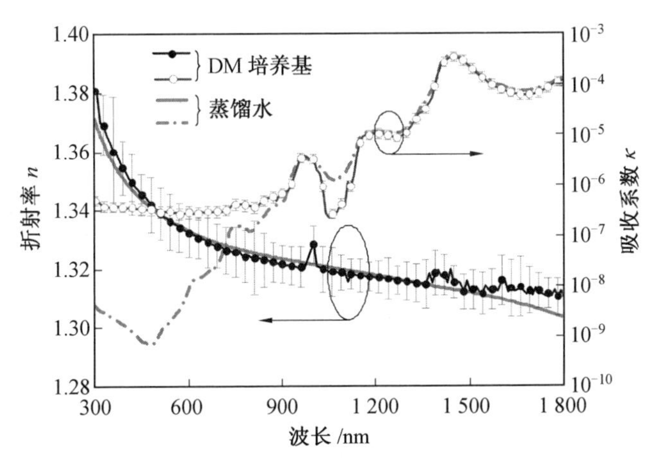

图 2.45　Dunaliella 培养基的复折射率

图 2.46～2.48 分别给出了测量的 3 种不同细胞数密度下波段范围为 300～1 800 nm 海生拟球藻、椭球藻和杜氏盐藻的光谱衰减特性。海生拟球藻混悬液的细胞数密度分别为 2.85×10^{13} 个/m^3、1.39×10^{13} 个/m^3 和 0.72×10^{13} 个/m^3；椭球藻细胞数密度分别为 2.33×10^{13} 个/m^3、1.21×10^{13} 个/m^3 和 0.64×10^{13} 个/m^3；杜氏盐藻细胞数密度分别为 9.25×10^{12} 个 /m^3、4.55×10^{12} 个/m^3 和 2.32×10^{12} 个/m^3。同时图中也给出了测量光谱衰减系数的不确定度范围。

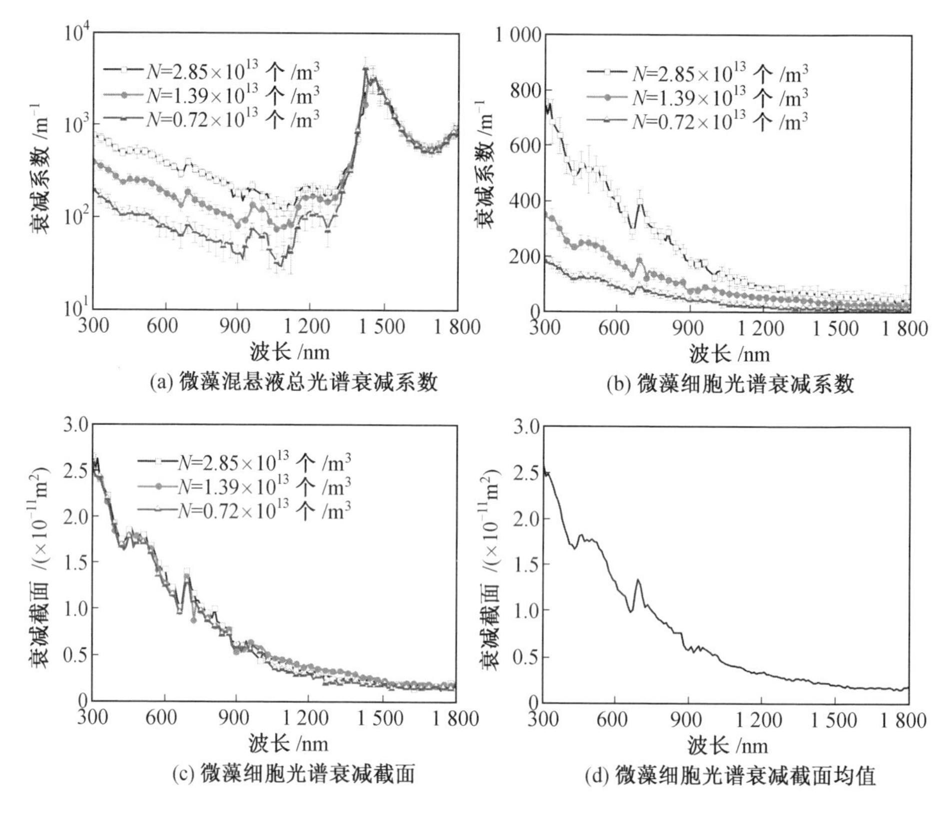

图 2.46 不同细胞数密度下波段范围为 300～1 800 nm 海生拟球藻的光谱衰减特性[128]

如图 2.46(a)、图 2.47(a)和图 2.48(a)所示，海生拟球藻、椭球藻和杜氏盐藻混悬液的光谱衰减系数在 300～1 350 nm 波段随着微藻细胞数密度的增加而增大，但在 1 350～1 800 nm 波段则没有明显的变化。在 1 350～1 800 nm 波段微藻细胞混悬液的光谱衰减系数与培养基(或水)吸收系数接近，这主要是因为在该波段培养基的吸收起主导作用，而微藻细胞的吸收相对较弱。图 2.46(b)、图 2.47(b)和图 2.48(b)给出了海生拟球藻、椭球藻和杜氏盐藻细胞的光谱衰减系数。去除培养基的影响之后，可以明确看出微藻细胞光谱衰减系数的变化趋势。例如，在测量波段微藻细胞的光谱衰减系数随着细胞数密度的增加而增大。一般来说，微藻细胞的光谱衰减系数随波长增加而减小。例如，对于海生拟球藻细胞而言，当细胞数密度为 2.85×10^{13} 个/m^3时，在 300～1 800 nm 的波段范围，其光谱衰减系数从 780 m^{-1}下降到 50 m^{-1}。

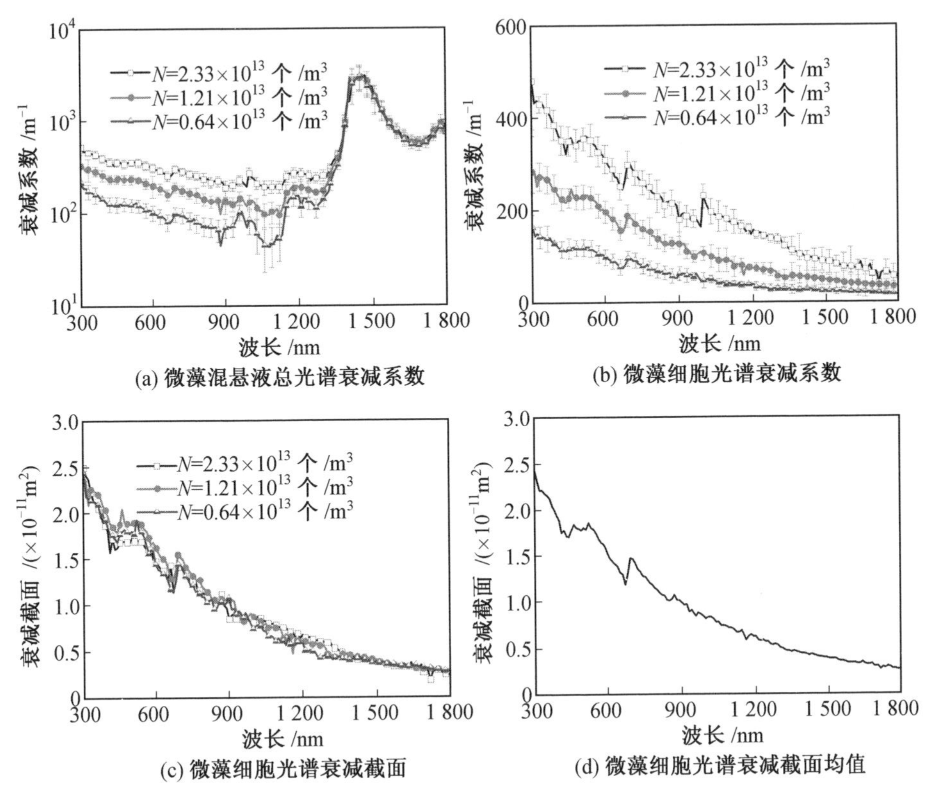

(a) 微藻混悬液总光谱衰减系数

(b) 微藻细胞光谱衰减系数

(c) 微藻细胞光谱衰减截面

(d) 微藻细胞光谱衰减截面均值

图 2.47　不同细胞数密度下波段范围为 300～1 800 nm 椭球藻的光谱衰减特性[128]

对不同数密度下微藻细胞的光谱衰减系数进行标准化处理，可得到等效单个微藻细胞的光谱衰减截面。如图 2.46(c)、图 2.47(c)和图 2.48(c)所示，在不同细胞数密度下衰减截面近似一条直线，因此它的数值大小与细胞数密度无关。在 300～1 800 nm 波段，海生拟球藻细胞的光谱衰减截面从 2.65 $\times 10^{-11}$ m^{2}下降到 0.25 $\times 10^{-11}$ m^2。椭球藻细胞的衰减截面与海生拟球藻的类似，从 2.49 $\times 10^{-11}$ m^{2}下降到 0.25 $\times 10^{-11}$ m^2。杜氏盐藻细胞的光谱衰减截面比上述两种微藻大，从 2.97 $\times 10^{-11}$ m^{2}下降到 0.5 $\times 10^{-11}$ m^2。海生拟球藻、椭球藻和杜氏盐藻细胞光谱衰减截面的变化趋势相似，这主要是由这三者间细胞的大小和形状相近所致。在 600～900 nm 波段，杜氏盐藻细胞的衰减截面几乎为常数，由于微藻细胞的衰减截面与细胞的尺寸和形状分布密切相关，因此该差异主要是杜氏盐藻与其他两种微藻尺寸和形状分布存在差异造成。为便于应用，图 2.46(d)、

图2.47(d)和图2.48(d)给出了3种微藻细胞光谱衰减截面的均值。

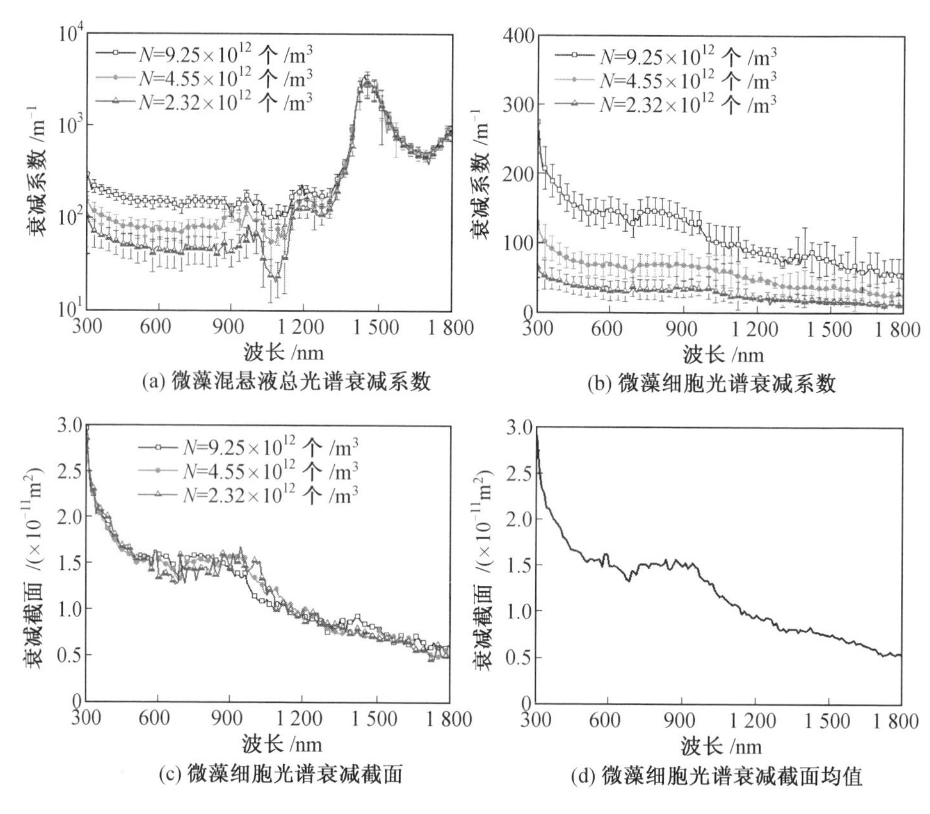

图2.48 不同细胞数密度下波段范围为300～1 800 nm杜氏盐藻的光谱衰减特性[128]

图2.49给出了海生拟球藻、椭球藻和杜氏盐藻细胞的光谱衰减效率。如图2.49所示，在近紫外和可见光波段，海生拟球藻细胞的光谱衰减效率最大，从3.4(300 nm)降至1.4(750 nm)。椭球藻细胞的光谱衰减效率从2.6(300 nm)下降至1.36(750 nm)，与海生拟球藻细胞的光谱衰减效率变化趋势相似，两者曲线峰值与谷值的位置基本重合。杜氏盐藻的光谱衰减效率在3种藻中是最小的，其随波长的变化与其他两种微藻有显著差异，在300～500 nm波段其数值从1.5下降至0.85，而在可见光和近红外波段(如500～950 nm)近似为0.85的常数。然而在950～1 800 nm的波长范围，3种微藻的光谱衰减效率无明显差异，在波长较大波段其值均小于1.0，由此可认为该波段微藻细胞的光谱衰减效率与其尺寸、形状和种类无关。出现此现象的主要原因为微藻细胞的光合色素在可

见光波段有较大的光学活性,但在近红外波段则较弱。

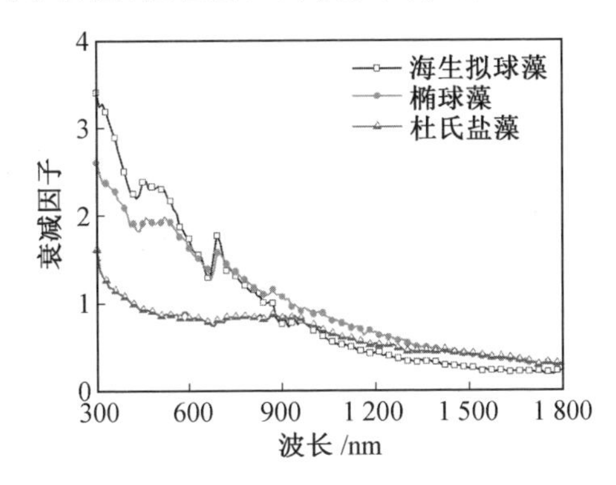

图 2.49　海生拟球藻、椭球藻和杜氏盐藻细胞的光谱衰减效率[128]

2.7　本章小结

本章主要介绍了微藻光谱辐射特性的直接测量方法,包括实验器皿高透材料复折射率测量方法,以及微藻生长期光谱辐射特性的在线测量方法。微藻细胞的生长导致其光谱辐射特性随生长过程发生变化,对微藻生长期辐射特性的实验研究依赖于在线测量方法。本章分析了传统测量方法对于生长期辐射特性测量的局限性,结合微藻细胞辐射特性的特征给出了可用于微藻辐射特性的在线测量的改进方案,改进方案提高了生长期微藻辐射特性的测量精度。实验测量了普通小球藻不同生长期间的辐射特性,并给出了多种微藻在稳定期和不同生长期的辐射特性数据。本章给出的在线测量方法有助于开展微藻生长相关辐射特性变化规律的研究。

第3章

微藻光谱辐射特性的间接测量方法

辐射特性的直接测量法要求被测样品满足单散射条件，对测试条件要求较严格，而间接测量方法可以避免该问题。本章主要介绍微藻光谱辐射特性的间接测量方法，重点介绍基于显卡并行加速的蒙特卡罗法(Monte Carlo method)结合粒子群算法用于微藻细胞辐射特性的反演测量方法，其基于散射仪测量的混悬液双向散射分布函数(BSDF)数据，结合反问题模型可以同时获得微藻细胞的辐射特性物性参数，即吸收系数、散射系数和散射相函数。由于显卡大规模并行加速，极大地提高了反演效率。

微藻混悬液辐射特性的实验方法可分为两种，即实验直接测量方法和反演间接测量方法。如前所述，实验直接测量方法要求被测样品满足单散射条件，为了减小实验误差还需要将探测器浸入混悬液粒子系中，因此对实验设备的要求较高。第 2 章的在线测量方法是在不增加实验测量难度的基础上对传统测量方法的拓展，这样既没有提高实验测量的难度又扩大了传统测量方法的应用范围。基于数学模型反演的间接测量方法可一定程度避免实验直接测量方法的难点，但其也存在计算量大及反演算法稳定性差等问题。

在线测量方法虽容易使用，但其受限于使用的实验设备。本章将给出 GPU 并行加速的蒙特卡罗法结合具有全局优化特点的粒子群算法，用于微藻辐射特性的在线测量。使用微藻混悬液 BSDF 数据结合反问题模型可以同时获得微藻细胞的辐射特性物性参数，即吸收系数、散射系数和散射相函数。

3.1　微藻混悬液中光辐射传输过程模拟

3.1.1　蒙特卡罗法

蒙特卡罗法是一种概率模拟方法，它可以求解随机性问题，也可以求解确定性问题。蒙特卡罗法求解辐射传输问题的基本思想是将传输过程分解为发射、透射、反射、吸收和散射等一系列独立的子过程，并转化为随机问题，建立每个子过程的概率模型。令每个单元发射一定量的光束，跟踪、统计每一束光子的归宿，最终得到的就是辐射能量分配的统计结果。下面详细介绍蒙特卡罗法对多层介质光辐射传输模拟的具体实现过程。

图 3.1 为粒子混悬液内辐射传输示意图，首先进行光子的发射，随后光子在

介质中进行传播，不同的传播步骤需要选择不同的步长，步长的概率密度函数遵循比尔定律。用随机变量函数产生一个(0，1)之间的随机变量 ξ，步长 s 表示为[129]

$$s=\frac{-\ln \xi}{\beta} \tag{3.1}$$

式中 β——介质的衰减系数。

如果 $\xi_\omega<\omega$，光子束被散射，反之则被吸收。这里 ξ_ω 是一个(0,1]之间均匀分布的随机数。如果光子被散射，散射天顶角通过 H－G 散射相函数来确定[129-130]，即

$$\cos\theta=\frac{1}{2g}\left[1+g^2-\left(\frac{1-g^2}{1-g+2g\xi_\Phi}\right)^2\right] \tag{3.2}$$

这里 ξ_Φ 为一个(0,1]之间均匀分布的随机数。方位角则通过使用[0,1]之间均匀分布的随机数在[0,2π]之间随机确定。

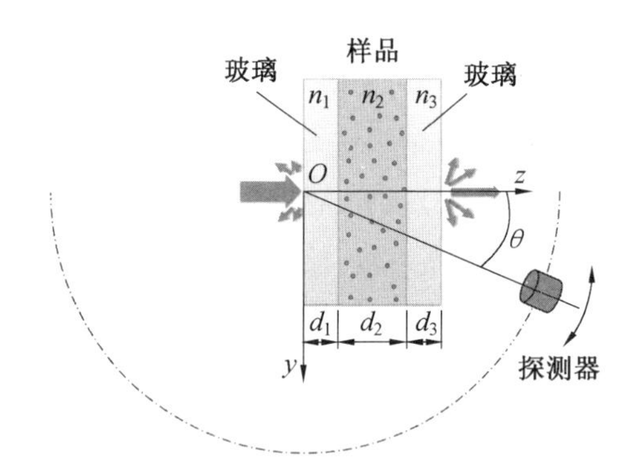

图 3.1　粒子混悬液内辐射传输示意图

如图 3.1 所示，在散射样品周围布置了一组探测器，用于探测散射信号的 BSDF 数据

$$\mathrm{BSDF}(\theta_s)=\frac{N_{\mathrm{dect}}(\theta_s)}{N_{\mathrm{tot}}\Delta\Omega} \tag{3.3}$$

式中 $N_{\mathrm{dect}}(\theta_s)$——在 θ_s 方向上探测到的光子数；

N_{tot}——发射的总光子数；

$\Delta\Omega$——探测器立体角，$\Delta\Omega=A_{\mathrm{dect}}R^{-2}$，其中 A_{dect} 为探测器面积；

R——探测器臂半径。

近年来兴起的基于计算统一设备架构(CUDA)的 GPU 并行计算得到了快

速的发展[131-132]，GPU 的并行计算潜力在很多领域得到了应用，如计算生物学[133-134]和计算流体力学[135]等。基于 GPU 并行计算的辐射传输问题也得到了显著的加速比[136-138]，因此使用 GPU 并行计算反演获得参与性介质的辐射特性参数是非常有前景的研究方向。如前所述，蒙特卡罗法的本质是统计每个光子的传输历史，传统的 CPU 单线程计算每次只能追踪一个光子，而 GPU 并行计算则可同时追踪数百到数千个光子(取决于 GPU 的流处理器数量)，因此可显著提高计算效率。本书对 Alerstam 等[139]编写的开源代码进行了适量的修改以使其满足本书中的实验设备测量的 BSDF 结果。

3.1.2　算法及程序验证

为了验证 GPU 并行加速程序的正确性，分别验证了 6 种不同参数下的 BSDF 计算结果。程序验证中光源半径取 0.4 cm，玻璃折射率为 $n_1=n_3=1.46$，玻璃厚度为 0.2 cm。中间介质层厚度为 0.5 cm，其折射率为 $n_2=1.34$。探测器到原点的距离 $R=48.5$ cm，探测器半径为 0.5 cm。图 3.2 给出了在光学厚度 $\tau=1$、散射反照率 $\omega=0.9$ 及不对称因子 $g=0.9$ 条件下的程序收敛性验证结果。从图中可以看出，当光子数达到 1×10^8 时，计算结果已经达到收敛，因此在以后的计算中采用 1×10^8 光子数以保证计算结果收敛。

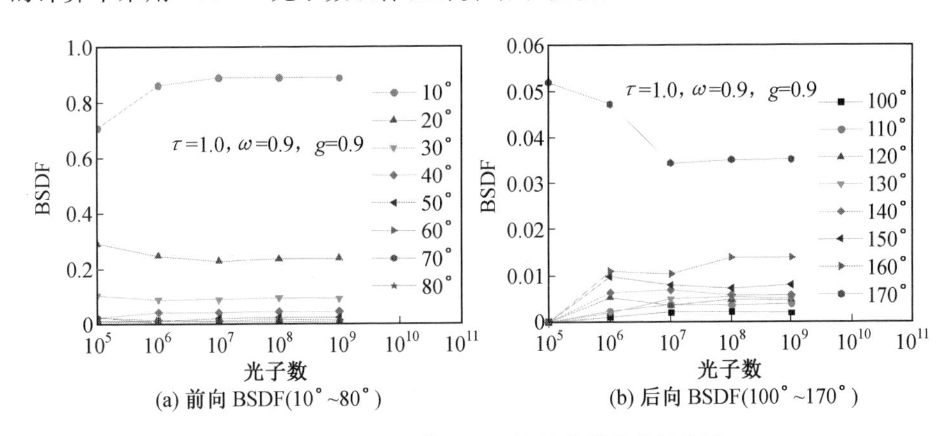

图 3.2　基于 GPU 的 BSDF 计算结果收敛性验证

图 3.3 为基于 GPU 加速和 CPU 串行蒙特卡罗程序求解的 BSDF 结果对比，考虑吸收系数 $\kappa_a=0.1\ \mathrm{cm}^{-1}$，散射系数 $\kappa_s=10\ \mathrm{cm}^{-1}$，不对称因子 g 分别取 −0.9、0 和 0.9 种情况。所选取的辐射特性参数相应于光学厚度约为 5，散射反

照率约为 0.99 的情形。

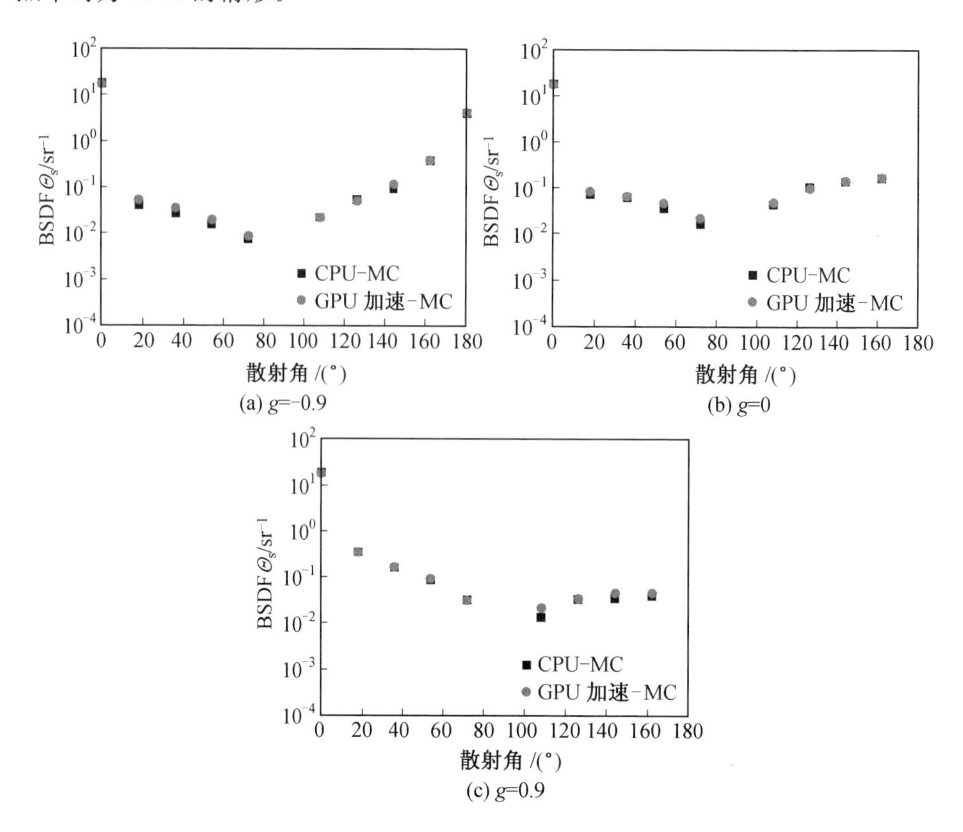

图 3.3 基于 GPU 加速和 CPU 串行蒙特卡罗程序求解的 BSDF 结果对比

(κ_a = 0.1 cm^{-1}, κ_s =10 cm^{-1})

图 3.4 给出了在吸收系数 κ_a=0.2 cm^{-1},散射系数 κ_s=2.0 cm^{-1}及不对称因子 g 分别取−0.9、0 和 0.9 3 种情况下,基于 GPU 加速和 CPU 串行蒙特卡罗程序求解的 BSDF 结果对比。所选取的辐射特性参数相应于光学厚度约为 1,散射反照率 ω 约为 0.9。从图 3.3 和图 3.4 可以看出,GPU 并行加速蒙特卡罗程序与 CPU 串行蒙特卡罗参考程序的 BSDF 计算结果总体吻合较好,计算结果不完全重合是由蒙特卡罗法本身的统计性导致的。由于入射平行光源为 delta 函数的形式,所以入射方向上的 BSDF 值主要受入射平行分量的影响,不对称因子对其影响较小。对于 g=−0.9 的两种情况,后向 BSDF 值受不对称因子影响明显增大。

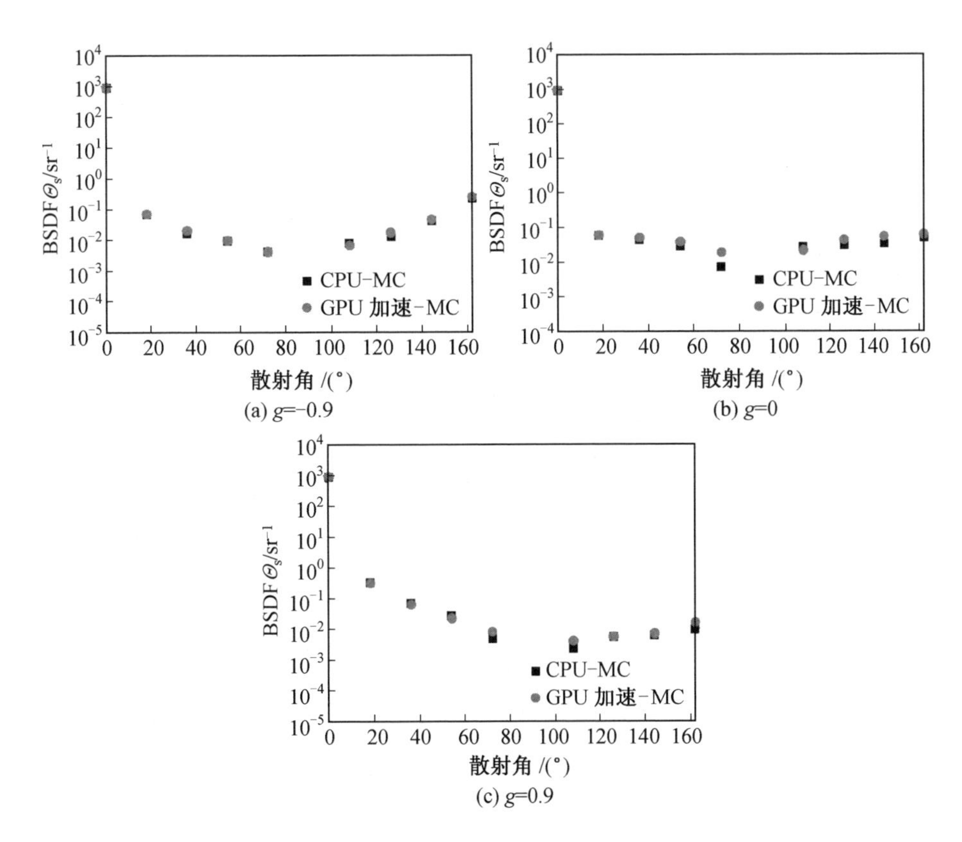

图 3.4　基于 GPU 加速的和 CPU 串行蒙特卡罗程序求解的 BSDF 结果对比

（$\kappa_a = 0.2\ \mathrm{cm}^{-1}$，$\kappa_s = 2.0\ \mathrm{cm}^{-1}$）

3.1.3　GPU 并行加速比分析

本节对 GPU 并行加速蒙特卡罗法的加速性能进行分析。考虑到后面研究中要对微藻混悬液的辐射特性进行反演，因此，选取中间层介质的散射反照率和不对称因子的值为 0.9，这样的取值比较接近一些已知微藻细胞的辐射特性测量结果。后面的加速比研究中，使用计算显卡 GTX 660 用于 GPU 并行加速蒙特卡罗法程序运行，传统的蒙特卡罗法程序则使用硬件 3.4 GHz Intel CPU（Intel i5 3570K）。用于比较计算时间的 GPU 和 CPU 的市场价格相当，约为 1 500 元。表 3.1 为 GPU 并行加速和传统 CPU 串行蒙特卡罗法在 3 种不同光学厚度下的计算时间比较。从表 3.1 中可以看出，计算时间随着光学厚度的增加而增加，这是由于光子在介质中的散射计算过程需要更多时间。GPU 并行加速蒙特卡罗法的加速比随光学厚度的增加而减小,这同样是由于更大的光学厚度值导致光子在介质中的散射过程更长。表 3.2 为两种不同性能显卡硬件对 GPU 并行加速蒙特卡罗法在不同光学厚度下的计算时间比较。从表 3.2 可以看出,GTX 980 的计算时间显著低于 GTX 660,达到了 3 倍以上的加速比。这是由于 GTX 980(2 048 流处理器,核心频率为 1 152 MHz,内存频率为 7 046 MHz)比 GTX 660(960 流处理器,核心频率为 1 058 MHz,内存频率为 6 008 MHz)具有更多的流处理器以及更高的核心频率。

表 3.1 GPU 并行加速和传统 CPU 串行蒙特卡罗法在 3 种不同光学厚度下的计算时间比较

光学厚度	计算时间/s		加速比(GPU/CPU)
	CPU MC	GPU MC	
0.1	587	3.59	163.5×
1.0	768	6.22	123.5×
2.0	912	9.23	98.8×

表 3.2 两种不同性能显卡对 GPU 并行加速蒙特卡罗法在不同光学厚度下的计算时间比较

光学厚度	计算时间/s		加速比(GTX 980/GTX 660)
	GTX 660	GTX 980	
0.1	3.59	1.19	3.0×
1.0	6.22	1.89	3.3×
2.0	9.23	2.71	3.4×

可以看出,相比同等价格的 CPU,该方法可以实现约 100 倍的加速比,因此使用 GPU 并行加速蒙特卡罗法可显著降低计算时间,这对于反演计算非常重要。此外,采用更高端的显卡 GTX 980 可以实现 300 倍以上的加速比,而其价格仅为 CPU(Intel i5 3570K)的 3 倍。

3.2　光谱辐射特性测量反问题模型

3.2.1　粒子群优化算法

在反演过程中使用粒子群(PSO)算法，图 3.5 给出了反问题模型的流程图。PSO 算法由 Kennedy 和 Eberhart 在 1995 年提出[140]，之后受到了广泛研究和关注，也发展出了大量的变种[140-142]。PSO 算法在辐射传输反问题的研究中也获得了广泛应用[143-144]。带权重的 PSO 算法表达式为[141]

$$v_i(t)=\alpha(t)\,v_i(t-1)+\varphi_1(t)\otimes[p_i(t-1)-x_i(t-1)]+\varphi_2(t)\otimes[p_g(t-1)-x_i(t-1)] \tag{3.4}$$

$$x_i(t)=x_i(t-1)+v_i(t),\quad i=1,\cdots,N_{\mathrm{p}} \tag{3.5}$$

式中　α—— 权重(变化范围一般取 0.9 到 0.3)；

φ_1、φ_2—— $\varphi_1=C_1R_1$，$\varphi_2=C_2R_2$，其中 C_1 和 C_2 为加速因子，取 1.492[145]；R_1 和 R_2 为两个独立随机数，取值范围为 $[0,1]$；

x_i—— 粒子 i 的位置；

p_i—— 粒子 i 的最佳位置；

p_g—— 全局最佳位置；

v_i—— 粒子 i 的速度；

$\otimes$—— 矢量乘法；

N_{p}—— 粒子群数量。

目标函数 $F(x)$ 定义为

$$F(x)=F(\tau,\omega,g)=\sum_{i=1}^{N_{\mathrm{d}}}\nu_i^2\,(\mathrm{BSDF}_{i,\mathrm{sim}}-\mathrm{BSDF}_{i,\exp})^2 \tag{3.6}$$

式中　τ—— 光学厚度；

$\mathrm{BSDF}_{i,\mathrm{sim}}$ 和 $\mathrm{BSDF}_{i,\exp}$—— 模拟和实验测得的 BSDF 数据；

ν_i—— 权重；

N_{d}—— 偶极子数目。

由于不同方向上的 BSDF 数据相差 6 ～ 7 个数量级，所以定义如下权重[59]

$$\nu_i = \frac{1}{\mathrm{BSDF}_{i,\exp}}, \quad i = 1, \cdots, N_{\mathrm{d}} \tag{3.7}$$

这样可以充分利用每一个方向上的 BSDF 数据。基于 PSO 算法的辐射特性反演步骤大致如下：首先设定粒子群的数目 N_{p} 及 x，即 τ、ω 和 g 的取值范围，随机生成每一个粒子的初始位置 $x_i = x_{\min} + (x_{\max} - x_{\min}) \otimes R$，其中 $x_{\min}$ 和 $x_{\max}$ 分别表示参数 x 的最小值和最大值，粒子初始速度由 $v_i = (x_{i,1} - x_{i,2})/2$ 确定，式中 $x_{i,1}$ 和 $x_{i,2}$ 为两个随机位置矢量，计算每个粒子的目标函数初值并进行迭代；其次计算每个粒子的速度并更新位置，然后计算目标函数值并与先前计算值进行对比，如果当前目标函数值小于之前值，则把当前粒子的位置设置为个体最佳位置 p_i，并选取所有粒子中目标函数最小值的粒子位置作为全局最佳位置 p_g；最后，如果达到最大迭代步数则停止迭代并输出结果，否则继续进行循环迭代。

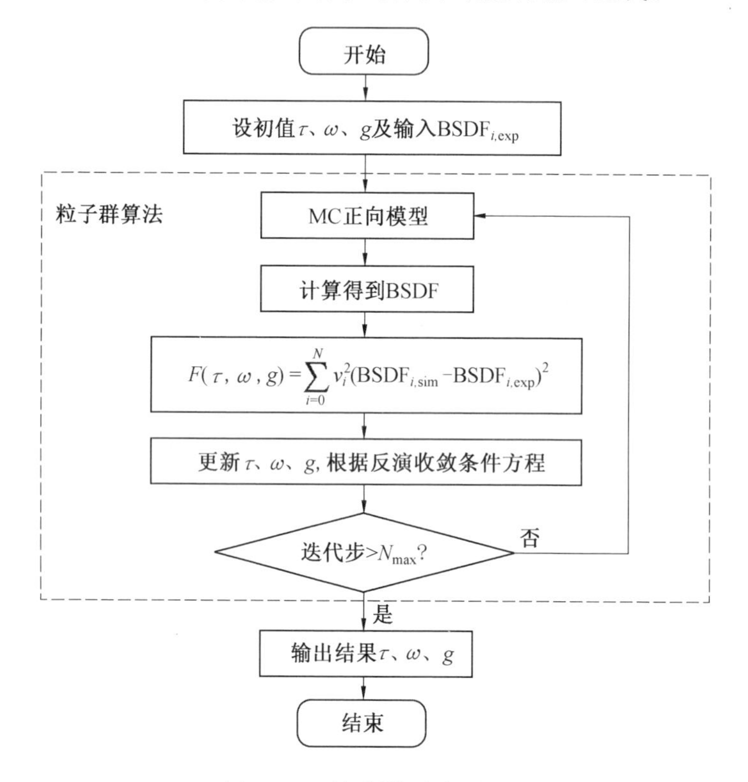

图 3.5　反问题模型流程图

3.2.2　敏感性分析

敏感性分析可帮助理解反演得到光谱辐射特性参数的不确定性。如果某个参数对实验测量的BSDF数据不敏感,则其反演结果具有较大的反演误差。对于敏感性系数(Sensitivity coefficients)的定义如下

$$\Gamma_l = \left| \frac{1}{\mathrm{BSDF}(\theta_s)} \frac{\partial \mathrm{BSDF}(\theta_s)}{\partial q_l} \right| \tag{3.8}$$

式中　q_l——输入参数,下标 l 取值 1、2 和 3,对应 τ、ω 和 g。

根据敏感性系数定义可得

$$|\Delta q_l| = \frac{1}{|\Gamma_l|} \left| \frac{\Delta \mathrm{BSDF}(\theta_s)}{\mathrm{BSDF}(\theta_s)} \right| \tag{3.9}$$

这说明对于大的 $|\Gamma_l|$,$|\Delta q_l|$ 的误差会很小。图 3.6 为 3 种条件下的敏感性系数及平均散射角度敏感性系数。

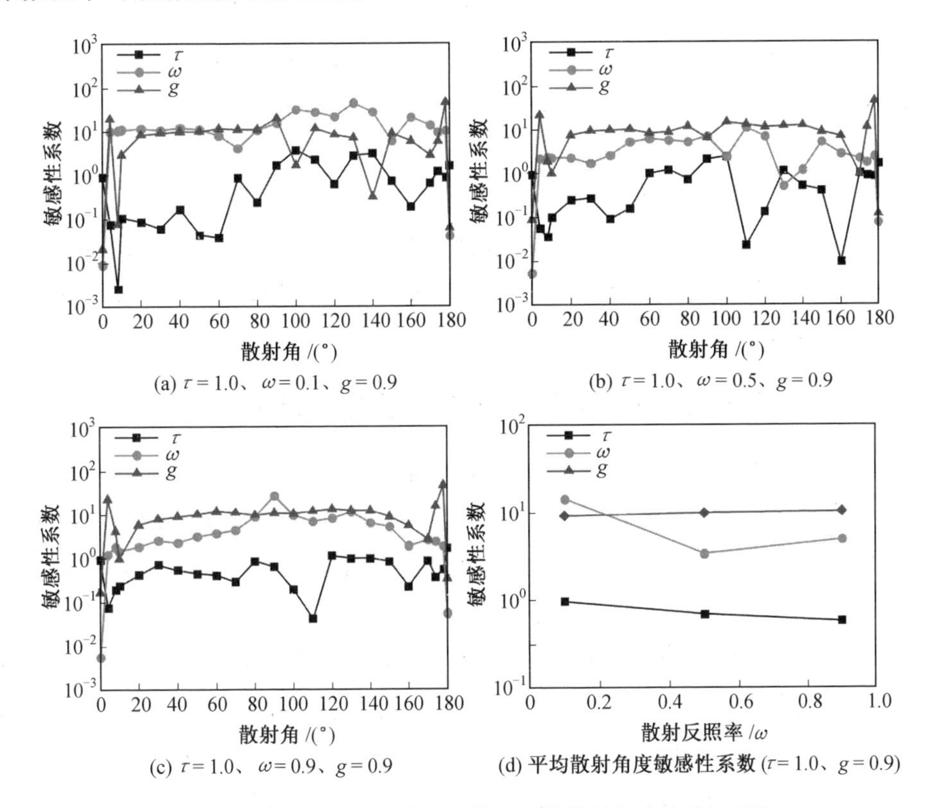

图 3.6　3 种条件下的敏感性系数及平均散射角度敏感性系数

从图中可以看出，在入射方向上，光学厚度 τ 的敏感性系数远大于反照率 ω 和不对称因子 g 的敏感性系数，这说明通过透射信号可以得到光学厚度的值。在其他方向上，反照率和不对称因子的敏感性系数大于光学厚度敏感性系数。从图 3.6(d)可以看出反照率和不对称因子的敏感性系数(约为 10)大于光学厚度敏感性系数(约为 1)，这说明反演得到的光后厚度会有较大的误差，而反照率和不对称因子的反演结果误差较小。除了散射反照率较小情况，不对称因子的敏感性系数大于散射反照率的敏感性系数，这表明不对称因子的反演结果将会具有最好的精度。

3.3 微藻光谱辐射特性的反演获取

本节使用前面给出的 GPU 并行加速的反演模型来获得混悬液粒子系的辐射特性参数，研究了不同参数下的无误差 BSDF 模拟测量结果、带误差 BSDF 模拟测量结果以及实验测量的微藻混悬液 BSDF 实验测量结果。反演研究中对光学厚度、散射反照率和不对称因子的限制范围为[0.5, 1.5]、[0.01, 0.99]及[−1.0, 1.0]，对于散射反照率和不对称因子几乎没有限制，并且在实际应用中光学厚度可由前向 BSDF 值近似获得，所以可以根据实际情况给出更小的范围。研究表明，本书给出的反演模型具有较好的稳定性，可将其应用于微藻辐射特性反演的具体问题。

3.3.1 基于无误差 BSDF 模拟实验数据的反演

图 3.7 为 BSDF 反演结果及目标函数和辐射特性参数的收敛历史，考虑的辐射特性参数条件为 $\tau=1.0$、$\omega=0.1$、$g=0.9$。图 3.8 为另外两种条件下的 BSDF 反演结果和目标函数和辐射特性参数的收敛历史，考虑的两种辐射特性参数条件为 $\tau=1.0$、$\omega=0.5$、$g=0.9$ 及 $\tau=1.0$、$\omega=0.9$、$g=0.9$。由于 90°处的 BSDF 散射信号受比色皿毛面影响非常严重且散射信号很弱，因此在反演研究中不使用此数据点。由于 PSO 算法对初值选择具有随机性，这里对每一种情况都进行了 3 次反演以证明算法的稳定性。如图所示，由于算法本身固有的随机性，收敛历史曲线表现出不光滑的阶跃性质。从目标函数的收敛历史可以看出，对

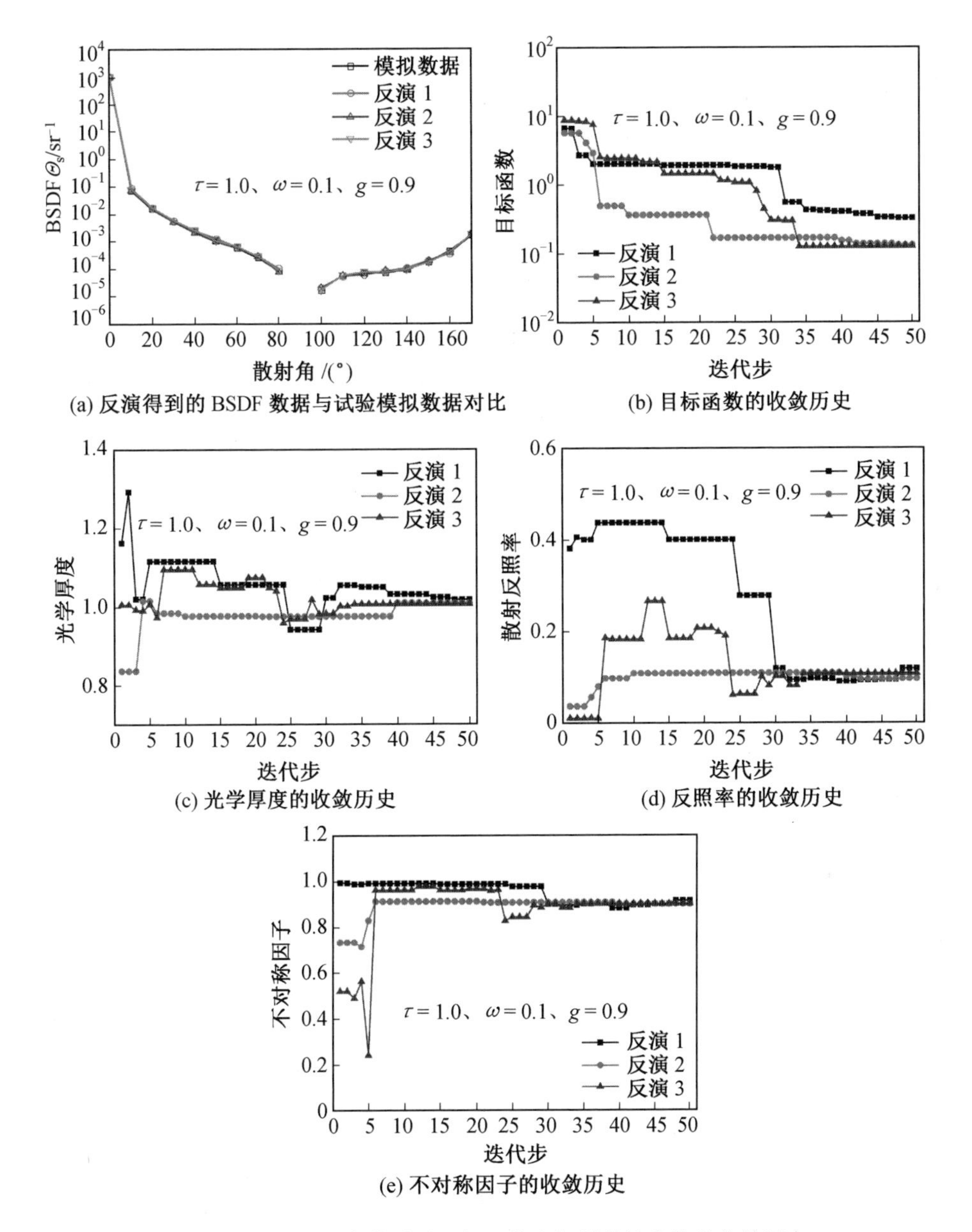

图 3.7　BSDF 反演结果及目标函数和辐射特性参数的收敛历史

于随机选取的不同初值，目标函数都是单调收敛的。从图 3.7 和图 3.8 中可以看出，对于以上 3 种辐射特性参数条件反演得到的 BSDF 均与模拟实验数据吻合很好。表 3.3～3.5 给出了 3 种条件下的平均(绝对)误差和平均相对误差。从表中可以看出,光学厚度反演结果的误差最大,不对称因子反演结果的误差最小,这与敏感性分析结果一致。然而,光学厚度的相对误差却不一定最大。对于表 3.3,由于此时散射反照率较小,除入射方向外的 BSDF 散射信号相对更弱,因此散射反照率的反演结果的相对误差最大。

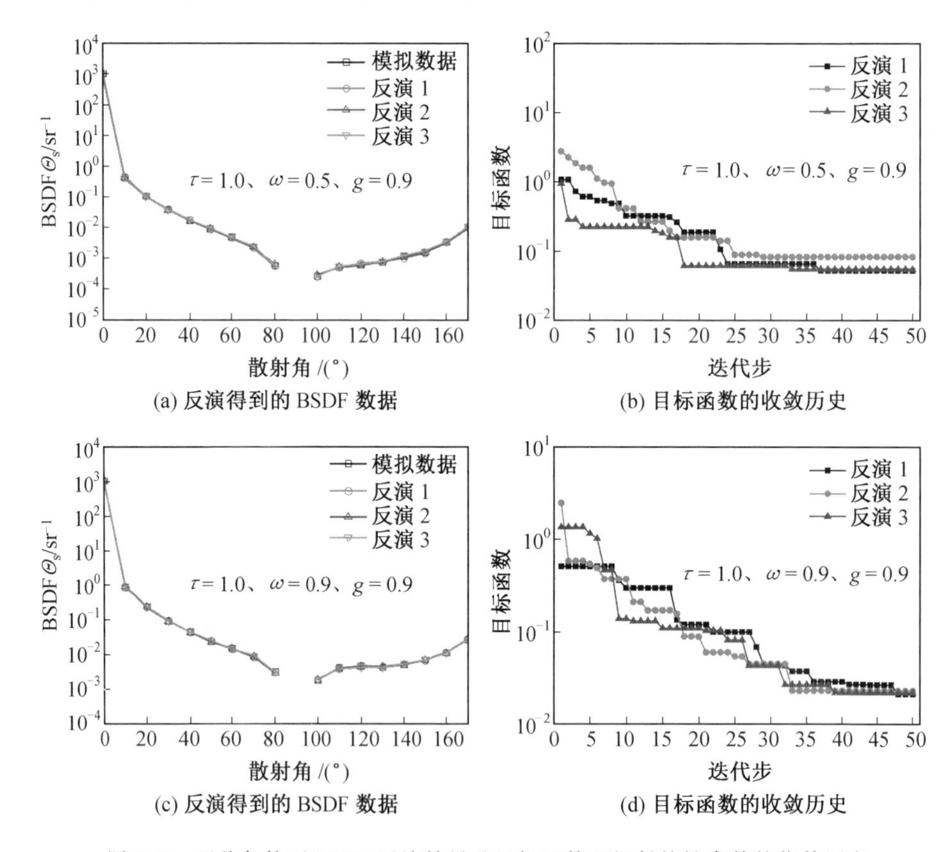

图 3.8　两种条件下 BSDF 反演结果及目标函数和辐射特性参数的收敛历史

使用 GPU 并行加速的三维辐射传输正问题模型,对以上 3 种情况使用 GTX 980 进行计算的反演时间分别为 31.8 min、40.1 min 和 49.1 min。这显示出 GPU 并行加速程序的实际应用前景,如果采用市场上最好的 GPU 计算显卡,计算时间会进一步减少。

表3.3 $\tau=1.0$、$\omega=0.1$ 和 $g=0.9$ 条件下反演结果相对误差

参数	真值	反演1	反演2	反演3	平均误差（相对误差/%）
τ	1.0	1.017 7	1.008 9	1.006 9	0.011 2 (1.12)
ω	0.1	0.118 7	0.095 9	0.108 3	0.007 6 (7.63)
g	0.9	0.915 5	0.900 6	0.901 4	0.005 8 (0.65)

表3.4 $\tau=1.0$、$\omega=0.5$ 和 $g=0.9$ 条件下反演结果相对误差

参数	真值	反演1	反演2	反演3	平均误差（相对误差/%）
τ	1.0	1.097 3	1.063 5	0.964 8	0.041 9 (4.19)
ω	0.5	0.505 0	0.471 6	0.489 0	0.011 5 (2.30)
g	0.9	0.901 7	0.892 0	0.891 7	0.004 9 (0.54)

表3.5 $\tau=1.0$、$\omega=0.9$ 和 $g=0.9$ 条件下反演结果相对误差

参数	真值	反演1	反演2	反演3	平均误差（相对误差/%）
τ	1.0	0.992 7	1.006 7	0.979 4	0.007 1 (0.71)
ω	0.9	0.889 1	0.900 8	0.895 1	0.005 0 (0.56)
g	0.9	0.898 1	0.905 6	0.896 9	0.000 2 (0.02)

3.3.2 基于带误差BSDF模拟实验数据的反演

由于实际测量数据是带有误差的，所以研究误差对反演结果的影响十分必要。可通过将正态分布产生的随机误差加入到BSDF模拟测量值对其进行反演研究[146]。带有随机误差的BSDF值可通过下式获得

$$\mathrm{BSDF}_{\mathrm{meas}}=\mathrm{BSDF}_{\mathrm{exact}}+\sigma\xi \tag{3.10}$$

式中 ξ——正态分布的随机数(平均值为0，标准差为1)。

在99%置信区间范围内，BSDF模拟测量数据的标准差 σ 可由下式确定[146]

$$\sigma = \frac{\mathrm{BSDF}_{\mathrm{exact}} \times \rho\%}{2.576} \tag{3.11}$$

式中　ρ——相对测量误差。

数值 2.576 的选取基于置信水平为 99%的置信区间为[−2.576，2.576]。

在研究测量误差对反演结果的影响之前，需要研究 BSDF 模拟测量数据的方差。图 3.9 给出了光学厚度 $\tau=1.0$、散射反照率 $\omega=0.9$、不对称因子 $g=0.9$ 情况下的 BSDF 模拟测量数据在不同方向上的绝对方差和相对方差。从图中可以看出，在绝对方差较小的角度上，其相对方差反而很大。观察到相对方差的典型值在 5%以下，因此测量误差在 5%以下的情形将被数值模拟不确定性所淹没。

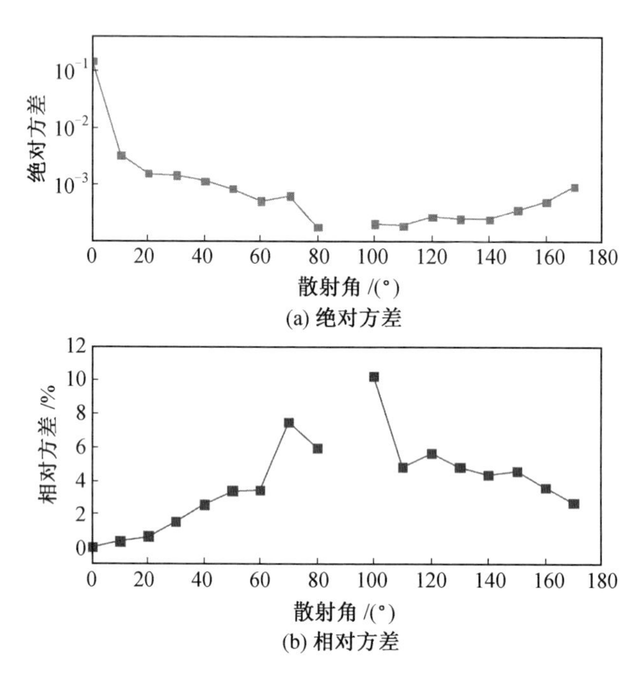

图 3.9　BSDF 模拟测量数据在不同方向上的绝对方差和相对方差

表 3.6～3.8 给出了 3 种条件下基于带有误差的 BSDF 模拟测量数据反演结果的平均误差和平均相对误差，反演中引入的误差为 $\rho=5\%$。对于每一种情况都进行了 3 次反演以验证算法的稳定性。由于在 BSDF 数据中引入了随机误差，所以反演结果不能很好符合敏感性系数的分析结果，如表 3.8 中反照率反演结果的误差比不对称因子反演结果的误差小。此外，基于带有误差的 BSDF 的

辐射特性反演结果，其误差反而可能更小，如表3.6中的反照率 ω 和不对称因子 g 及表3.8中的光学厚度 τ。因此随机误差的引入对于反演结果的影响比较复杂。

表3.6　$\tau=1.0$、$\omega=0.1$ 和 $g=0.9$ 条件下基于带有误差BSDF数据反演结果的相对误差

参数	真值	反演1	反演2	反演3	平均误差（相对误差/%）
τ	1.0	1.059 5	0.985 9	1.006 7	0.017 4 (1.74)
ω	0.1	0.101 7	0.107 5	0.089 7	0.003 4 (0.34)
g	0.9	0.904 3	0.909 9	0.890 4	0.001 7 (0.17)

表3.7　$\tau=1.0$、$\omega=0.5$ 和 $g=0.9$ 条件下基于带有误差BSDF数据反演结果的相对误差

参数	真值	反演1	反演2	反演3	平均误差（相对误差/%）
τ	1.0	1.062 8	0.996 7	1.070 0	0.043 2 (4.32)
ω	0.5	0.502 1	0.515 1	0.481 6	0.000 8 (0.08)
g	0.9	0.908 6	0.904 7	0.896 5	0.003 7 (0.37)

表3.8　$\tau=1.0$、$\omega=0.9$ 和 $g=0.9$ 条件下基于带有误差BSDF数据反演结果的相对误差

参数	真值	反演1	反演2	反演3	平均误差（相对误差/%）
τ	1.0	0.971 6	0.998 8	1.035 4	0.001 9 (0.19)
ω	0.9	0.905 7	0.889 9	0.903 1	0.000 5 (0.05)
g	0.9	0.899 0	0.897 3	0.905 4	0.000 6 (0.06)

表3.9给出了3种条件下辐射特性反演结果的平均相对误差和标准差，考虑的辐射特性参数条件为 $\tau=1.0$、$\omega=0.9$、$g=0.9$，引入的误差分别为2%、5%及10%。对于每种引入误差数值，都考虑了10种不同的随机误差，以保证计算结果具有代表性。由于随机性，对于不同角度下BSDF的引入误差也不同。从表3.9中可以看出，对于 $\rho=2\%$ 及 $\rho=5\%$ 的两种情况，辐射特性反演结果的

平均误差比较接近，这是由于 BSDF 模拟测量数据方差超过了测量误差 2%。同时可以看出，不同反演参数的平均误差和标准差随着引入误差的增加呈现增加的趋势。总体来讲，反演结果的平均误差小于引入误差，这验证了反演算法的稳定性。

表 3.9　基于带有不同误差 BSDF 数据反演结果的相对误差　%

引入误差	τ		ω		g	
	平均误差	标准差	平均误差	标准差	平均误差	标准差
2	3.64	2.31	0.54	0.67	0.21	0.20
5	3.36	2.72	0.76	0.64	0.49	0.35
10	6.02	5.52	0.91	1.14	0.84	0.58

3.3.3　基于微藻细胞实测 BSDF 数据的反演

本节研究了 GPU 并行加速反演模型应用于微藻混悬液辐射特性的反演测量。实验中使用 BRDF 实验台测量了装有微藻混悬液比色皿的 BSDF 数据，实验台的测量原理介绍参见文献[147]；比色皿由厚度为 1.5 mm 的石英玻璃制作，实验中比色皿光程为 5.0 mm；使用的普通小球藻购买自中国科学院淡水藻种库；使用 BG11 培养基在锥形瓶中培养了超过 1 周的时间，温度保持在室温(22 ℃)；测量中使用的激光波长为 660 nm（LP660－SF20 Thorlabs inc.）。在此波长下，比色皿和培养基的折射率分别为 1.4 和 1.34。图 3.10 为测量用比色皿、BSDF 测试装置、锥形瓶培养的普通小球藻及普通小球藻显微照片。显微照片使用倒置荧光显微镜(Olympus IX71)进行拍摄，藻液细胞数密度使用血球计数板进行测量。

图 3.11 为两种不同细胞数密度下目标函数的收敛历史及反演得到的 BSDF 数据。对于每种细胞数密度进行了 3 次反演。从图中可以看出，反演得到的 BSDF 结果与 BSDF 实验测量数据吻合很好，从目标函数收敛曲线可以看出反演结果是稳定的。表 3.10 给出了两种不同细胞数密度藻液的辐射特性反演结果及目标函数终值。对于低细胞数密度，目标函数的最小值对应的辐射特性反演结果为 $\tau = 0.685$、$\omega = 0.937$、$g = 0.971$。基于以上参数可以得到衰减系数、吸收系数和散射系数分别为 2.614 cm^{-1}、0.029 cm^{-1}、2.585 cm^{-1}，相应的衰减

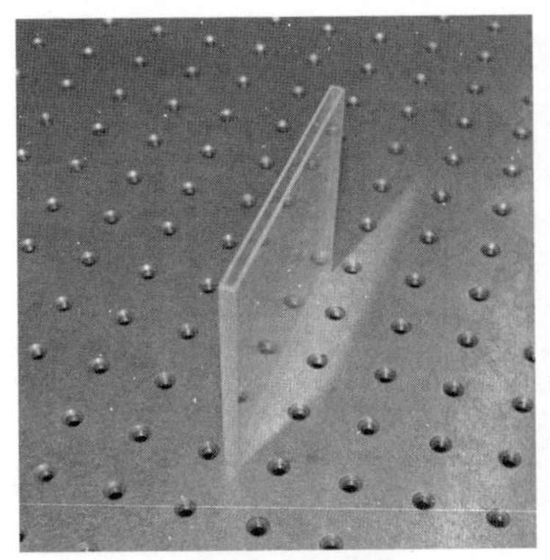

(a) 测量用比色皿

(b) BSDF 测试装置

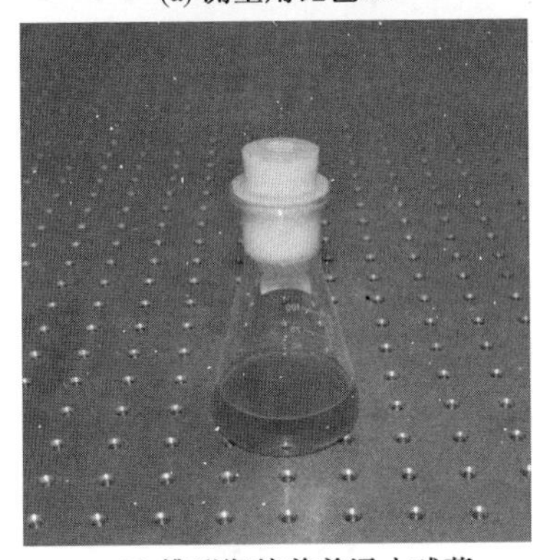

(c) 锥形瓶培养普通小球藻

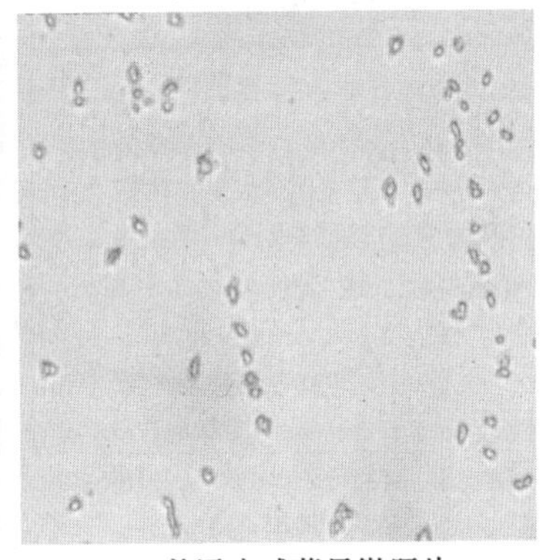

(d) 普通小球藻显微照片

图 3.10　测量用比色皿、BSDF 测试装置、锥形瓶培养的普通小球藻及普通小球藻显微照片

截面、吸收截面和散射截面分别为 4.644×10^{-7} cm^2、0.293×10^{-7} cm^2、4.351×10^{-7} cm^2。对于高细胞数密度，目标函数的最小值对应的辐射特性反演结果为 $\tau=1.307$、$\omega=0.989$、$g=0.977$。基于以上参数可以得到衰减系数、吸收系数和散射系数分别为 1.370 cm^{-1}、0.112 cm^{-1}、1.258 cm^{-1}，相应的衰减截面、吸收截面和散射截面分别为 4.453×10^{-7} cm^2、0.490×10^{-8} cm^2、4.404×10^{-7} cm^2。这两种细胞数密度下反演得到的衰减截面和散射截面吻合很好，且反演得到的不对称因子也非常接近，并与 Kandilian 等[148]的实验结果 0.974 也十分接近。反演得到的吸收截面值比散射截面小很多，两种细胞数密度下反演得到的吸收截面值也存在一定的差异，这应与实验测量误差以及数值模拟误差有关。对于低细胞数密度的情况，多次散射相对较弱，BSDF 值在散射方向上较小，所以实验测量误差和数值模拟误差相对较大。

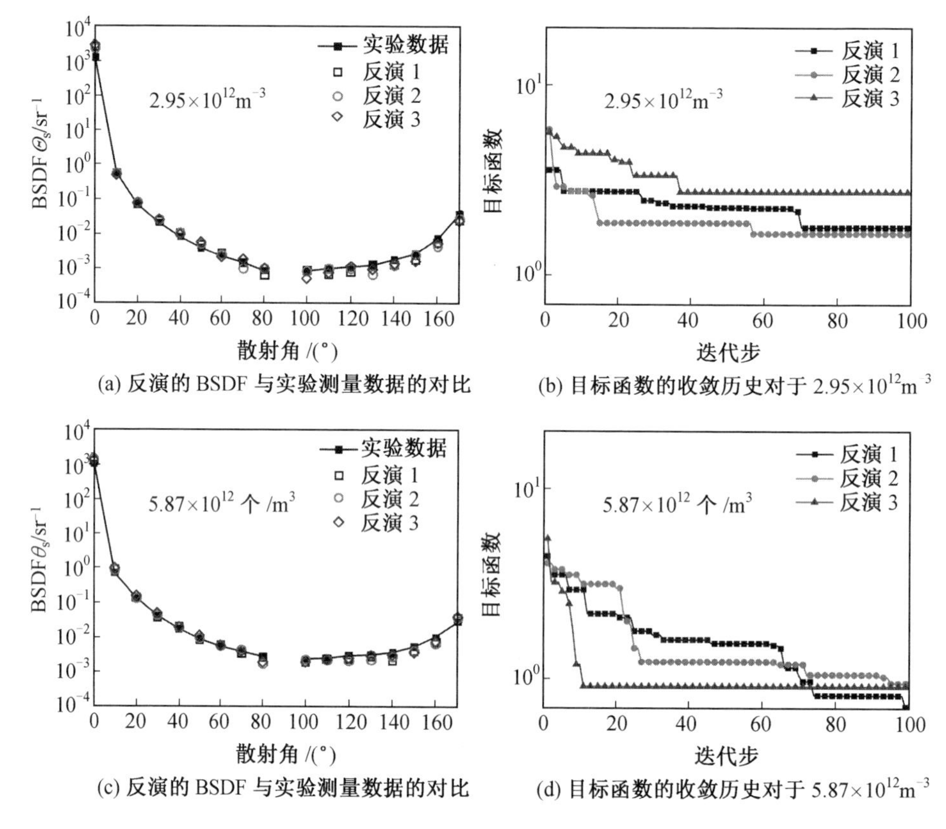

图 3.11 两种不同细胞数密度下目标函数的收敛历史及反演得到的 BSDF 数据

表 3.10 两种不同细胞数密度藻液的辐射特性反演结果及目标函数终值

细胞数密度	反演算例	τ	ω	g	目标函数
$2.95\times10^{12}\,m^{-3}$	反演 1	0.595	0.937	0.969	1.784
	反演 2	0.685	0.937	0.971	1.655
	反演 3	0.459	0.879	0.953	2.734
$5.87\times10^{12}\,m^{-3}$	反演 1	1.307	0.989	0.977	0.713
	反演 2	1.154	0.985	0.975	0.946
	反演 3	1.221	0.977	0.971	0.908

从图 3.11(a)中可以看出，低细胞数密度下反演的 BSDF 数据预测值与实验测量数据相对偏差较大，且存在其目标函数终值大于高细胞数密度的情况。这表明，高细胞数密度情况反演得到的辐射特性参数更加准确。因此，使用反演测

量时应避免选取细胞数密度过低的微藻细胞混悬液进行测量。

3.4　本章小结

辐射特性的直接测量法要求被测样品满足单散射条件,对测试条件要求较严格,而间接测量方法可以避免该问题。本章介绍了基于显卡并行加速的三维辐射传输反演模型获得混悬液粒子系辐射特性的测量方法。GPU 并行加速蒙特卡罗法可以显著降低计算时间,相比使用同等价格的 CPU 可以实现约 100 倍的加速比,而该算法同时使用计算能力更强的 GTX 980 显卡可以实现 300 倍以上的加速比,这使得本书给出的 GPU 并行加速三维反演模型更有利于实际应用。敏感性分析表明,不对称因子的反演结果准确性最好。在实际混悬液粒子系辐射特性反演测量中,应通过配比使微藻细胞的细胞数密度处在合适范围以提高反演精度,避免选取细胞数密度过低的微藻细胞混悬液进行测量。

第4章

微藻细胞的生长相关光谱辐射特性

本章主要介绍多种微藻细胞生长相关光谱辐射特性的实验测量结果，包括多种绿藻纲和蓝藻纲微藻，以及近期发现的微藻细胞辐射特性所呈现的生长时间相似律，即微藻细胞不同生长时间的辐射特性与其稳定期的辐射特性的比值近似为与波长无关的常数；给出了微藻光谱辐射特性生长时间相似律的理论证明，并基于实验获得的微藻辐射特性数据对理论模型进行检验。通过该理论模型，可以使用稳定期微藻辐射特性获得任意生长时间的微藻光谱辐射特性，有望降低实验成本并方便实际应用。

影响微藻生长的因素较多，其中光照是影响微藻生长的关键因素，因此研究微藻混悬液中的光辐射场分布十分重要[16]。要得到光生物反应器中的光辐射场分布需要知道微藻的光谱辐射特性参数，即光谱散射系数、光谱吸收系数以及散射相函数。微藻细胞在生长分裂过程中伴随着细胞成分的变化，所以微藻辐射特性随生长时间也在发生变化。要准确预测光生物反应器中的光辐射场分布，需要了解微藻随生长时间变化的光谱辐射特性。

本章主要介绍多种微藻细胞生长相关光谱辐射特性的实验测量结果，包括多种绿藻纲和蓝藻纲微藻。研究发现微藻细胞不同生长时间的辐射特性与其稳定期的辐射特性的比值近似为与波长无关的常数，呈现生长时间的相似规律。本章对微藻光谱辐射特性的时间相似律进行了理论推导，使用实验获得的微藻辐射特性数据对理论模型进行检验。通过该理论模型，可以利用稳定期微藻辐射特性获得不同给定生长时间的微藻光谱辐射特性。

4.1　时间相似律的基本理论

本节主要阐述时间相似规律的理论推导过程，从理论上去理解出现相似规律需要的必要条件。本节从宏观和微观两个不同尺度进行了相似规律的推导。宏观尺度从细胞总体浓度出发进行相似规律的推导，而微观尺度是从单个细胞尺度进行相似规律的推导。下面给出详细的假设条件和推导过程。

4.1.1　宏观理论模型

微藻混悬液在培养过程中主要经历 3 个阶段，即滞后期、指数生长期及稳定期。生长过程中细胞质量浓度 ρ 的变化满足方程[149]

$$\frac{d\rho}{dt}=\mu\rho \tag{4.1}$$

式中 μ——生长速率。

式(4.1)的一般解可表达为

$$\rho=\rho_0\exp[\tau(t)] \tag{4.2}$$

其中，ρ_0——藻液初始细胞质量浓度；

函数 $\tau(t)=\int_t \mu(t)dt$ 。

由前所述，微藻细胞的光谱吸收系数和散射系数可以分别表达为光谱质量吸收截面 $A_{abs,\lambda}$ 和光谱质量散射截面 $A_{sca,\lambda}$ 与细胞质量浓度 ρ 的乘积，即

$$\kappa_{a,\lambda}=A_{abs,\lambda}\rho \tag{4.3}$$

$$\kappa_{s,\lambda}=A_{sca,\lambda}\rho \tag{4.4}$$

由于细胞对光能的吸收主要来自于细胞内的光合色素，所以光谱吸收系数可以表达为色素吸收截面和色素浓度的函数[13,150]，即

$$\kappa_{a,\lambda}=\sum_j Ea_{\lambda,j}C_j \tag{4.5}$$

式中 $Ea_{\lambda,j}$——色素 j 的光谱吸收截面，m^2/kg；

C_j——色素 j 的质量浓度，kg/m^3。

假设各种色素质量浓度的变化有相同的生长速率，色素浓度随时间的变化满足如下方程

$$\frac{dC_j}{dt}=\mu_p C_j \tag{4.6}$$

式中 μ_p——色素的合成速率，h^{-1}。

上述方程的一般形式的通解可以表示为

$$C_j=C_{j,0}\exp[\tau_p(t)] \tag{4.7}$$

式中 $C_{j,0}$——色素 j 的初始质量浓度；

τ_p——$\tau_p(t)=\int_t \mu_p(t)dt$ 。

综合上述方程，则吸收截面可以表达为

$$A_{abs,\lambda}=\sum_j Ea_{\lambda,j}C_j/\rho \tag{4.8}$$

微藻生长期的吸收截面和散射截面为时间 t 的函数，时间相关的吸收截面和

散射截面的时间相似函数（TSFs）S_R 定义为

$$S_R(t, t_{STP}) = \frac{A_{R,\lambda}(t)}{A_{R,\lambda}(t_{STP})} \tag{4.9}$$

式中　t_{STP} ——微藻培养液到达生长稳定期所经历的时间。

根据相似函数定义式，可得到如下表达式

$$S_{abs}(t, t_{STP}) = \frac{\sum_j Ea_{\lambda,j} C_j(t)/\rho(t)}{\sum_j Ea_{\lambda,j} C_j(t_{STP})/\rho(t_{STP})} \tag{4.10}$$

进一步，可得如下表达式

$$S_{abs}(t, t_{STP}) = \exp[\tau_p(t) - \tau(t)] \exp[\tau(t_{STP}) - \tau_p(t_{STP})] \tag{4.11}$$

从式(4.11)中可以看出，由于函数 $\tau(t)$ 和 $\tau_p(t)$ 仅为时间的函数，因此吸收截面的时间相似函数 $S_{abs}(t, t_{STP})$ 与波长 λ 无关，即其在整个光谱区间为一个常量。根据时间相似函数的定义，任意生长时间的吸收截面可以通过下式得到

$$A_{abs,\lambda}(t) = A_{abs,\lambda}(t_{STP}) S_{abs}(t, t_{STP}) \tag{4.12}$$

通过相似函数概念，只需要测量稳定期的微藻的辐射特性就能获得生长期微藻的辐射特性。类似于光谱吸收系数，光谱散射系数可表达为

$$\kappa_{s,\lambda} = \sum_j Es_{\lambda,j} D_j \tag{4.13}$$

式中　$Es_{\lambda,j}$ ——细胞组分 j 的光谱散射截面，如碳水化合物、油脂、细胞壁和细胞内部结构的散射等，m^2/kg。

D_j ——细胞组分 j 的质量浓度，kg/m^3。

散射截面可以重新表达为

$$A_{sca,\lambda} = \sum_j Es_{\lambda,j} D_j / \rho \tag{4.14}$$

根据相似函数定义式，散射截面的时间相似函数 $S_{sca}(t, t_{STP})$ 可以表达为

$$S_{sca}(t, t_{STP}) = \frac{\sum_j Es_{\lambda,j} D_j(t)/\rho(t)}{\sum_j Es_{\lambda,j} D_j(t_{STP})/\rho(t_{STP})} \tag{4.15}$$

类似于色素浓度的生长表达式，假设细胞内的组分具有相同的生长率并满足类似色素浓度的生长规律，则细胞组分浓度可表达为

$$D_j = D_{j,0} \exp[\tau_c(t)] \tag{4.16}$$

其中，函数 $\tau_c(t) = \int_t \mu_c(t) dt$，$\mu_c$ 代表细胞组分的合成速率，h^{-1}。

把式(4.2)和式(4.6)代入式(4.15),散射截面的时间相似函数可以写为

$$S_{sca}(t,t_{STP})=\exp[\tau_c(t)-\tau(t)]\exp[\tau(t_{STP})-\tau_c(t_{STP})] \tag{4.17}$$

式中　$\tau_c(t)$ 和 $\tau(t)$ ——生长时间的函数。

因此,散射截面的时间相似函数 $S_{sca}(t,t_{STP})$ 与波长 λ 无关,为某个常数。根据相似函数的概念,生长相关的散射截面可以由生长稳定期的散射截面获得

$$A_{sca,\lambda}(t)=A_{sca,\lambda}(t_{STP})S_{sca}(t,t_{STP}) \tag{4.18}$$

通过式(4.18)和稳定期微藻细胞的散射截面可以获得任意生长时间的散射截面。

4.1.2 单个细胞尺度上的理论模型

前面的推导中,使用了微藻混悬液细胞色素和成分的宏观浓度量。这里引进平均单个细胞色素浓度 $f_j(t)$(kg/个)和组分浓度 $g_j(t)$(kg/个)。假设单个细胞色素浓度 $f_j(t)$ 和组分浓度 $g_j(t)$ 分别满足一般的指数生长规律,则可表达为下述的数学表达式

$$f_j(t)=f_j(0)\exp[\tau_p'(t)] \tag{4.19}$$

$$g_j(t)=g_j(0)\exp[\tau_c'(t)] \tag{4.20}$$

式中　$f_j(0)$ 和 $g_j(0)$ ——单个细胞色素组分 j 初始浓度和单个细胞组分 j 初始浓度;

$\tau_p'(t)$ 和 $\tau_c'(t)$ —— $\tau_p'(t)=\int_t \mu_p'(t)\mathrm{d}t$ 和 $\tau_c'(t)=\int_t \mu_c'(t)\mathrm{d}t$ 。

使用式(4.8)和式(4.14)结合式(4.19)和式(4.20),吸收截面和散射截面可以重新表达为

$$A_{abs,\lambda}=\exp[\tau_p'(t)]\sum_j Ea_{\lambda,j}f_j(0) \tag{4.21}$$

$$A_{sca,\lambda}=\exp[\tau_c'(t)]\sum_j Es_{\lambda,j}g_j(0) \tag{4.22}$$

进一步,由相似函数定义式(4.9),光谱吸收截面和光谱散射截面的时间相似函数表达式可以分别写为

$$S_{abs}(t,t_{STP})=\exp[\tau_p'(t)-\tau_p'(t_{STP})] \tag{4.23}$$

$$S_{sca}(t,t_{STP})=\exp[\tau_c'(t)-\tau_c'(t_{STP})] \tag{4.24}$$

注意到微藻混悬液质量浓度 $C_j(t)$ 和 $D_j(t)$ 与单个细胞数密度 $f_j(t)$ 和

$g_j(t)$ 之间的关系可分别表达为 $C_j(t)=f_j(t)N$ 和 $D_j(t)=g_j(t)N$，通过分析可以得到以下方程

$$\mu_p'(t)=\mu_p(t)-\mu(t) \tag{4.25}$$

$$\mu_c'(t)=\mu_c(t)-\mu(t) \tag{4.26}$$

式中　$\mu_p'(t)$ 和 $\mu_c'(t)$ ——单个细胞色素相似生长率和成分相似生长率，h^{-1}。

上面的推导过程中，使用时间相似函数的概念给出了生长期吸收截面和散射截面与稳定期吸收截面和散射截面的一般关系。理论推导结果表明，吸收截面和散射截面的时间相似函数与波长无关，特定生长时间的时间相似函数在整个光谱区间为某个常数。可以猜测相似生长率 $\mu_p'(t)$ 和 $\mu_c'(t)$ 与微藻培养条件和微藻种类相关。

4.2　绿藻纲微藻的生长相关辐射特性实验研究

本节研究 5 种绿藻纲微藻的生长相关辐射特性，包括普通小球藻（*C. vulgaris*）、蛋白核小球藻（*C. pyrenoidosa*）、海水小球藻（*C. protothecoides*）以及两种不同地域的雨生红球藻（*H. pluvialis*（827）和 *H. pluvialis*（872））。

4.2.1　微藻培养

上述 5 种微藻藻种购自中国科学院淡水藻种库。5 种微藻均使用 BG11 培养基进行培养。在超净平台中将藻种转移至 250 mL 的具有透气塞的锥形瓶中进行培养。实验分两次进行，*C. vulgaris*、*C. pyrenoidosa*、*C. protothecoides* 这 3 种微藻的光照强度为 4 500～5 000 lx，两种 *H. pluvialis* 提供的光照强度为 3 500～4 500 lx，放置于荧光灯光照培养箱中进行培养。BG11 培养基的构成成分如下：每升去离子水中，含 $NaNO_3$ 1.5 g，K_2HPO_4 0.04 g，$MgSO_4\cdot 7H_2O$ 0.075 g，$CaCl_2\cdot 2H_2O$ 0.036 g，柠檬酸 0.006 g，柠檬酸铁铵（Ferric ammonium citrate）0.006 g，乙二胺四乙酸二钠（$EDTANa_2$）0.001 g，Na_2CO_3 0.02 g 及1 mL微量金属溶液（Trace metal solution）A5。1 L 微量金属溶液 A5 包含2.86 g H_3BO_3，1.86 g $MnCl_2\cdot 4H_2O$，0.22 g $ZnSO_4\cdot 7H_2O$，0.39 g $Na_2MoO_4\cdot 2H_2O$，0.08 g $CuSO_4\cdot 5H_2O$，0.05 g $Co(NO_3)_2\cdot 6H_2O$。培养基

配制完成后需进行高压灭菌，使用前将其 pH 调整到 7.5。图 4.1 为微藻培养使用的荧光灯光源的相对光谱强度分布。如图所示，光源主要能量集中在波长 400～700 nm范围。

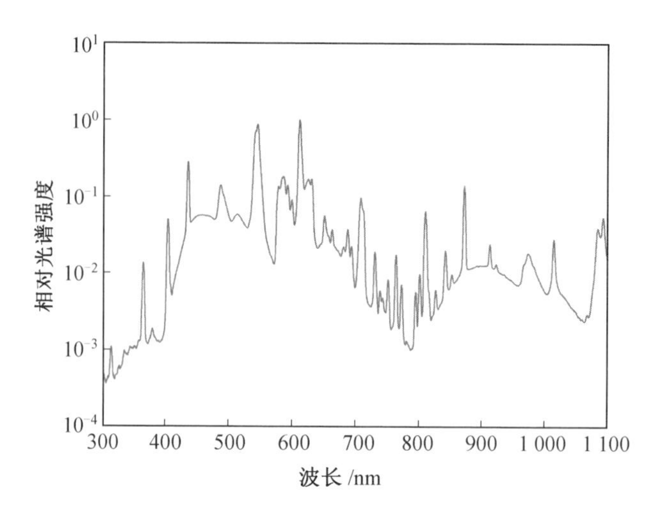

图 4.1　微藻培养使用的荧光灯光源的相对光谱强度分布

图 4.2 为 5 种微藻的光学显微照片。从图中可以看出 5 种微藻都是近似为球形的单细胞藻类，图 4.2(a)～(c)3 种微藻的直径为 2～3 μm，两种雨生红球藻

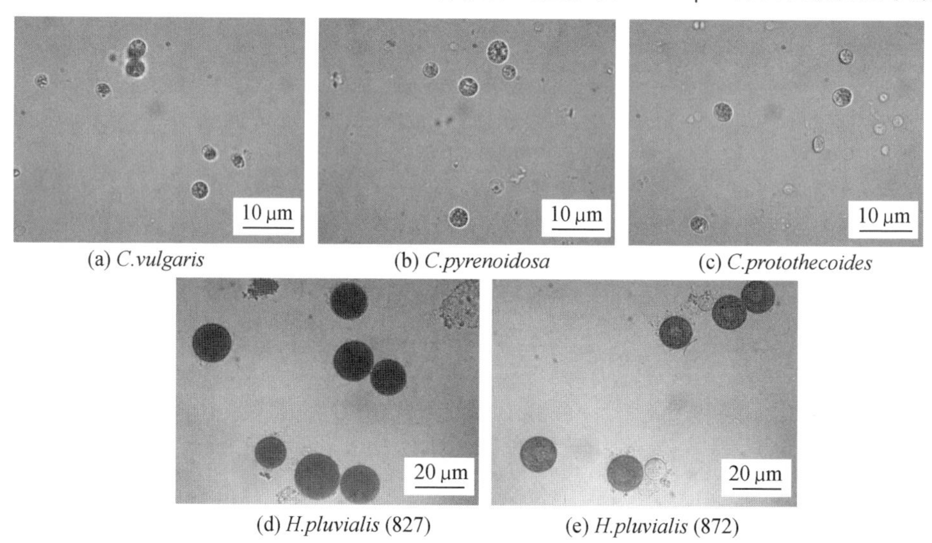

图 4.2　5 种微藻的光学显微照片

的直径为 10～20 μm。图 4.3 为 5 种微藻在锥形瓶中培养的照片，培养温度保持在 25 ℃。经过大约 2 个星期的扩大培养后，微藻培养液基本达到稳定。由于 5 种微藻的实验分两次完成，因此培养条件具有很大差异。对于 *C. vulgaris*、*C. pyrenoidosa*、*C. protothecoides* 3 种微藻，将 20 mL 微藻培养液转移到新鲜的 320 mL BG11 培养基中摇匀，将 170 mL 稀释后的每一种微藻培养液转移到一个光程为 2 cm 的平板式光生物反应器（比色皿）中。将比色皿放入光照培养箱中，培养条件设定为 12 h 光照和 12 h 黑暗循环，荧光灯提供的光照强度为 4 500～5 000 lx，温度保持在 25 ℃。对于两种 *H. pluvialis* 微藻，将 60 mL 微藻培养液转移到 180 mL 的 BG11 培养基中摇匀，将 80 mL 稀释后的培养液转移到光程为 10 mm 的比色皿中。将比色皿放入光照培养箱中，光照条件为 12 h 光照和 12 h 黑暗循环，光照强度为 2 000～2 500 lx，温度保持在 25 ℃。

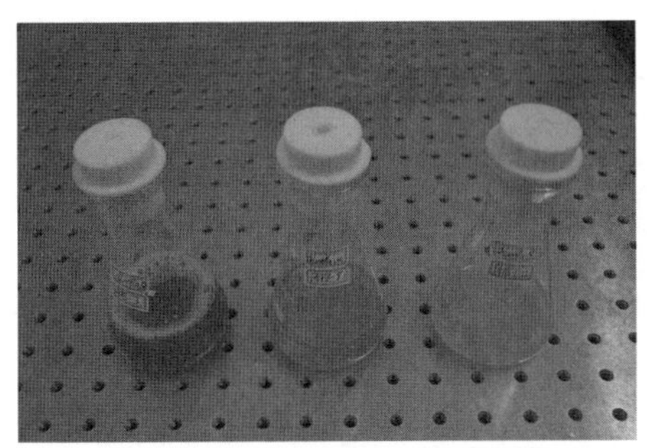

(a) *C.vulgaris*、*C.pyrenoidosa*、*C.protothecoides*

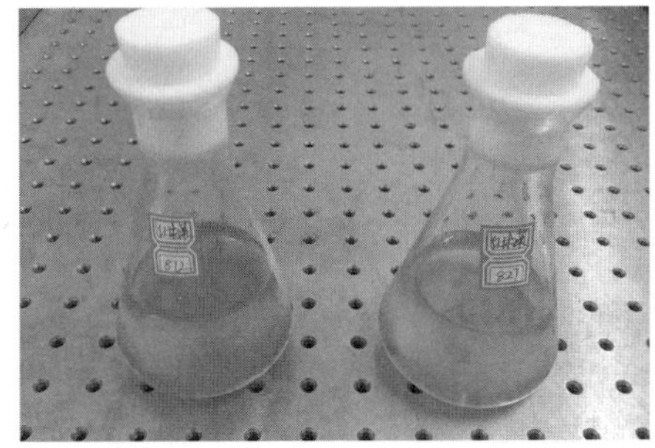

(b) *H.pluvialis* (827)、*H.pluvialis*(872)

图 4.3　5 种微藻在锥形瓶中培养的照片

通常微藻混悬液的细胞浓度有两种表示方法，即细胞数密度和质量浓度。细胞数密度通过血球计数板在显微镜下多次计数后取均值得到，质量浓度则是通过光学密度（Optical Density, OD）测量获得。光学密度定义式如下[69]

$$\mathrm{OD}=-\lg\frac{T_{\mathrm{n},750}}{T_{\mathrm{n},750,\mathrm{ref}}}\tag{4.27}$$

式中　$T_{\mathrm{n},750}$ 与 $T_{\mathrm{n},750,\mathrm{ref}}$ ——750 nm 波长下微藻混悬液和参考培养基（BG11）的法向透过率。

质量浓度与光学密度曲线可通过测量多种不同细胞数密度下的光学密度值进行标定。

细胞粒径分布数据可通过使用生物显微镜获得，本书使用的显微镜型号为

UB203i—5.0M。使用开源软件 Image J 进行单个细胞粒径的测量。测量中由于细胞的形状近椭球形，所以分别统计了长轴直径和短轴直径。所有测量均在室温(约 25 ℃)下完成。

4.2.2 藻液浓度及细胞粒径分布实验测量结果

图 4.4 为 3 种微藻(普通小球藻 *C. vulgaris*、蛋白核小球藻 *C. pyrenoidosa*、海水小球藻 *C. protothecoides*)的细胞数密度生长曲线。从图中可以看出，3 种微藻的生长曲线表现出典型的滞后期(Lag phase)、指数生长期(Exponential phase)及稳定期(Stationary phase)，滞后期的特点是藻液浓度增长很小，基本不变，这是由于稀释后的藻液需要一定的时间去适应新的生长环境。指数生长期的特性是藻液的浓度呈现指数生长规律，浓度增长非常快，在指数生长期可以看出有一段表观生长率为负的情况，这是由于微藻细胞在生长过程中贴壁生长以及沉降到壁面上，导致表观浓度下降。大约在 287 h 后，藻液生长进入稳定期，这时微藻细胞数密度基本不变。稳定期微藻细胞数密度的波动一般是由微藻细胞的沉降、微藻细胞的凋亡以及测量误差等因素造成。然而，微藻细胞在下壁面的沉降并不影响微藻辐射特性的测量结果，这是因为无论在透过率的测量中还是藻液浓度的测量中都没有计入沉降的微藻细胞。

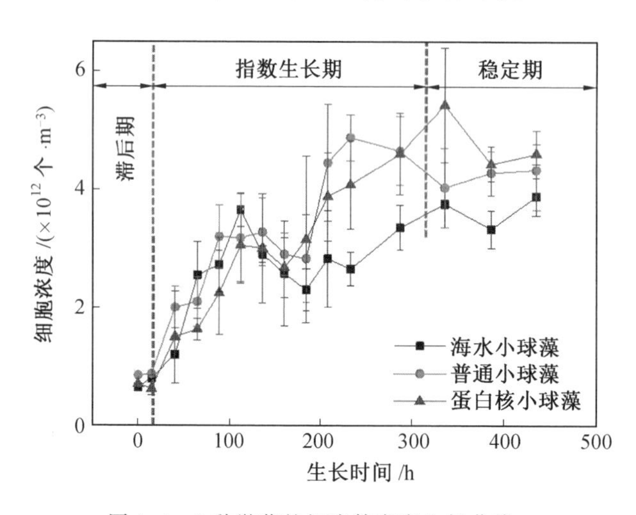

图 4.4 3 种微藻的细胞数密度生长曲线

图 4.5 为干质量浓度与光学密度标定曲线（R^2 为相关系数），标定中使用的比色皿光程为 10 mm。从图中可以看出，对于两种不同地域的 *H. pluvialis*，1 单位的 OD 分别对应微藻质量浓度 0.799 4 kg/m³ 和 0.612 5 kg/m³。因此，在后续的实验测量中需要获得 750 nm 下的光学密度值，进而通过各自的标定曲线获得两种不同地域的 *H. pluvialis* 混悬液各个不同生长时间的质量浓度。

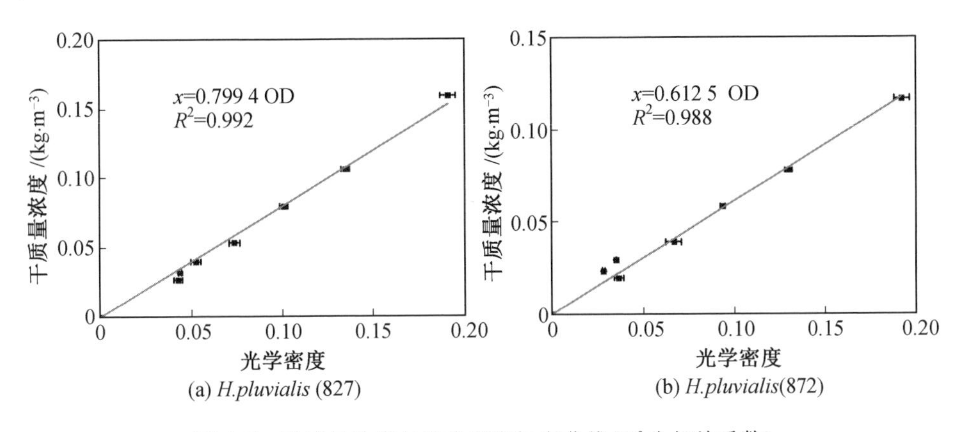

图 4.5　干质量浓度与光学密度标定曲线（R^2 为相关系数）

图 4.6 为两种不同地域雨生红球藻（*H. pluvialis* (827) 和 *H. pluvialis* (872)）的微藻细胞质量浓度生长曲线。从图中可以看出，两种不同地域的 *H. pluvialis* 的生长速率都相对较低，且由于其质量浓度增加缓慢，雨生红球藻生长曲线进入稳定期的时间也不清晰，因此雨生红球藻生长周期长和培养液浓度低是其大规模养殖面临的一个重要问题。对两种雨生红球藻生长相关辐射特性的

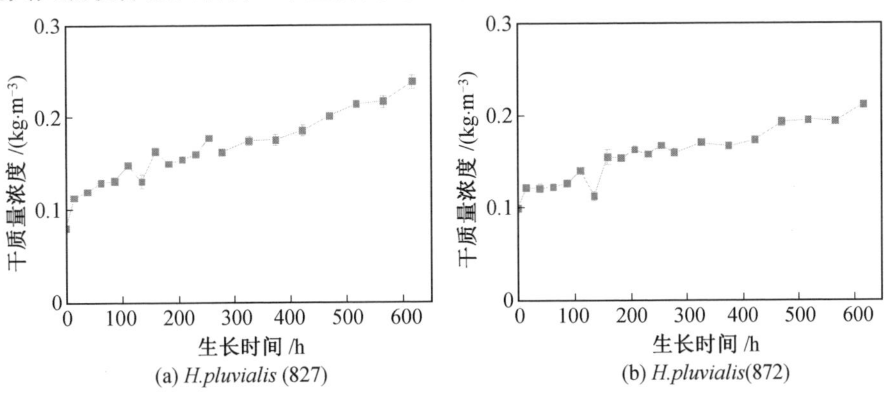

图 4.6　两种不同地域雨生红球藻的微藻细胞质量浓度生长曲线

研究结果证明，研究光照强度对雨生红球藻生长的影响提供了基础辐射传输物性参数。基于这些物性参数，可分析光生物反应器中的光强分布，然后结合光照生长模型即可获得微藻的生长率分布等信息，从而对光生物反应器中微藻培养的光照条件进行优化。

图 4.7 为海水小球藻(*C. protothecoides*)细胞的长轴和短轴粒径在不同生长时间的分布。从图中可以看出，海水小球藻细胞的长轴粒径(major diameter)和短轴粒径(minor diameter)的平均值没有随生长时间的增加发生显著变化，细胞长轴粒径和短轴粒径的平均值变化范围分别在区间[3.93，4.12]和[2.95，3.15]，且不同生长时间的细胞粒径分布数据近似正态分布。微藻细胞的粒径分布在整个生长期间不发生显著变化，可能是由于其处在微藻的典型生长阶段即滞后期、指数生长期和稳定期，如在指数生长期，尽管微藻细胞会进行二分裂，细胞粒径应该有一个变小的过程，但微藻细胞的分裂并不是同时进行的，所以微藻细胞在整个生长期间其平均粒径没有发生显著变化。微藻细胞不同生长时间的粒径分布数据对于理解微藻细胞辐射特性的变化规律及对微藻细胞生长动力学模型的研究都具有重要价值。当然，目前对于不同生长时间微藻细胞粒径分布数据的测量非常少，粒径分布数据的测量结果也依赖于微藻种类和培养条件等多个因素，不同生长时间微藻细胞粒径分布随生长时间不发生显著变化的结论也需要更多的实验测量结果的支持。

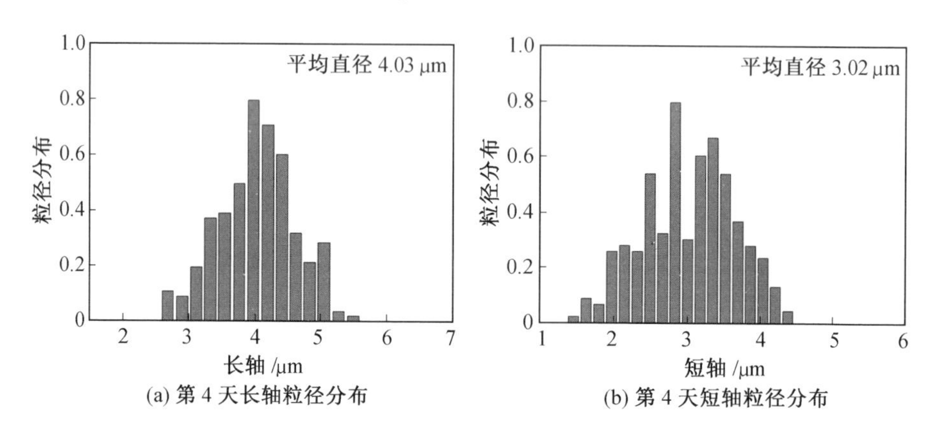

(a) 第 4 天长轴粒径分布　(b) 第 4 天短轴粒径分布

图 4.7　海水小球藻(*C. protothecoides*)细胞的长轴和短轴粒径在不同生长时间的分布

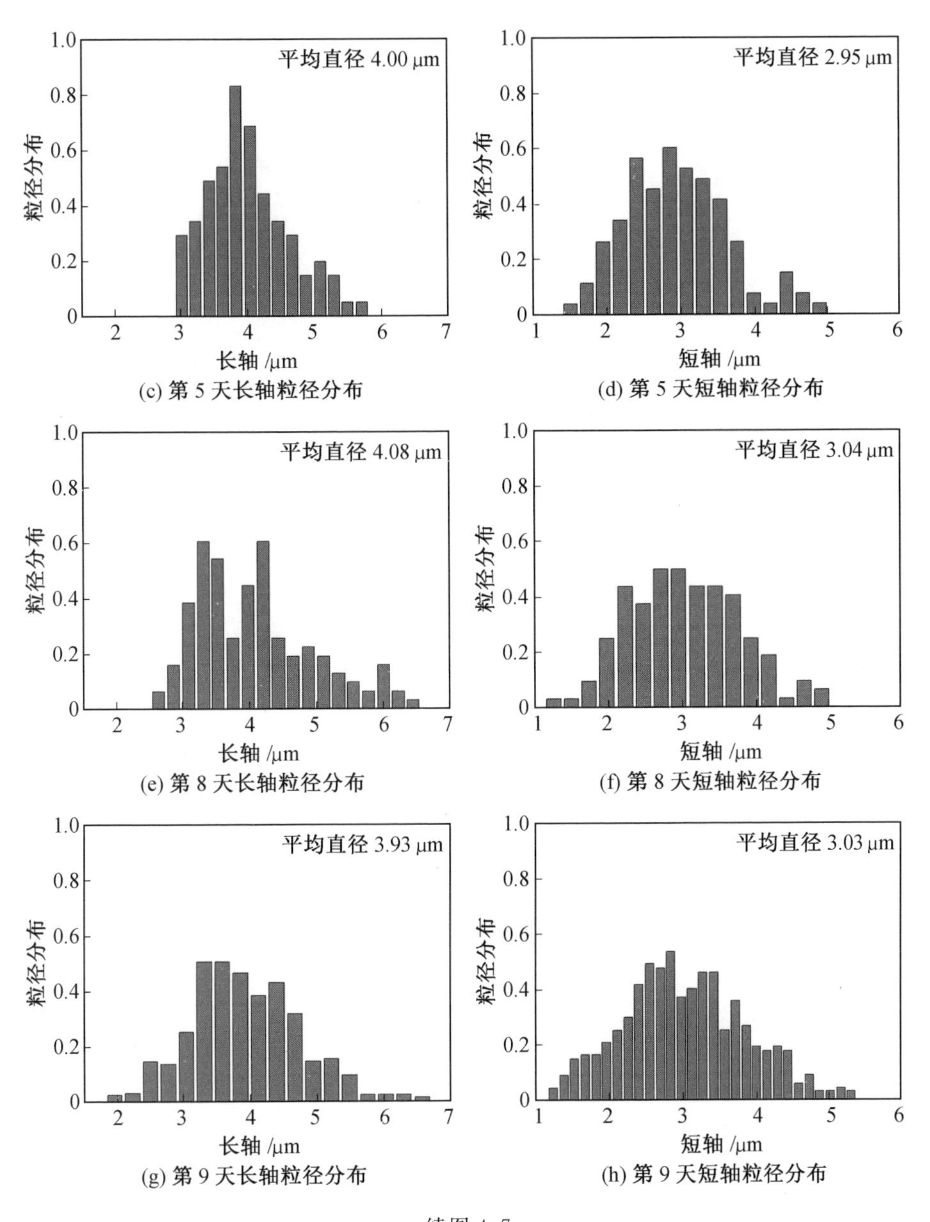

(c) 第 5 天长轴粒径分布　(d) 第 5 天短轴粒径分布

(e) 第 8 天长轴粒径分布　(f) 第 8 天短轴粒径分布

(g) 第 9 天长轴粒径分布　(h) 第 9 天短轴粒径分布

续图 4.7

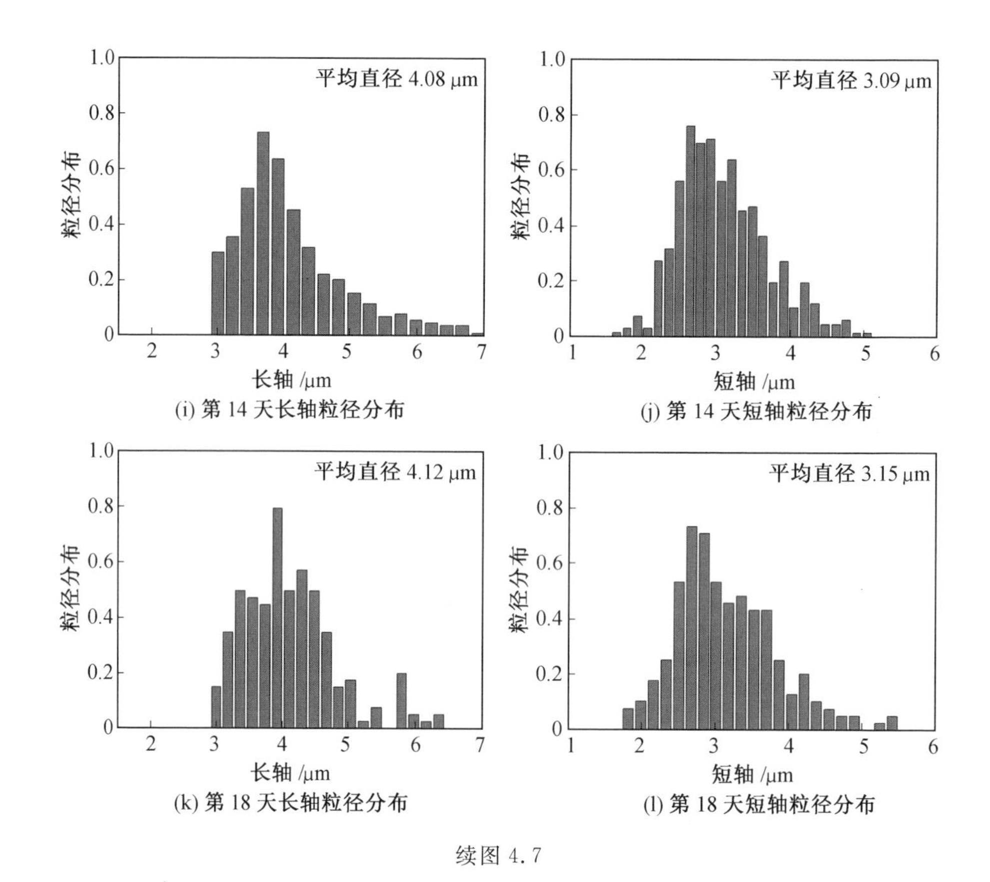

(i) 第 14 天长轴粒径分布

(j) 第 14 天短轴粒径分布

(k) 第 18 天长轴粒径分布

(l) 第 18 天短轴粒径分布

续图 4.7

4.2.3 时间相关吸收截面和散射截面实验结果

图 4.8 为 3 种微藻在不同生长时间的光谱吸收截面和光谱散射截面。从图中可以看出，3 种微藻的光谱散射截面和光谱吸收截面随生长时间的增加总体呈现变小趋势。蛋白核小球藻(*C. pyrenoidosa*)的光谱散射截面比普通小球藻(*C. vulgaris*)和海水小球藻(*C. protothecoides*)的散射截面稍大，这是由于蛋白核小球藻(*C. pyrenoidosa*)的细胞粒径要更大一些。光谱吸收截面在波长 435 nm 和 676 nm 的吸收峰对应于叶绿素 a，485 nm 下的吸收峰对应于类胡萝卜素[16]。光谱吸收截面随生长时间变化显著，在波长 435 nm 和 676 nm 下，蛋白核小球藻(*C. pyrenoidosa*)的光谱吸收截面相对变化率可达 290%和 288%。对应于吸收峰附近的光谱散射截面凹坑可由 Ketteler-Helmotz 理论给出预测[11]，这是一种

反常色散效应，由复折射率的实部和虚部的 Kramers-Kronig 关系[79]决定。

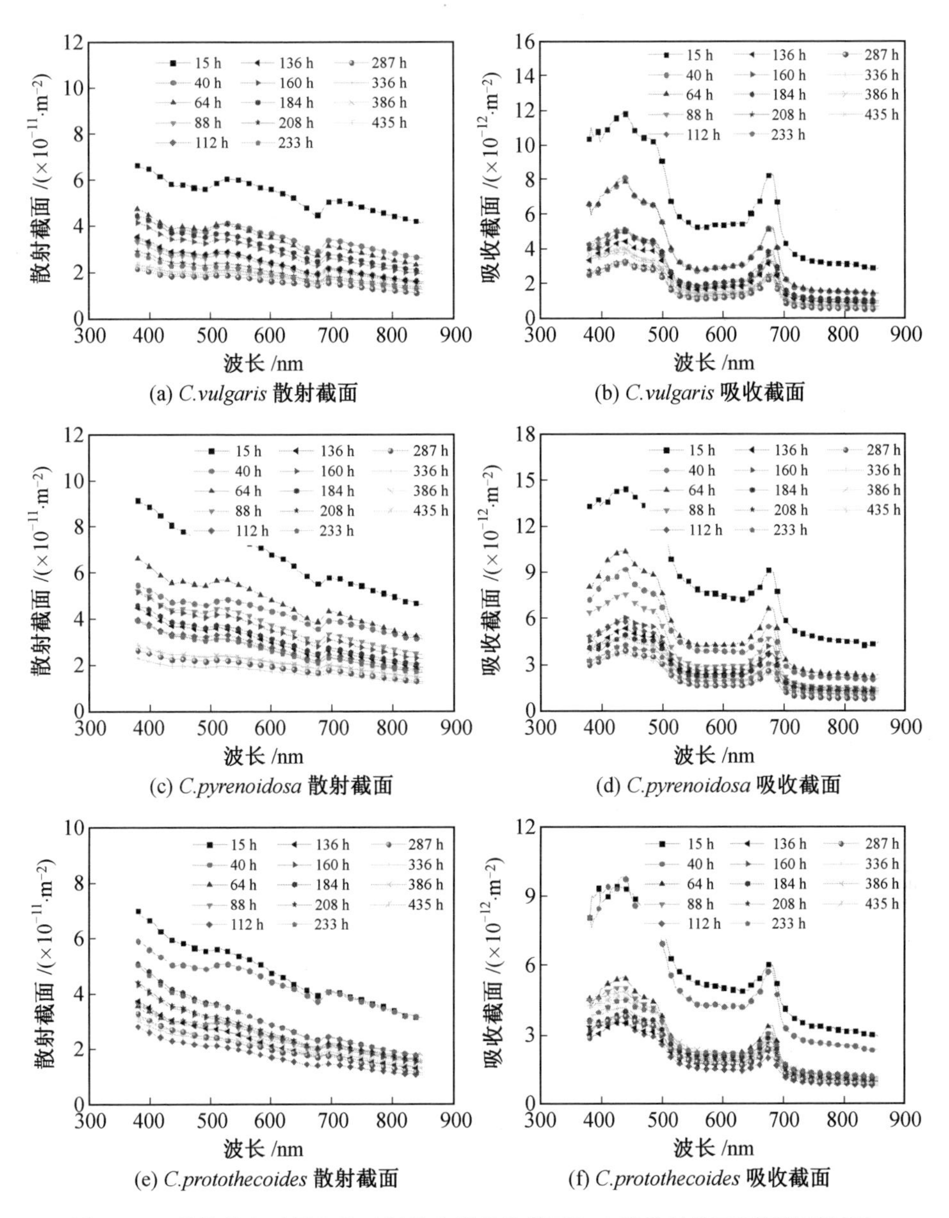

(a) *C.vulgaris* 散射截面 (b) *C.vulgaris* 吸收截面

(c) *C.pyrenoidosa* 散射截面 (d) *C.pyrenoidosa* 吸收截面

(e) *C.protothecoides* 散射截面 (f) *C.protothecoides* 吸收截面

图 4.8 3 种微藻在不同生长时间的光谱吸收截面和光谱散射截面（彩图见附录）

图 4.9 为 3 种微藻在波长 485 nm 和 676 nm 下光谱吸收截面随生长时间的变化。如图所示，两种波长下的吸收截面在初始的 100 h 内呈现减小的趋势，这

是由于培养液此时浓度较低，透光性较强，光照处于一种过量的状态，微藻出于适应性减少细胞内的光合作用色素，降低对光能的吸收进而保护光合作用天线，表现为吸收截面的减小。接下来，由于细胞数密度的增加，局部的光照降低，为了补偿反应器内的光照下降，微藻细胞合成了更多的光合色素，表现为吸收截面的增大。最后，微藻吸收截面表现出减小的趋势，这是由于氮源的相对不足导致类胡萝卜素的增加[70]，实际上微藻的颜色在实验的最后阶段逐渐变浅。

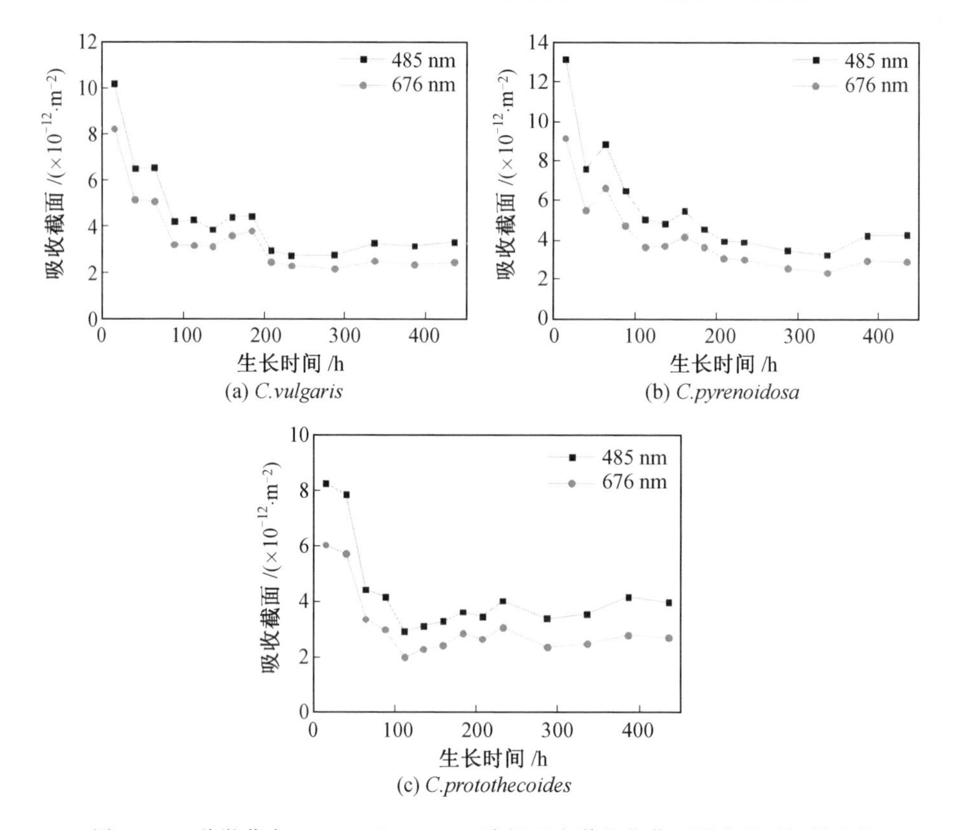

图 4.9　3 种微藻在 485 nm 和 676 nm 波长下光谱吸收截面随生长时间的变化

图 4.10 给出了两种不同地域的雨生红球藻（*H. pluvialis* (827) 与 *H. pluvialis* (872)）在不同生长时间的光谱散射截面和光谱吸收截面。如图 4.10(a)和图 4.10(c)所示，两种雨生红球藻的光谱散射截面随生长时间变化显著，总体趋势是增加的，对于 *H. pluvialis* (827)和 *H. pluvialis* (872)，其相对变化率分别达 150% 和 81%。同样，光谱散射截面中的凹坑可由 Ketteler-Helmotz 理

论给出预测，由复折射率的实部和虚部的 K－K 关系决定。图 4.10(b)和图 4.10(d)中光谱吸收截面中的 435 nm 和 676 nm 波长对应的吸收峰对应于叶绿素 a，485 nm 波长下的吸收峰对应于类胡萝卜素[16]。两种微藻的光谱吸收截面随生长时间变化显著，例如 *H. pluvialis*（872）光谱吸收截面的变化率在波长 435 nm 和 676 nm 下可分别达 127％和 130％。

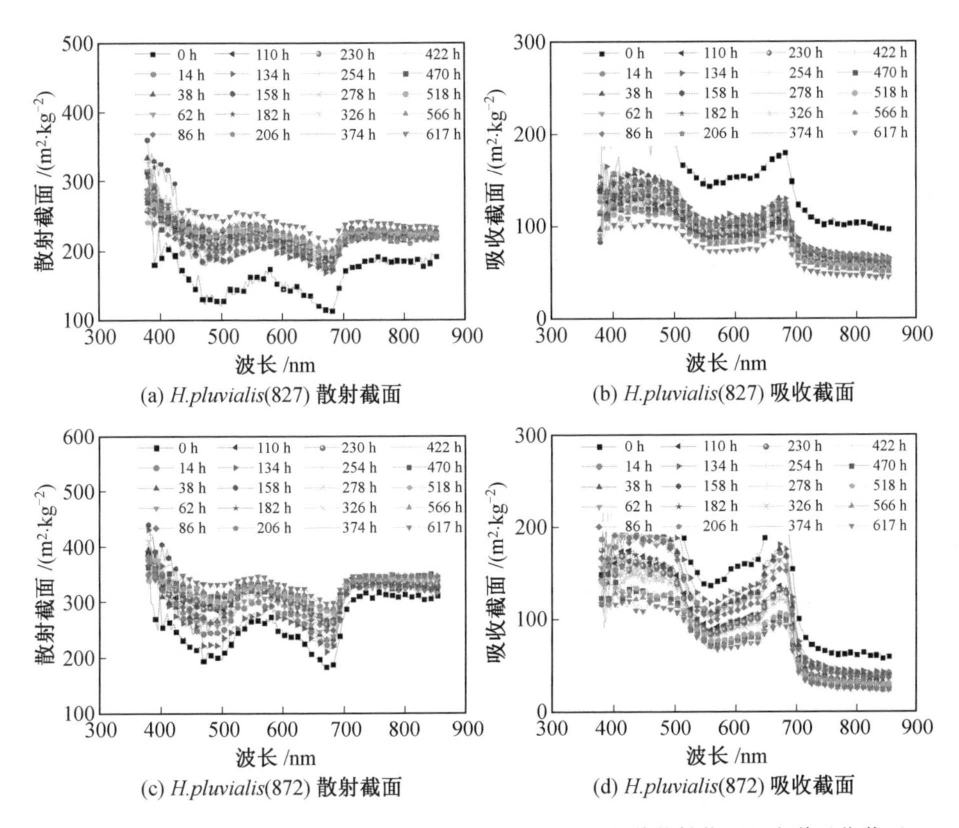

(a) *H.pluvialis*(827) 散射截面　(b) *H.pluvialis*(827) 吸收截面

(c) *H.pluvialis*(872) 散射截面　(d) *H.pluvialis*(872) 吸收截面

图 4.10　两种不同地域雨生红球藻在不同生长时间的光谱散射截面和光谱吸收截面（彩图见附录）

图 4.11 为两种雨生红球藻的光谱吸收截面随生长时间的变化。从图中可以看出，光谱吸收截面随生长时间的变化总体呈减小趋势，这可能是由于相对过量的光照强度。光谱吸收截面的变化规律可以在一定程度上代表细胞内色素的变化规律，因为光的吸收均通过光合色素完成。从图中可以看出，485 nm 和 676 nm两个波长下的光谱吸收截面随生长时间呈现类似的变化趋势，因此，在一

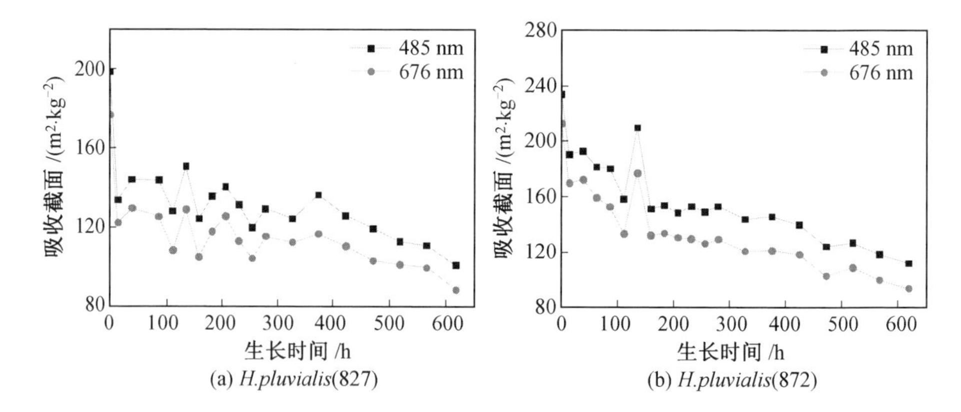

图 4.11 两种雨生红球藻的光谱吸收截面随生长时间的变化

定程度上也证明了色素浓度变化的相似性假设是合理的。总体上，光谱吸收截面和光谱散射截面随生长过程变化显著，这也将显著影响反应器内的光辐射传输过程。

4.3 蓝藻纲微藻的生长相关辐射特性实验研究

蓝藻纲微藻又称蓝绿藻纲微藻，一般为原核生物。本节对 3 种蓝藻纲微藻的光谱吸收截面和光谱散射截面进行研究。所研究的 3 种蓝藻纲微藻包括鱼腥藻（*Anabaena* sp.（FACHB－82））、念珠藻（*Nostoc* sp.（FACHB－87））、钝顶螺旋藻（*Spirulina platensis*（FACHB－900））。

4.3.1 微藻培养

上述 3 种微藻购自中国科学院淡水藻种库。3 种微藻中，*Anabaena* sp. 和 *Nostoc* sp. 使用 BG11 培养基进行培养，*Spirulina platensis* 使用 Spirulina medium（Sp）培养基进行培养。在收到藻种后，在超净平台中将其转移至 250 mL的具有透气塞的锥形瓶中进行培养，以 1∶3 的比例进行稀释，稀释后的体积约为 60 mL，置于光照强度为 3 500～4 500 lx 的光照培养箱中进行培养。BG11 培养基的构成成分已在前面给出。Sp 培养基的构成成分如下：每升去离子水中，含 $NaHCO_3$ 13.61 g，$NaNO_3$ 2.50 g，K_2HPO_4 0.50 g，$MgSO_4 \cdot 7H_2O$

0.20 g，$CaCl_2 \cdot 2H_2O$ 0.04 g，K_2SO_4 1.00 g，NaCl 1.00 g，$FeSO_4 \cdot 7H_2O$ 0.01 g，Na_2CO_3 4.03 g 及微量金属溶液 A5（1 mL）。1 L 微量金属溶液 A5 包含 2.86 g H_3BO_3，1.86 g $MnCl_2 \cdot 4H_2O$，0.22 g $ZnSO_4 \cdot 7H_2O$，0.39 g $Na_2MoO_4 \cdot 2H_2O$，0.08 g $CuSO_4 \cdot 5H_2O$，0.05 g $Co(NO_3)_2 \cdot 6H_2O$。培养基配制完成后需进行高压灭菌，使用前将其 pH 调整至 7.5。

图 4.12 为 3 种蓝藻纲微藻的显微照片。从图中可以看出，3 种微藻都是多细胞藻类，呈现链状，3 种微藻的直径为 3～5 μm。图 4.13(a)为 3 种微藻在锥形瓶中培养的照片，培养温度保持在 25 ℃。经过 2 个星期的扩大培养后，微藻生长进入稳定期。对于 3 种微藻，将 60 mL 微藻培养液转移到 180 mL 的 BG11 培养基中摇匀，将 80 mL 稀释后的培养液转移到光程为 10 mm 的比色皿中（图 4.13(b)）。将比色皿放入光照培养箱中，光照条件为 12 h 光照和 12 h 黑暗循环，光照强度为 2 000～2 500 lx，温度保持在 25 ℃。

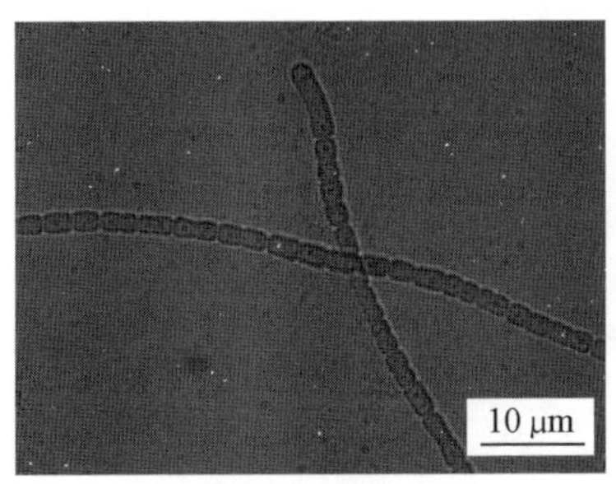

(a) *Anabaena* sp.

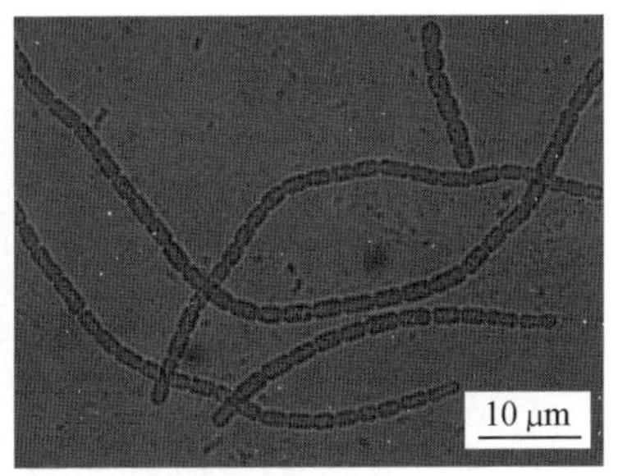

(b) *Nostoc* sp.

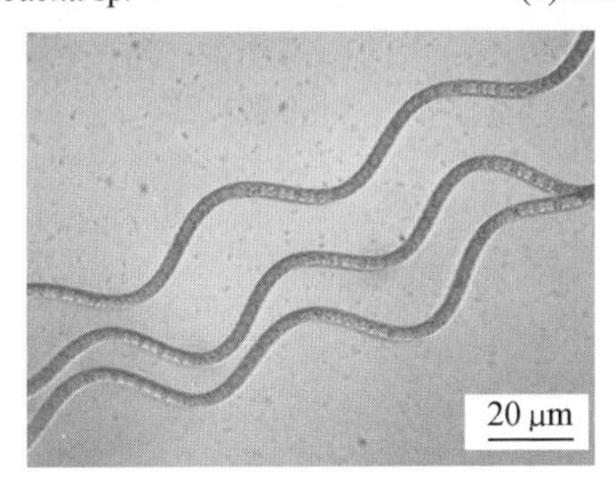

(c) *Spirulina platensis*

图 4.12　3 种蓝藻纲微藻的显微照片

(a) 3种微藻在锥形瓶中培养的照片

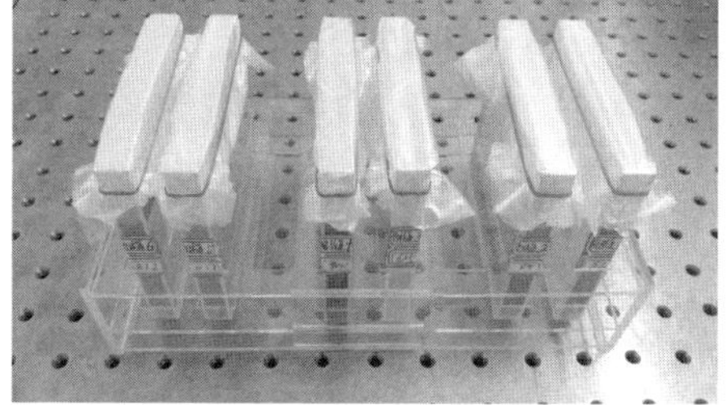
(b) 3种微藻在比色皿中培养的照片

图 4.13　3种微藻培养过程照片

4.3.2　藻液细胞浓度生长曲线实验测量

图 4.14 为 3 种蓝藻纲微藻的质量浓度与光学密度标定曲线，标定中使用的比色皿光程为 10 mm。从图中可以看出，对于 *Anabaena* sp.、*Nostoc* sp.、

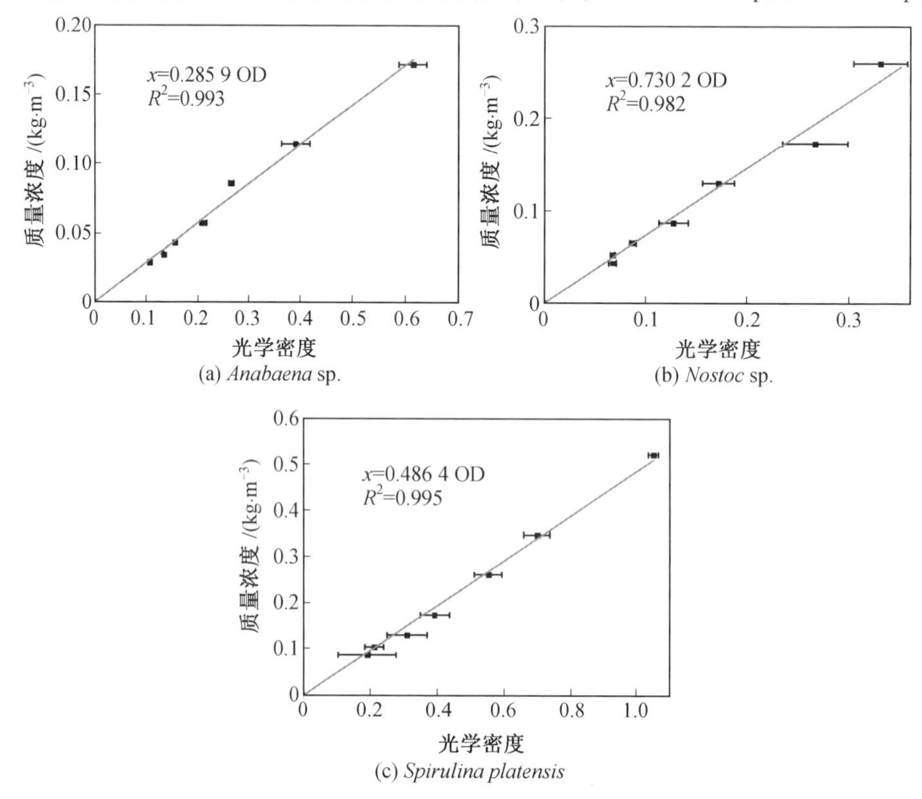

(a) *Anabaena* sp.

(b) *Nostoc* sp.

(c) *Spirulina platensis*

图 4.14　3种蓝藻纲微藻的质量浓度与光学密度标定曲线

Spirulina platensis 3 种不同微藻，1 单位的 OD 对应微藻质量浓度分别为 0.285 9 kg/m^3、0.730 2 kg/m^3及 0.486 4 kg/m^3。因此，通过波长 750 nm 下光学密度值可以获得 3 种微藻培养液的细胞质量浓度。图 4.15 给出了蓝藻纲微藻细胞浓度的生长曲线。可以看出，对于 *Anabaena* sp. 与 *Nostoc* sp. 两种微藻，其生长曲线各个阶段比较明显，表现出典型的滞后期、指数生长期及稳定期。*Nostoc* sp. 稳定期细胞浓度的波动可能是由藻细胞的沉降及测量误差等因素造成。如前所述，藻液细胞浓度测量的波动性不会影响细胞光谱吸收截面和光谱散射截面的测量结果，因为在透过率和藻液浓度的测量中都没有计入沉降的微藻细胞。

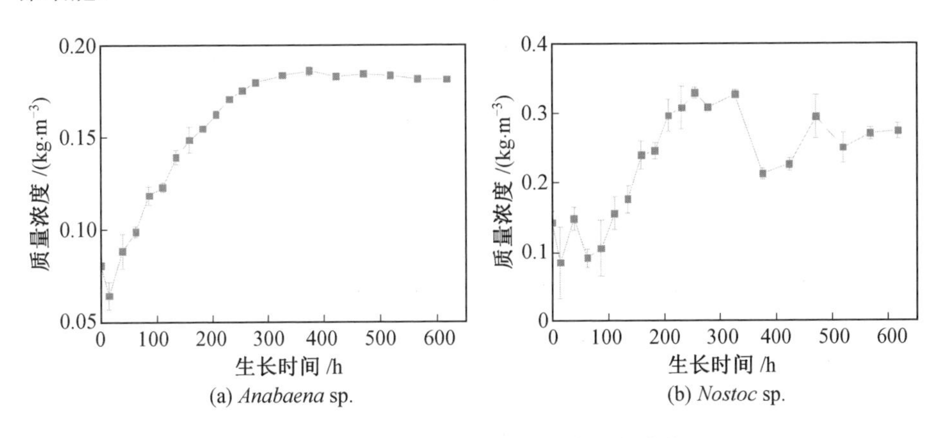

图 4.15　蓝藻纲微藻细胞浓度生长曲线

4.3.3　时间相关吸收截面和散射截面实验结果

图 4.16 为 3 种蓝藻纲微藻在不同生长时间的光谱吸收截面和光谱散射截面。从图中可以看出，在 3 种微藻中，*Anabaena* sp. 的散射截面最大而 *Spirulina platensis* 的散射截面最小，这是由于 *Anabaena* sp. 的细胞直径相对较大而 *Spirulina platensis* 的细胞直径最小。3 种微藻的光谱散射截面随生长时间变化显著，不同生长时间的散射截面在波长 435 nm 下的相对变化率可分别达 37%、50%和 45%。对应吸收峰附近的散射截面中的凹坑是一种反常色散效应，可由 Ketteler-Helmotz 理论给出预测[11]。

对于 3 种微藻的光谱吸收截面，图中 435 nm 和 676 nm 波长下的吸收峰对应于叶绿素 a，450 nm 和 637 nm 波长处的吸收峰对应于叶绿素 c，485 nm 波长下的吸收峰对应于类胡萝卜素[16]。3 种微藻中 *Anabaena* sp. 细胞的光谱吸收截面最大，*Spirulina platensis* 细胞的光谱吸收截面最小，同样是由于 *Anabaena* sp. 的细胞直径最大而 *Spirulina platensis* 的细胞直径最小，该解释假设大的细胞直径含有的色素含量较多，因为细胞的光谱吸收截面取决于细胞内的色素含量和种类，该假设在营养充足情形下是成立的。3 种微藻的光谱吸收截面随生长时间发生明显变化，例如 *Nostoc* sp. 的细胞光谱吸收截面相对变化率达 75%。光谱吸收截面和光谱散射截面随生长的变化对于反应器内的光传输具有重要影响，进而影响微藻的光合作用和生物量产率。

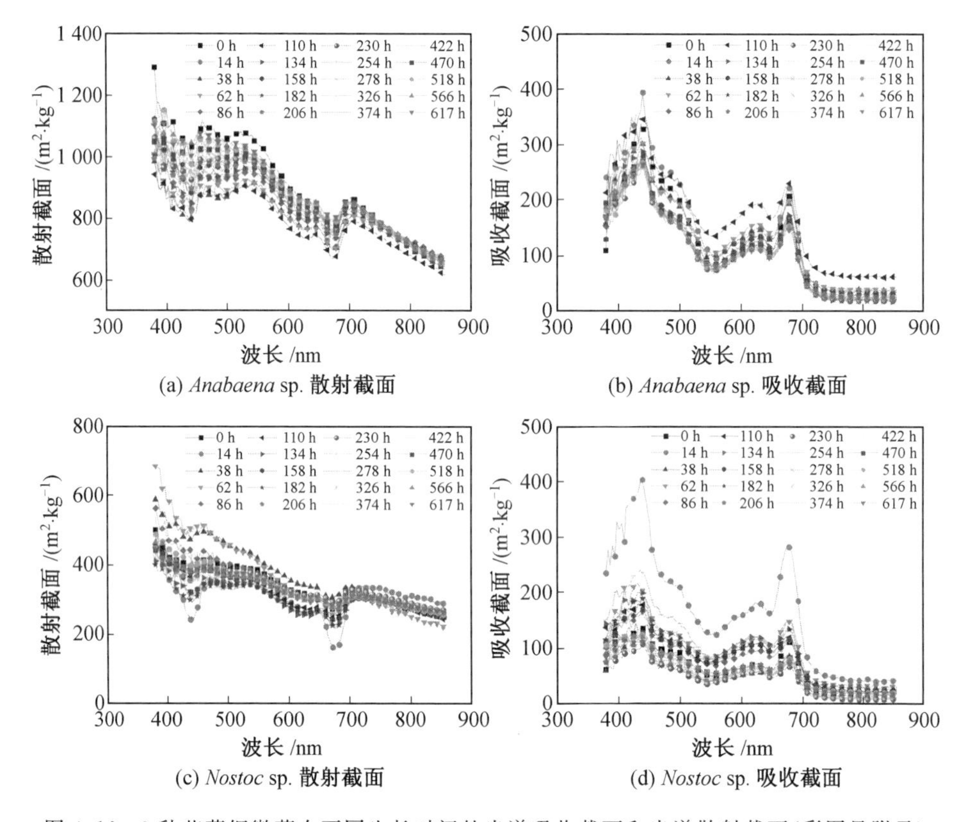

图 4.16　3 种蓝藻纲微藻在不同生长时间的光谱吸收截面和光谱散射截面(彩图见附录)

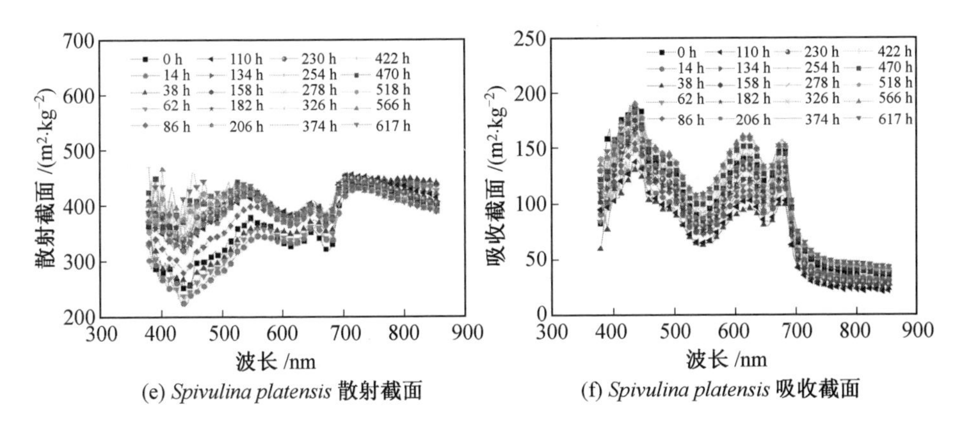

(e) *Spivulina platensis* 散射截面　　(f) *Spivulina platensis* 吸收截面

续图 4.16

4.4　微藻光谱辐射特性的时间相似律

第 4.2 节和 4.3 节对 8 种微藻(5 种绿藻纲和 3 种蓝藻纲微藻)的光谱吸收截面和散射截面进行了实验测量,得到了不同生长时间的光谱吸收截面和散射截面,发现微藻的吸收截面和散射截面随生长时间发生明显变化。本节给出微藻细胞吸收截面和散射截面随生长时间变化规律的理论和实验对比验证。

4.4.1　绿藻纲微藻光谱辐射特性的时间相似律

图 4.17 和图 4.18 分别给出了 3 种小球藻及 2 种雨生红球藻的光谱吸收截面和散射截面的时间相似函数。如图所示,除初始培养阶段(15 h)吸收截面的相似函数存在一定的波动性,光谱吸收截面和光谱散射截面的相似函数在 380～850 nm 光谱范围近似为一个常数。初始阶段第 15 h 的光谱吸收截面时间相似函数之所以表现出明显的波长相关性,是由于藻液稀释后培养条件发生变化,微藻细胞需要一定的适应时间,所以此时的光谱吸收截面与稳定期的光谱吸收截面的时间相似性较差。不同生长时间的光谱吸收截面和光谱散射截面的相似函数近似为一个常数,这与 4.1 节的时间相似律的理论推导结论一致。

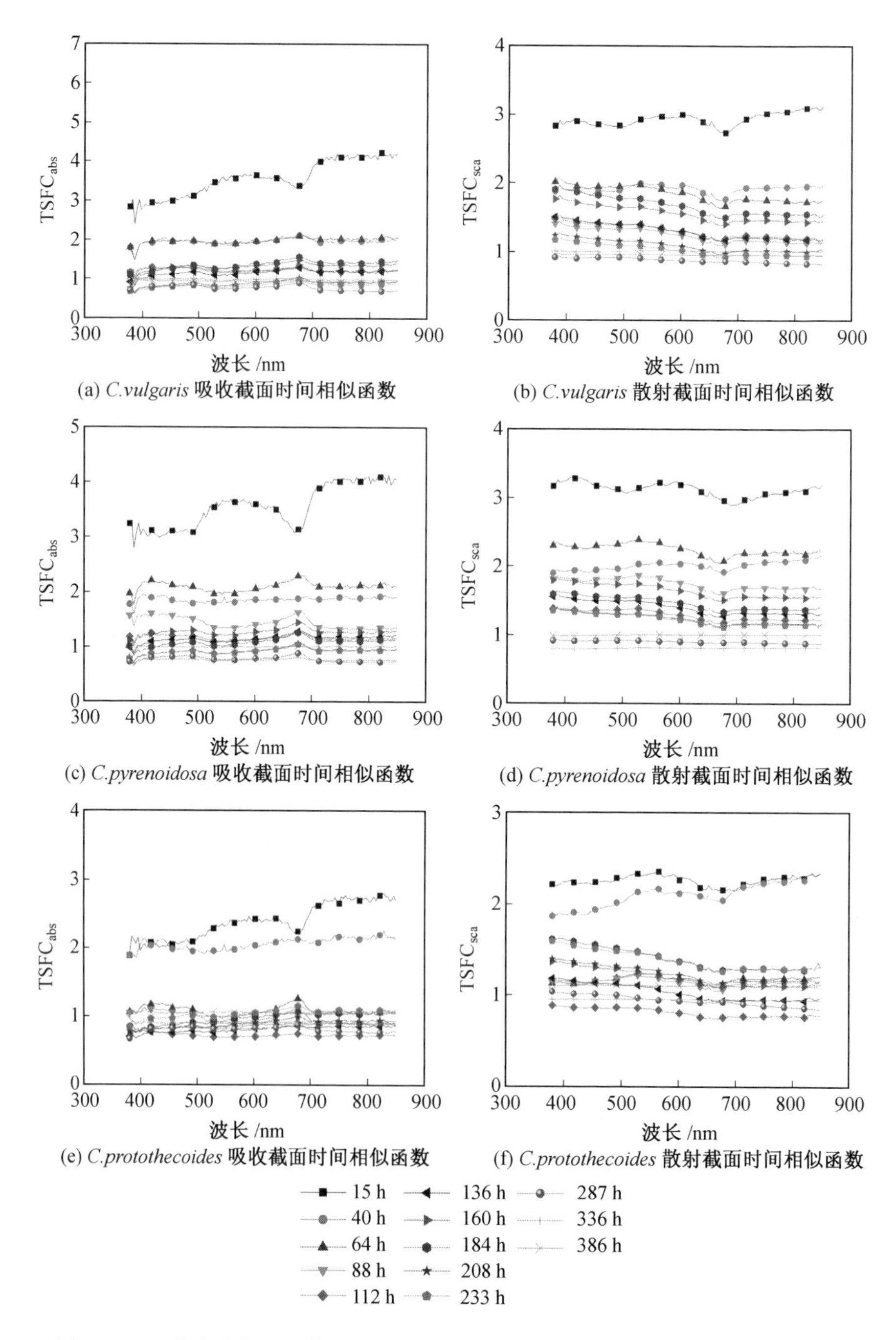

图 4.17　3 种小球藻的光谱吸收截面和散射截面的时间相似函数(彩图见附录)

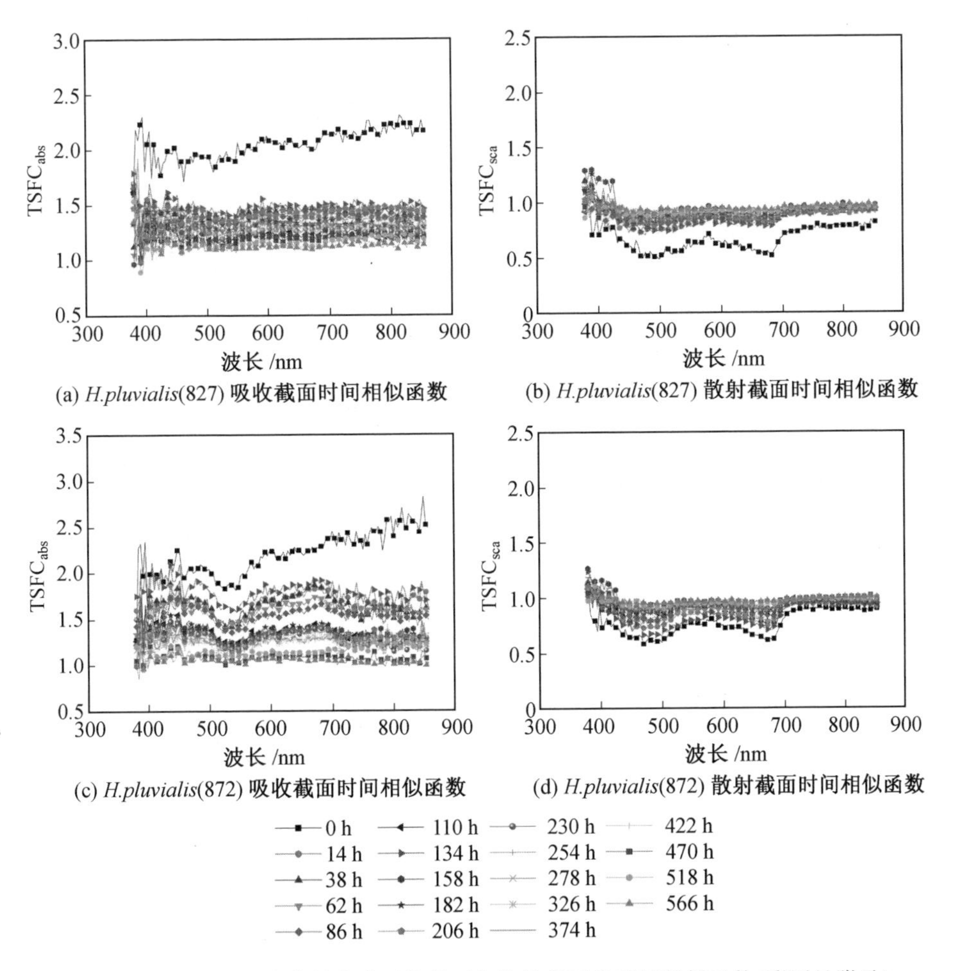

图 4.18　2 种雨生红球藻的光谱吸收截面和散射截面的时间相似函数(彩图见附录)

图 4.19 为实验测量的 3 种小球藻的光谱吸收截面和散射截面的时间相似函数。如图所示,在微藻生长的前 150 h,时间相似函数表现出明显的下降趋势,随后进入相对平稳的状态。光谱吸收截面和光谱散射截面的时间相似函数变化趋势直接体现了吸收截面和散射截面的变化趋势。光谱吸收截面时间相似函数的变化规律也是细胞内光合色素浓度变化规律的体现。从前面的理论推导过程来看,吸收截面的时间相似函数随时间的减小意味着细胞内的平均色素积累相似生长率 $\mu_p'(t)$ 为一个负值。这可以解释为藻细胞处于指数生长期,细胞进行快速分裂,细胞内光合色素的合成速度相比于细胞的分裂速度更慢一些,因此表现

为细胞吸收截面的减小。对于散射截面时间相似函数的减小过程,同样可使用类似吸收截面时间相似函数的分析过程进行解释。吸收截面和散射截面时间相似函数的标准差体现了相似函数的波动。从图中可以看出,3 种小球藻的吸收截面时间相似函数标准差在初始 15 h 比较大,并随时间的增加表现出减小的趋势,散射截面时间相似函数标准差变化趋势不是很明显,但总体上随时间增加同样表现出减小的趋势。对于这 3 种小球藻,不同生长时间的光谱吸收截面和光谱散射截面时间相似函数标准差均在 6%以下,这是对时间相似律的一个很好的验证。

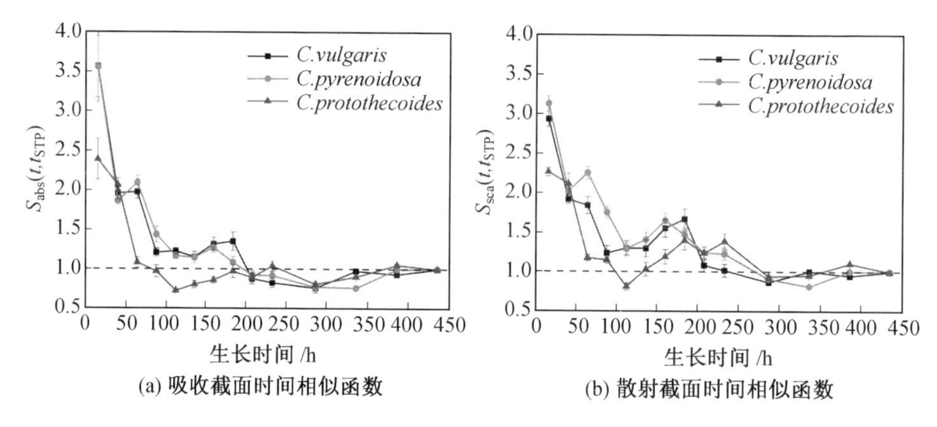

图 4.19　3 种小球藻的光谱吸收截面和散射截面的时间相似函数

图 4.20 为实验测量的 2 种不同地域雨生红球藻的光谱吸收截面和光谱散射截面的时间相似函数。如图所示,两种雨生红球藻的光谱吸收截面时间相似函数在整个生长期间表现出下降的趋势,而光谱散射截面时间相似函数在整个生长期间则表现出上升的趋势。这是由于雨生红球藻的生长相对缓慢,且生长周期较长,因此时间相似函数在整个生长期都在下降(或上升),难以趋于稳定。如前所述,光谱吸收截面时间相似函数的变化趋势直接体现了吸收截面和细胞内光合色素的变化。同样的,这里藻细胞处于生长状态,细胞内光合色素的合成速度相对较慢,因此表现为吸收截面时间相似函数随时间的减小,即细胞内的平均色素积累相似生长率 $\mu_p'(t)$ 为负值。光谱散射截面时间相似函数随生长时间的增加表现出增加的趋势,说明细胞内成分(蛋白质、油脂等)的合成速度比细胞分裂速度快,此时细胞内成分的相似生长率 $\mu_c'(t)$ 为正值。两种微藻的光谱吸收截面和光谱散射截面的时间相似函数的标准差随生长时间的增加表现出减小的

趋势，其标准差位于 7% 范围内（除了初始 0 h 的测量结果），进一步验证了时间相似律。从图 4.19 和图 4.20 的实验结果可以看出，时间相似函数随生长时间的变化规律主要与培养条件和微藻的种类相关。生长在不同地域的相同种类微藻（*H. pluvialis*）的相似生长率随生长时间的变化趋势也具有很高的相似性。基于此，对于特定的培养条件，使用时间相似函数的概念可利用稳定期微藻的辐射特性参数获得任意生长时间的辐射特性参数。

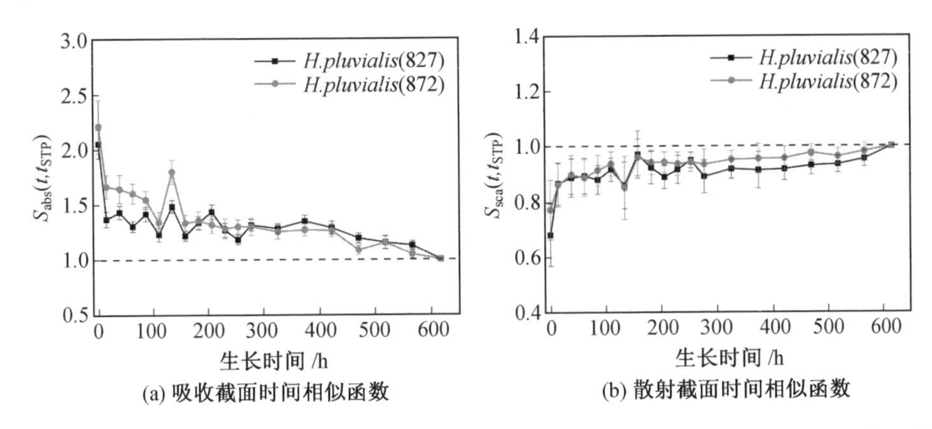

图 4.20　实验测量的两种不同地域雨生红球藻的光谱吸收截面和散射截面的时间相似函数

4.4.2　蓝藻纲微藻光谱辐射特性的时间相似律

图 4.21 为 3 种蓝藻纲微藻（*Anabaena* sp.、*Nostoc* sp. 和 *Spirulina platensis*）的光谱吸收截面和散射截面的时间相似函数。如图所示，不同生长时间的吸收截面时间相似函数和散射截面相似函数在整个光谱范围近似为一个常数，这与 4.1 节的时间相似律理论推导结果一致。对于个别吸收截面时间相似函数表现出对波长的相关性的情况，是由于在初始培养阶段（0～14 h）藻液经稀释后需要一定的适应时间，因此不具有很好的时间相似性。

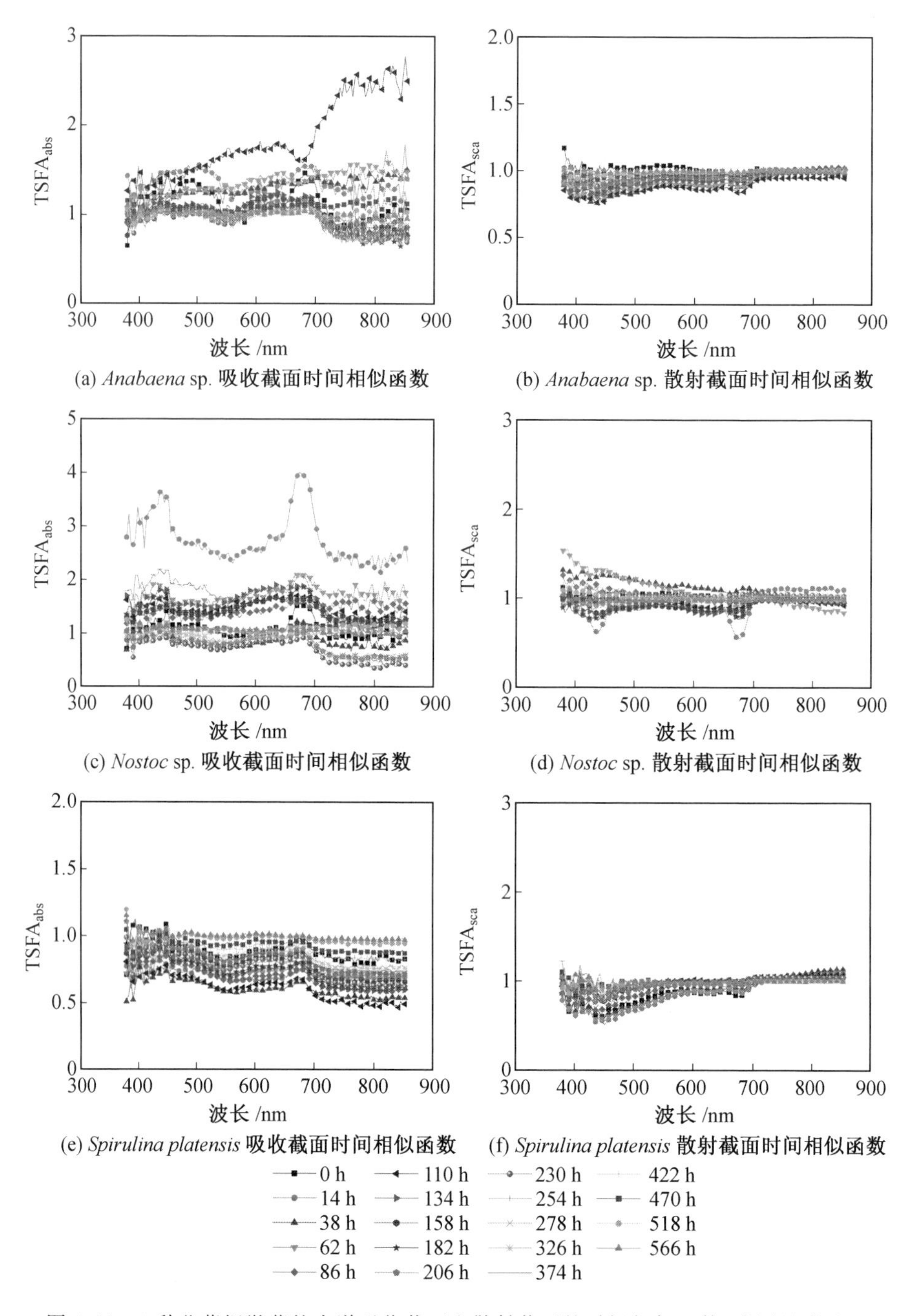

图 4.21　3 种蓝藻纲微藻的光谱吸收截面和散射截面的时间相似函数(彩图见附录)

图 4.22 为实验测量的 3 种蓝藻纲微藻的光谱吸收截面和光谱散射截面的时间相似函数。如图所示，*Anabaena* sp. 和 *Nostoc* sp. 两种微藻的光谱吸收截面时间相似函数在指数生长期表现出下降的趋势，而 *Spirulina platensis* 的吸收截面时间相似函数则表现出先减小后增加的趋势。3 种微藻的吸收截面时间相似函数表现出相对复杂的变化规律，表明此时色素积累相似生长率 $\mu_p'(t)$ 在指数生长期与时间关系复杂。光谱散射截面时间相似函数在指数生长期间也表现出复杂的变化规律，这与细胞的生长分裂过程相关。然而，3 种微藻的光谱吸收截面和光谱散射截面的时间相似函数在 200 h 的培养之后基本保持在 1 附近，且变化很小。3 种微藻的光谱吸收截面和光谱散射截面的时间相似函数的标准差随着生长时间的增加表现出减小的趋势，大部分标准差位于 12%以下。从 3 种微藻的辐射特性时间相似函数实验研究结果可以看出，与前面的绿藻纲微藻相比，蓝藻纲微藻的光谱辐射特性的时间相似函数随生长时间的变化规律表现出更强的微藻种类相关性。

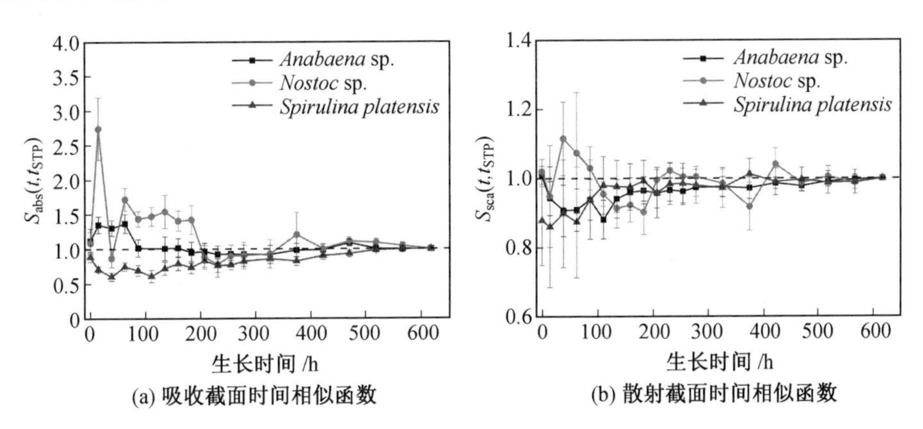

(a) 吸收截面时间相似函数

(b) 散射截面时间相似函数

图 4.22 实验测量的 3 种蓝藻纲微藻的光谱吸收截面和光谱散射截面的时间相似函数

4.5 本章小结

本章主要介绍了描述生长相关辐射特性随生长时间变化规律的理论模型，提出了时间相似函数的概念，用于解决微藻生长相关辐射特性问题，理论上证明了时间相似函数概念的合理性；使用在线测量方法测量了 8 种微藻(包括 5 种绿藻纲微藻和3种蓝藻纲微藻)的光谱吸收截面和光谱散射截面辐射特性参数。这些微藻细胞的光谱辐射特性会随生长发生显著变化,相对变化率可达290%。实验测量获得的时间相似函数在波长380~850 nm区间近似为常数,这与理论预测相一致。本章使用的时间相似函数概念可以利用稳定期辐射特性获得不同时间的生长期辐射特性。这样在研究中只需要测量稳定期辐射特性或测量特定几个时间点的辐射特性,并有望在实际应用中降低实验成本。

第5章

微藻细胞光散射特性理论模拟

本章基于离散偶极子方法对多种微藻细胞的光散射特性进行了理论分析：对于绿藻纲球形微藻，研究细胞核和表面形态对其辐射特性的影响；对于蓝藻纲链状微藻，考虑细胞膜和胶鞘对散射特性的影响，分析基于圆柱等效散射体简化模型预测微藻光谱辐射特性的准确性。

微藻种类繁多，形状多样，并具有复杂内部结构，如线粒体、叶绿体、细胞核、细胞壁、细胞膜等[151]，这对其辐射特性的理论分析带来较大困难。由于细胞各种结构的复折射率一般未知，所以无法使用电磁场理论进行微藻细胞辐射特性的精确计算。定量计算虽然存在一定的困难，但定性的或者说半定量的微藻细胞的辐射特性计算分析则较容易实现。尽管无法知道微藻细胞成分的准确复折射率，但由于活体微藻细胞的主要成分为水、蛋白质、碳水化合物、脂质及少量必需矿物元素，所以微藻细胞在可见光区的折射率一般比水稍大，微藻细胞的吸收指数则主要由微藻细胞内的色素种类和含量决定。

由于微藻细胞的各个细胞器的复折射率相差不大，所以可认为微藻细胞在光学意义上为均匀电介质。尽管微藻细胞简化为均匀电介质，但由于微藻细胞形状复杂，使用电磁场理论进行计算时仍涉及巨大的计算量[151]。目前，研究中多直接使用球体[42]、多层球[152]等简单模型对微藻的辐射特性进行计算，但使用简化模型带来的偏差尚不明确。微藻辐射特性的实验研究一般仅针对大量微藻细胞而获得平均辐射特性，实验测量结果并不能准确了解微藻细胞个体的辐射特性，使用电磁理论可以更好地了解微藻细胞对光的吸收系数和散射作用。

本章基于离散偶极子方法对多种微藻散射特性进行理论分析。针对球形微藻考虑细胞核和表面形态对其辐射特性的影响，以及在链状微藻研究中考虑细胞膜和胶鞘对散射特性的影响，研究均匀圆柱散射体模型能否替代真实的微藻细胞模型，进而对藻细胞的散射特性给出正确的描述。

5.1 粒子光散射理论介绍

5.1.1 Mueller 矩阵

粒子对电磁波的散射作用通常使用 Stokes 参数进行表达，Stokes 参数可以完整地描述电磁波的强度和偏振信息。对于具有对称面的粒子进行取向平均后，Mueller 矩阵元素中只有 6 个独立的分量[79]，即

$$\begin{pmatrix} I_s \\ Q_s \\ U_s \\ V_s \end{pmatrix} = \frac{1}{k^2 r^2} \begin{pmatrix} S_{11} & S_{12} & 0 & 0 \\ S_{12} & S_{22} & 0 & 0 \\ 0 & 0 & S_{33} & S_{34} \\ 0 & 0 & -S_{34} & S_{44} \end{pmatrix} \begin{pmatrix} I_i \\ Q_i \\ U_i \\ V_i \end{pmatrix} \tag{5.1}$$

式中　$(I_i, Q_i, U_i, V_i)^T$ 和 $(I_s, Q_s, U_s, V_s)^T$ ——入射电磁波和散射电磁波的 Stokes 参量；

k ——散射电磁波在环境介质中的波数。

散射相函数可以通过 Mueller 矩阵元素 S_{11} 获得[79]

$$\Phi(\cos\Theta) = \frac{4\pi S_{11}}{k^2 C_{sca}} \tag{5.2}$$

式中　C_{sca} ——散射截面，表示入射能量被粒子散射的部分。

散射矩阵元素的比值 $-S_{12}/S_{11}$ 表示散射电磁波的线偏振度。矩阵元素比值 S_{22}/S_{11} 描述了散射粒子的非球性，对于均匀球体，比率 $S_{22}/S_{11} = 1$[153]。

5.1.2 离散偶极子方法

离散偶极子方法的基本思想是把散射体离散成 N_d 个偶极子，离散后的偶极子在空间上需要满足条件 $d < \lambda/10$，这里 d 为偶极子间距。所离散的 N_d 个偶极子中的任意一个偶极子都在入射场和其他偶极子的极化场中。在任一位置 i 的总电场 $\vec{E}_i$ 和偶极矩 $\vec{P}_i$ 的关系为[154]

$$\vec{P}_i = \alpha_i \vec{E}_i \tag{5.3}$$

式中　α_i ——极化率。

通常，极化率可以表达为介电函数 ε_i 的函数，对于小粒子可使用 Clausius-Mossotti 关系计算如下[154]

$$\alpha_i^{\mathrm{CM}} = \frac{3d^3}{4\pi}\frac{\varepsilon_i - 1}{\varepsilon_i + 2} \tag{5.4}$$

基于离散偶极子的思想，未知偶极矩 $\vec{P}_i$ 满足如下方程[155]

$$\bar{\alpha}_i^{-1}\vec{P}_i - \sum_{j\neq i}\bar{G}_{ij}\vec{P}_j = \vec{E}_{i,\mathrm{inc}} \tag{5.5}$$

式中　$\vec{E}_{i,\mathrm{inc}}$ ——入射电场；

$\bar{G}_{ij}$ ——作用项，下标 ij 遍及所有偶极子。

点偶极子的作用项可基于真空格林函数表示如下[155]

$$\bar{G}_{ij} = \frac{\exp(\mathrm{i}kR)}{R}\left[k^2\left(\bar{I} - \frac{RR}{R^2}\right) - \frac{1-\mathrm{i}kR}{R^2}\left(\bar{I} - 3\frac{RR}{R^2}\right)\right] \tag{5.6}$$

式中　R——$R = |R|$ ，$R = r_j - r_i$ ，其中 r_i 表示指向偶极子中心的矢量；

$\bar{I}$ ——单位张量；

RR ——张量，$RR = R_\mu R_\nu$ 。

在给定入射电场条件下，通过求解式(5.5)即可得到各个偶极子的偶极矩。衰减截面和吸收截面可以直接通过偶极矩得到[156]，即

$$C_{\mathrm{ext}} = \frac{4\pi k}{|E_{\mathrm{inc}}|^2}\sum_i \mathrm{Im}(P_i \cdot E_{i,\mathrm{inc}}^*) \tag{5.7}$$

$$C_{\mathrm{abs}} = \frac{4\pi k}{|E_{\mathrm{inc}}|^2}\sum_i \mathrm{Im}(P_i \cdot E_i^*) \tag{5.8}$$

式中　上标 * ——复共轭。

散射截面可通过关系式 $C_{\mathrm{sca}} = C_{\mathrm{ext}} - C_{\mathrm{abs}}$ 获得，也可通过散射振幅矢量 $\boldsymbol{F}(\boldsymbol{n})$ 直接计算获得[155]，即

$$C_{\mathrm{sca}} = \frac{1}{k^2 |E_{\mathrm{inc}}|^2}\oint \mathrm{d}\Omega\, |\boldsymbol{F}(\boldsymbol{n})|^2 \tag{5.9}$$

使用散射振幅矢量，不对称因子向量可表达为[155]

$$g = \frac{1}{C_{\mathrm{sca}} k^2 |E_{\mathrm{inc}}|^2}\oint \mathrm{d}\Omega\, n\, |\boldsymbol{F}(\boldsymbol{n})|^2 \tag{5.10}$$

散射振幅矢量的表达式如下[155]

$$\boldsymbol{F}(\boldsymbol{n}) = -\mathrm{i}k^3(\bar{I} - nn)\sum_i P_i \exp(-\mathrm{i}k r_i \cdot n) \tag{5.11}$$

式中　$\boldsymbol{n}$——某个任意的散射方向，Mueller 散射矩阵可以通过计算两种不同的偏振入射电磁波的 $\boldsymbol{F}(\boldsymbol{n})$ 获得。

这样便获得了衰减截面、吸收截面、散射相函数及偏振信息等散射特性参数。本书使用学术界广泛采用的 Yurkin 等编写开源代码 ADDA[155] 进行微藻散射特性的理论计算。

5.2　球形微藻细胞光谱辐射特性分析

5.2.1　微藻细胞形态的高斯球表征

图 5.1 为小球藻细胞的扫描电子显微镜照片及高斯随机球模型。如图 5.1(a)和图 5.1(b)所示，小球藻的形状近似为球形，其直径变化范围为 1.5～3.0 μm。同时注意到小球藻细胞表面存在一定非规则结构，这样的细胞形态可以使用高斯随机球面进行模拟，对细胞形态粒子的高斯随机球面详细参数选取可参考文献[159-160]。图 5.1(c)给出了细胞形态粒子的高斯随机球模型，模型中采用的幂指数为 2.25，标准差为 0.05，勒让德级数低阶和高阶值分别为 2 和 50。可以看出，高斯随机球面模型可以较好地表征小球藻细胞表面的突起结构。

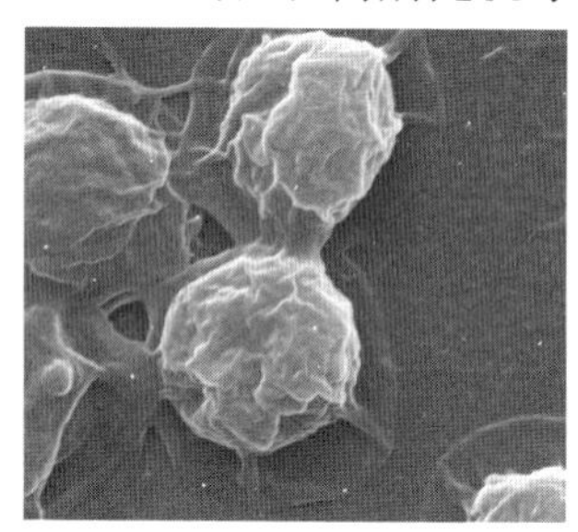
(a) 80 000 倍

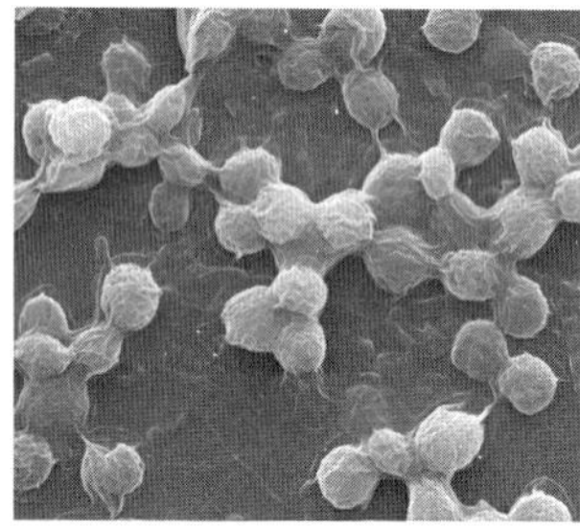
(b) 20 000 倍

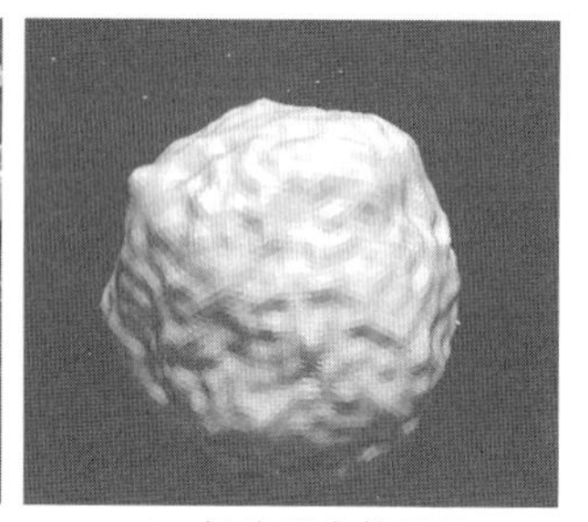
(c) 细胞形态粒子的高斯随机球模型

图 5.1　小球藻细胞的扫描电子显微镜照片及高斯随机球模型

5.2.2　小球藻光谱辐射特性分析

图 5.2 为小球藻细胞模型图。

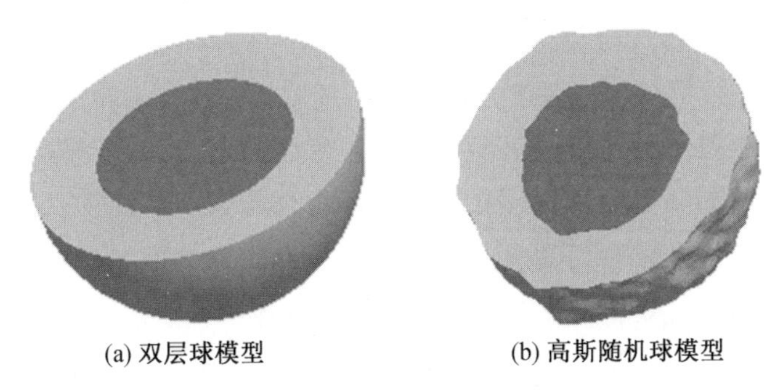

图 5.2　小球藻细胞模型图

图 5.3 为双层球模型和高斯随机球模型的散射特性对比，给出了细胞粒子散射相函数、衰减截面以及吸收截面的取向平均模拟结果。分别计算了细胞核占细胞体积的 12.5%和 29.4%两种情况，细胞直径为 2.01 μm。细胞质和细胞

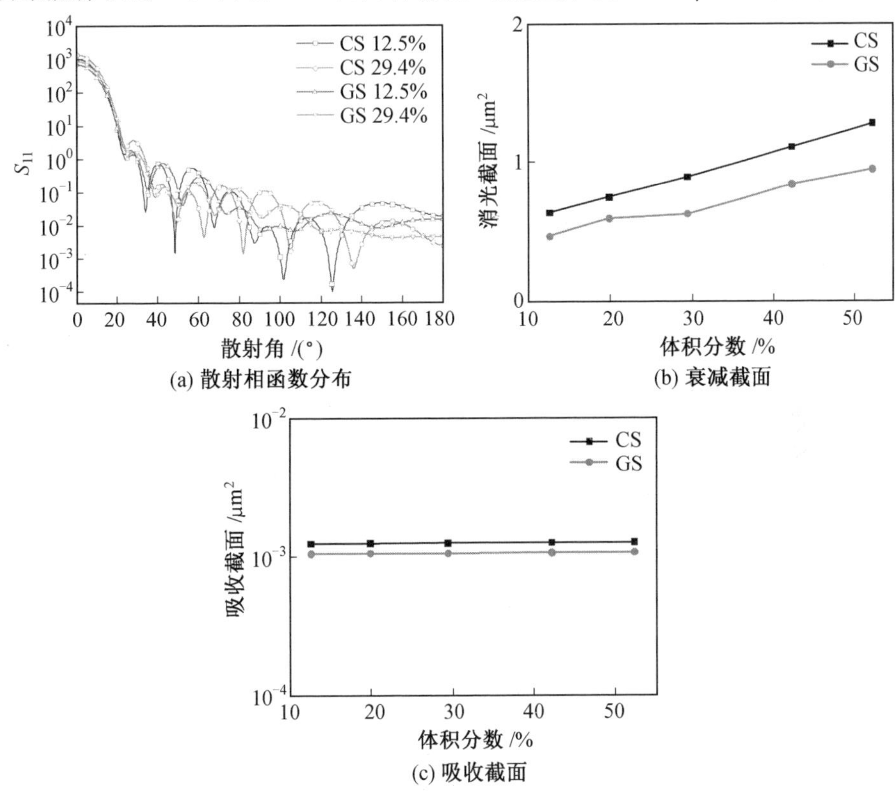

图 5.3　双层球模型和高斯随机球模型的散射特性对比
CS—双层球；GS—高斯球

核的复折射率分别为 $m_c=1.37+1.5\times10^{-5}i$，$m_n=1.40+1.5\times10^{-5}i$[11]。从图5.3的计算结果可以得出，细胞形态一定时，细胞核的尺寸对散射相函数的前向小角度范围的散射结果没有显著影响。考虑细胞核时，高斯球细胞形态粒子的散射相函数后向部分更加平滑。在细胞核所占细胞体积不同的百分比下，高斯球形态细胞粒子的衰减截面和吸收截面均小于双层球细胞粒子，这是由于高斯球形态细胞粒子的有效体积比双层球细胞粒子的体积稍小。吸收截面随着细胞核的增大基本不发生变化，这说明高斯随机球形态细胞粒子的散射截面小于双层球细胞粒子散射截面，这是由于高斯随机球形态细胞粒子表面突起导致细胞粒子的有效散射体积较小。

图5.4为不同细胞粒径时高斯随机球模型的散射特性，给出了是否考虑细

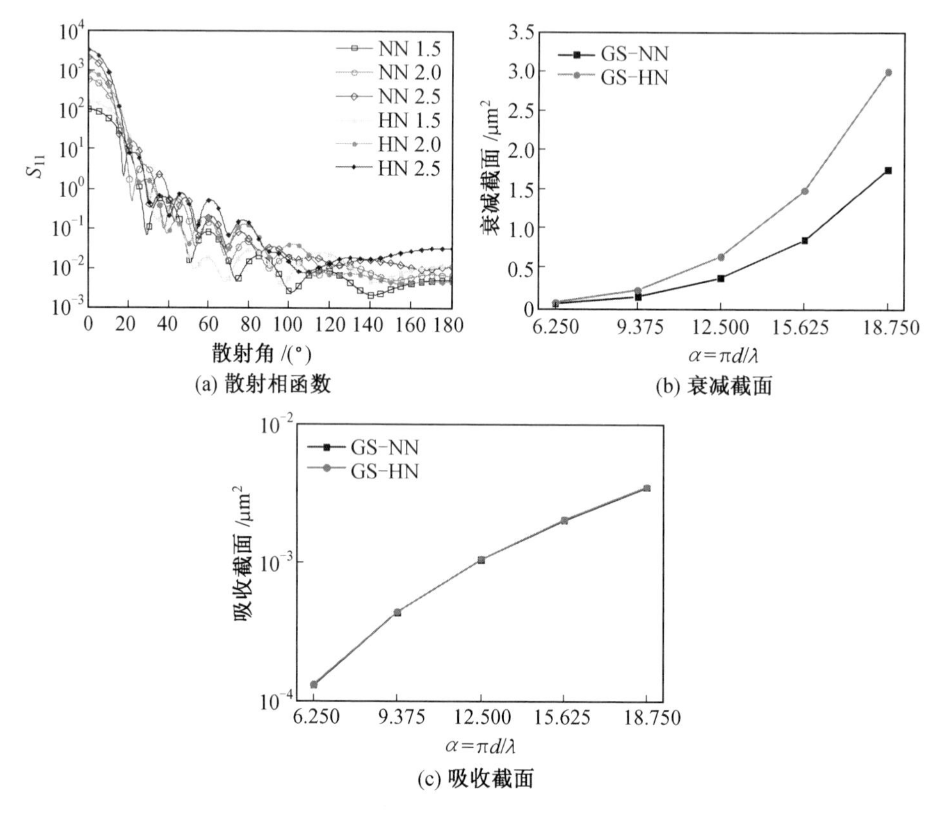

图5.4　不同细胞粒径时高斯随机球模型的散射特性

NN—无细胞核；HN—有细胞核；数字表示细胞直径，单位为μm

胞核时的散射相函数、衰减截面及吸收截面的取向平均模拟结果。细胞粒径用无量纲尺度参数 $a=\pi d/\lambda$ 表征，其中 d 为细胞粒径，λ 为入射光波长。高斯球形态细胞的细胞核占细胞体积百分比为29.4%，图中分别计算了1.5 μm、2.0 μm、2.5 μm 3种粒径下的散射特性。从图中可以看出，前向散射随着细胞粒径的增加而增加，且考虑细胞核的情形要大于无细胞核的情形，后向散射变化不明显。高斯球形态细胞粒子的衰减截面和吸收截面均随细胞粒径的增加而增加，细胞核的存在对衰减截面的影响较明显，但对吸收截面几乎没有影响。

5.3 链状微藻细胞的辐射特性分析

本节首先给出多种不同链状微藻的几何形态模型，基于蓝藻纲微藻的基本形态类似于柱状体，给出了蓝藻纲微藻的几何形态的模型及其等体积和等面积等效圆柱体模型的理论计算式，以便进行微藻细胞辐射特性和 Mueller 散射矩阵元素的研究。此外，本节还研究了球形链状微藻、卵形链状微藻及螺旋形链状微藻的光谱衰减截面、光谱吸收截面、散射相函数和偏振特性参数。

5.3.1 细胞形态模型和复折射率

图5.5为3种蓝藻纲微藻的显微照片。从图中可以看出，*Anabaena* sp. 的单个组成细胞的形状近似为圆柱形，其直径为2～3 μm，长度为50～100 μm。*Nostoc* sp. 的单个藻细胞形状近似为卵形，直径为3～4 μm，藻链长度为40～100 μm。*Spirulina platensis* 的空间形状呈圆柱螺旋线形，直径为4～6 μm，长度为120～200 μm。此外，还有很多类似形状的长链微藻，例如 *Nostoc punctiforme*、*Anabaena iyengari*、*Anabaena azollae* 等。

本节基于图5.5中的微藻形状结构，建立了多种不同的链状蓝藻模型。由于蓝藻纲微藻一般为原核生物，因此没有细胞核和叶绿体，光合作用过程在细胞质中完成，因此细胞内的各种组分近似均匀分布在细胞质中。Bhowmik 等[161]研究了单个真核球形细胞的简化光学模型，研究结果表明，使用均匀等体积球模型可以准确地给出球形真核藻细胞的光谱吸收截面和散射截面。这里进一步考虑了链状微藻空间形态及细胞膜的存在对微藻细胞散射特性的影响，分析了等效圆柱模型对预测链状蓝藻辐射特性的可行性。

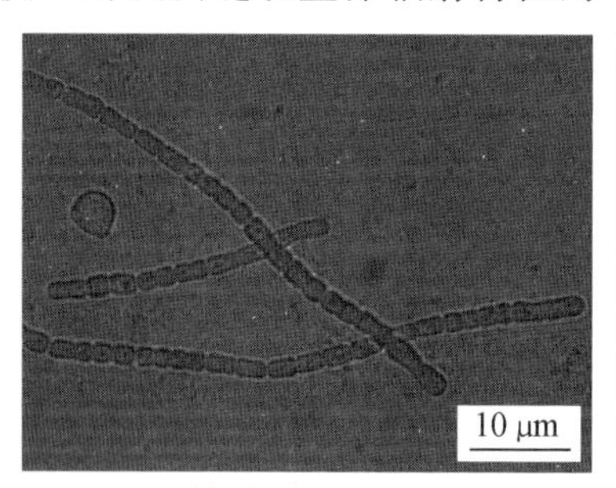

(a) *Anabaena* sp.

(b) *Nostoc* sp.

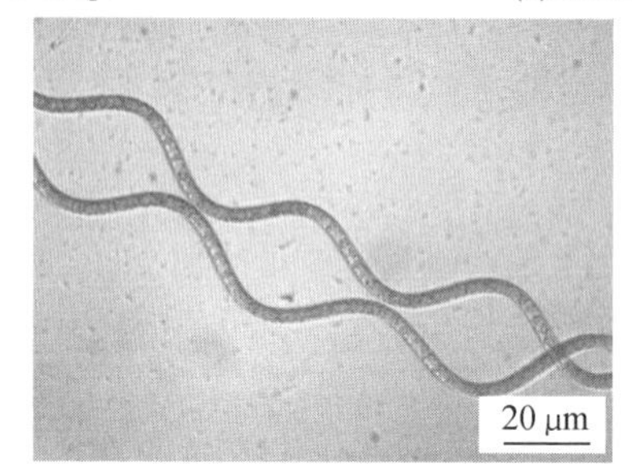

(c) *Spirulina platensis*

图 5.5　3 种蓝藻纲微藻的显微照片

图 5.6 为 3 种不同链状微藻几何模型及圆柱简化模型示意图，包括球形链状微藻、卵形链状微藻、螺旋形微藻，并在图中对各个模型的尺寸参数进行了标记。下面给出多种不同形态的链状蓝藻模型的等体积和等面积圆柱散射体半径的理论计算式。

如图 5.6(a)所示，N 个半径为 r 的球形细胞构成的长链状蓝藻，相邻两球心距离为 l。整个长链的紧密程度可以通过改变 l 来实现。经过数学推导，可以得到等体积和等面积圆柱的半径表达式如下

$$r_{\mathrm{eq,V}}=\sqrt{\frac{(N-1)l(r^{2}-\frac{1}{12}l^{2})+\frac{4}{3}r^{3}}{(N-1)l+2r}} \tag{5.12}$$

$$r_{\mathrm{eq,S}}=\frac{-[(N-1)l+2r]+\sqrt{(N-1)^{2}l^{2}+4r(N-1)l+4[(N-1)2r^{2}\cos\alpha+3r^{2}]}}{2} \tag{5.13}$$

图 5.6(b)显示了 N 个卵形细胞排列构成的链状蓝藻，如图所示，两端半球

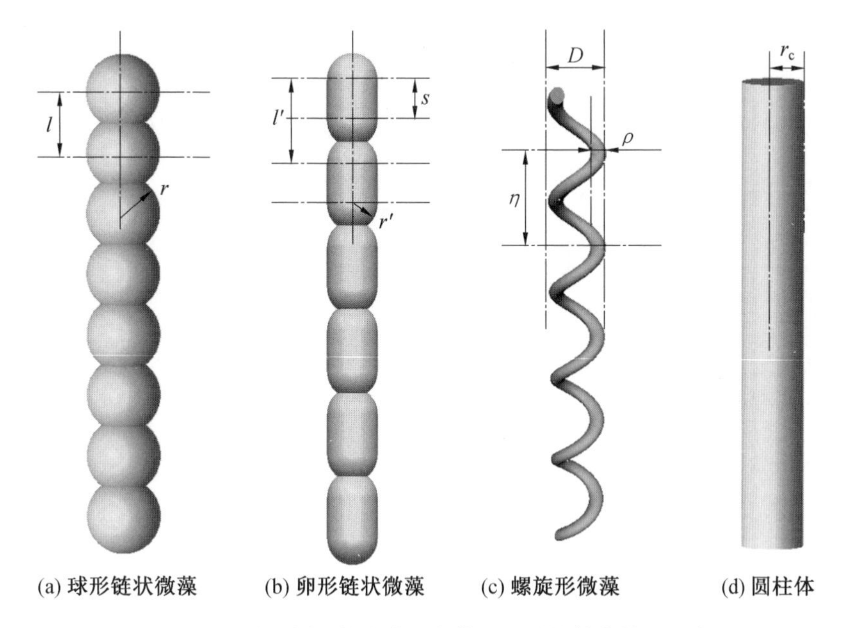

图 5.6 3 种不同链状微藻几何模型及圆柱简化模型示意图

的半径为 r'，中间柱体长度为 s，相邻两细胞中心距离为 l'。对于卵形链状微藻其等体积和等面积圆柱体的半径表达式分别为

$$r_{\mathrm{eq},V}=\sqrt{\frac{(N-1)(l'-s)\left[r'^2-\frac{1}{12}(l'-s)^2\right]+Nr'^2s+\frac{4}{3}r'^3}{(N-1)l'+s+2r'}} \tag{5.14}$$

$$r_{\mathrm{eq},S}=\frac{\sqrt{[(N-1)l'+s+2r']^2+4[(N-1)(2r'^2\cos\alpha+r's)+2r'^2+r's]}}{2}-\frac{[(N-1)l'+s+2r']}{2} \tag{5.15}$$

式中 $\cos\alpha=(l'-s)/2r'$。

图 5.6(c)给出了半径为 ρ 的螺线形蓝藻结构，其螺线投影直径为 D，单个周期长度为 η，单个周期总的展开长度可以表达为 $L=\sqrt{(\pi D)^2+\eta^2}$。经推导可得其等体积和等面积圆柱体的半径分别为

$$r_{\mathrm{eq},V}=\rho\sqrt{\frac{L}{\eta}} \tag{5.16}$$

$$r_{\mathrm{eq},S}=\frac{-\eta+\sqrt{\eta^2+4(\rho L+\rho^2)}}{2} \tag{5.17}$$

图 5.6(d)给出了等体积(面积)圆柱体示意图。在经典电磁场理论中无限长圆柱对电磁波的散射已给出了解析解。处于折射率为 n_a 的非吸收介质中的半径为 r_c 的无限长圆柱,其单位长度衰减截面和散射截面可以分别表达为[79,120]

$$C_{ext}(m,x,\varphi)=2r_c Q_{ext}(m,x,\varphi) \tag{5.18}$$

$$C_{sca}(m,x,\varphi)=2r_c Q_{sca}(m,x,\varphi) \tag{5.19}$$

式中　m ——圆柱体的相对复折射率;

x——尺度参数,$x=2\pi r_c/\lambda$;

φ ——入射电磁波与圆柱轴线的夹角。

取向平均的衰减截面和散射截面可分别计算为[162]

$$C_{ext}(m,x)=\int_0^{\pi/2} C_{ext}(m,x,\varphi)\cos\varphi\mathrm{d}\varphi \tag{5.20}$$

$$C_{sca}(m,x)=\int_0^{\pi/2} C_{sca}(m,x,\varphi)\cos\varphi\mathrm{d}\varphi \tag{5.21}$$

吸收截面可利用关系式 $C_{abs}(m,x)=C_{ext}(m,x)-C_{sca}(m,x)$ 获得。

Ross 等[163]和 Rother 等[164]研究了有限长度圆柱体对电磁波的散射。结果表明,对于多数实际应用中的有限长圆柱,其散射特性与无限长圆柱体散射特性之间的差别较小。由于有限圆柱的散射电磁场求解相对复杂,因此可以使用无限长圆柱的解去代替有限圆柱的解。

如前所述,藻细胞通过细胞内的光合色素对光能进行吸收,如叶绿素 a (Chl a)、叶绿素 b (Chl b)、类胡萝卜素(PPC)等。微藻细胞介质的吸收指数 k_λ 可通过下式获得[42]

$$k_\lambda=\frac{c}{4\pi\nu}\sum_j Ea_{\lambda,j}c_j \tag{5.22}$$

式中　c ——真空光速;

ν ——光子频率;

$Ea_{\lambda,j}$ 和 ρ_j ——色素的光谱吸收截面和色素 j 的质量浓度。

色素浓度 ρ_j 可通过下式确定[42],即

$$\rho_j=w_j\rho_{dry}(1-\varphi_w) \tag{5.23}$$

式中　w_j ——色素 j 的干质量分数;

ρ_{dry} ——细胞的干质量密度;

φ_w ——细胞内水的体积分数。

由于藻细胞的复折射率实部在可见光谱区间近似于与波长无关，因此藻细胞成分的折射率 n 近似为一个常量。等效均匀圆柱模型的有效复折射率可以使用下式获得[161]

$$k_{\mathrm{eff},\lambda}=\sum_{i}k_{i,\lambda}\varphi_{i} \tag{5.24}$$

$$n_{\mathrm{eff},\lambda}=\sum_{i}n_{i,\lambda}\varphi_{i} \tag{5.25}$$

式中　φ_i——细胞构成部分 i 占细胞的体积分数。

实际上，有效介质近似(EMA)有很多模型，如 Maxwell-Garnett 模型[165]，Bruggeman 模型[166]等。但对于多种材料构成的介质，等效复折射率混合模型的选取还没有明确的结论。对于非均质的藻细胞，Bhowmik 等[161]使用了折射率体积平均等效模型来获得藻细胞的等效复折射率，用来研究球形藻细胞的辐射特性，结果表明体积平均等效模型性能较好。

通过光合色素的光谱吸收截面测量结果可知，细胞干质量密度 ρ_{dry} 取 1 400 $\mathrm{kg/m^3}$[90, 167]，细胞内水的体积分数 φ_{w} 取标准值 0.80[89, 168]。由以上参数可以获得藻细胞的吸收指数 k_λ，如图 5.7 所示。后面的计算中，细胞质和细胞膜的折射率分别为 $n_{\mathrm{c}}=1.014\,9$ 和 $n_{\mathrm{w}}=1.037\,3$[169]，吸收指数 k_λ 则使用图 5.7 中的数据。

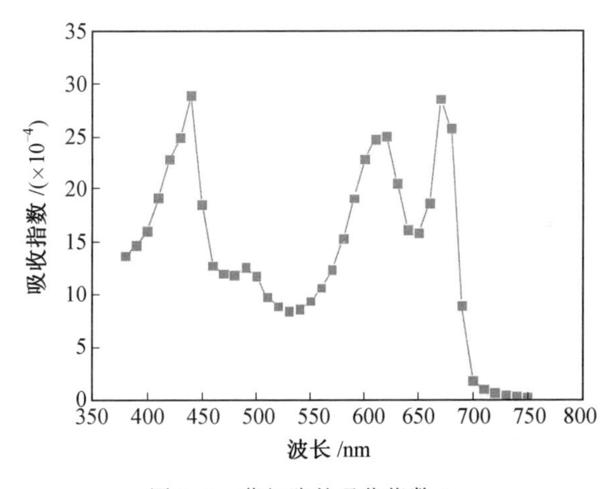

图 5.7　藻细胞的吸收指数 k_λ

5.3.2　DDA 方法验证

由于 DDA 方法的计算结果受离散偶极子数量的影响，所以需要对偶极子离散数量进行收敛性验证。图 5.8 中给出了 dpl(单位波长下的偶极子数)分别为 6、9 及 24 时的 Mueller 散射矩阵计算结果，以参数 dpl 等于 24 的结果作为参考。

入射波长为 0.67 μm，复折射率 $m=1.0149+0.0014925i$，迭代精度设为 10^{-10}，圆柱直径为 2.238 μm，长度为 55.94 μm，环境介质为水体。从图中可以看出，当 dpl 为 6 和 9 时，Mueller 散射矩阵元素的 6 个独立分量的计算结果已非常接近参考值，可认为达到收敛要求。

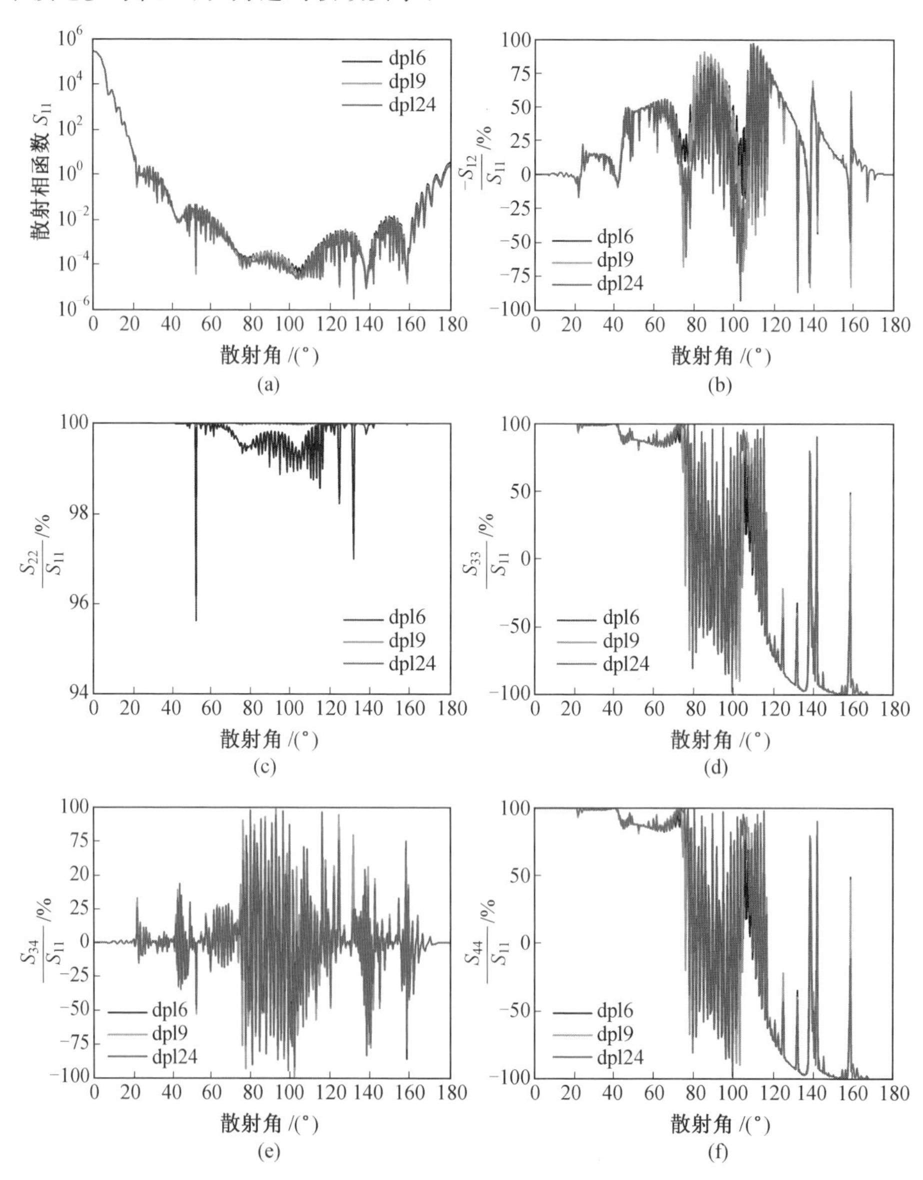

图 5.8　不同偶极子离散数目下 Mueller 散射矩阵计算结果(彩图见附录)

图 5.9 为球形链状微藻 Mueller 散射矩阵两种不同取向平均计算结果，对 4 034个方向数和 65 个方向数的取向平均结果进行了对比。这里考虑藻细胞膜、细胞质复折射率分别为 $m=1.021+0.000\ 011\ 2i$ 及 $m=1.025+0.000\ 011\ 2i$，细胞最大直径为 2.345 μm，长度为 42.99 μm。从图中可以看出，两种不同取向平均数下的散射矩阵计算结果吻合得很好。利用球形链状微藻的轴对称性，将取向平均方向数减少为 65 个，大幅降低了计算时间。

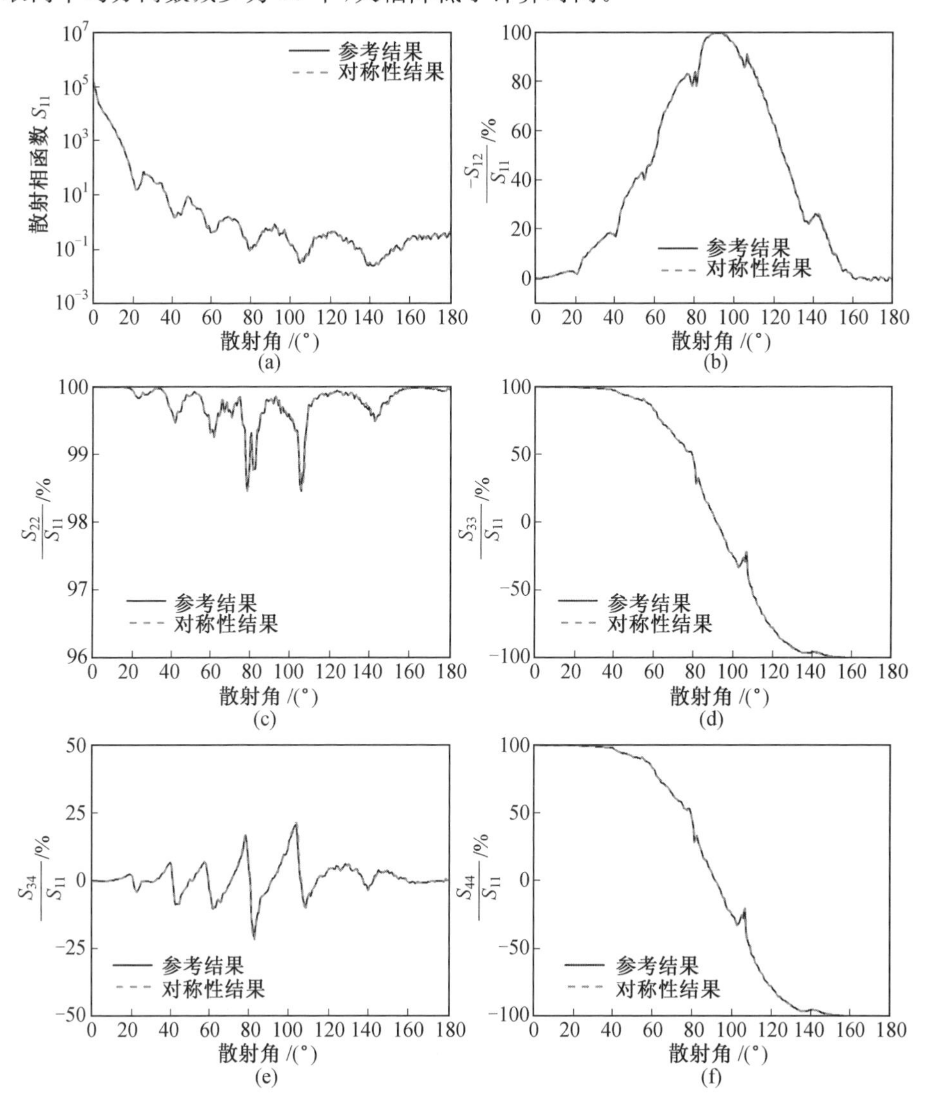

图 5.9　球形链状微藻 Mueller 散射矩阵两种不同取向平均计算结果

5.3.3 链状微藻细胞辐射特性

本节研究球形链状微藻、卵形链状微藻及螺旋形链状微藻的光谱衰减截面和光谱吸收截面及散射相函数等辐射特性参数，分析了简化均匀圆柱等效模型对预测实际微藻辐射特性参数的可行性及偏离程度。图5.10为不同链状微藻的离散偶极子分布图，外面的薄层为细胞膜，中心为细胞质。

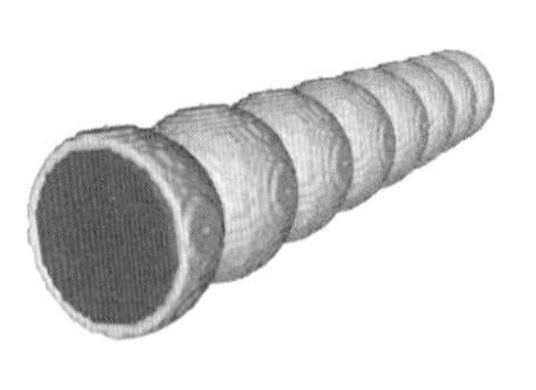

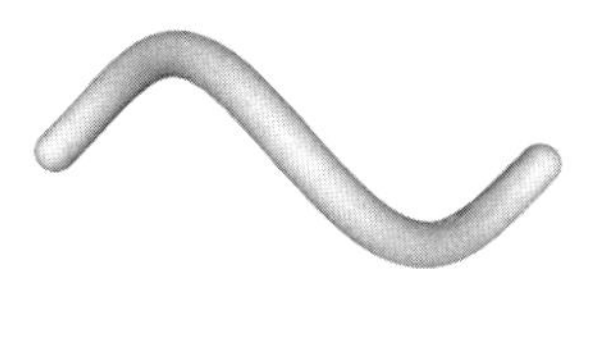

(a) 球形链状微藻　　(b) 卵形链状微藻　　(c) 螺旋形链状微藻

图5.10　不同链状微藻的离散偶极子分布图

下面分别分析球形链状微藻、卵形链状微藻及螺旋形链状微藻的辐射特性。根据球形链状微藻和卵形链状微藻相邻细胞接触程度的不同，分析了两种不同接触程度的情况，下文中称为球形链状微藻模型Ⅰ、球形链状微藻模型Ⅱ、卵形链状微藻模型Ⅰ及卵形链状微藻模型Ⅱ。对于球形链状微藻模型Ⅰ，对应的参数$N=35$、$l=1.61\ \mu m$及$r=1.15\ \mu m$，细胞膜厚度为0.115 μm，总长度为55.92 μm；等体积(eqv)圆柱直径为2.095 μm，等面积(eqs)圆柱直径为2.255 μm，等效折射率为$n=1.0219$。球形链状微藻模型Ⅱ对应的参数为$N=27$、$l=2.07\ \mu m$和$r=1.15\ \mu m$，细胞膜厚度为0.115 μm，总长度为52.99 μm；等体积圆柱直径为1.962 μm，等面积圆柱直径为2.2547 μm，等效折射率为$n=1.0211$。对于卵形链状微藻模型Ⅰ对应的参数为$N=24$、$l'=2.76\ \mu m$和$r'=1.15\ \mu m$及$s=1.15\ \mu m$，细胞膜厚度为0.115 μm，总长度为65.82 μm；等体积圆柱直径为2.1798 μm，等面积圆柱直径为2.2618 μm，等效折射率为$n=1.0207$。卵形链状微藻模型Ⅱ对应的参数为$N=21$、$l'=3.22\ \mu m$、$r'=1.15\ \mu m$及$s=1.15\ \mu m$，细胞膜厚度为0.115 μm，总长度为66.74 μm；等体积圆柱直径2.0878 μm，等面积圆柱直径2.2623 μm，等效折射率$n=1.0203$。螺旋形链状微藻对应的参数为$\rho=2.5\ \mu m$、$D=25\ \mu m$及$\eta=60.25\ \mu m$，细胞膜厚度为0.25 μm，总长度为64.02 μm；等体积圆柱直径为5.9446 μm，等面积圆

柱直径为 6.894 2 μm，等效折射率为 n =1.019 2。

1. 光谱衰减截面和吸收截面

图 5.11 为球形链状微藻及其简化圆柱模型的光谱衰减截面和光谱吸收截面。如图所示，对于两种不同模型，其等体积圆柱的衰减截面和吸收截面与实际微藻更加接近（准确），且吸收截面更加接近，与模型Ⅰ几乎重合在一起。吸收截面中的吸收峰对应于光合色素的吸收峰，衰减截面在 380～750 nm 波长区间总体呈现减小的趋势，这与实际测量的蓝藻光谱衰减截面变化趋势一致。

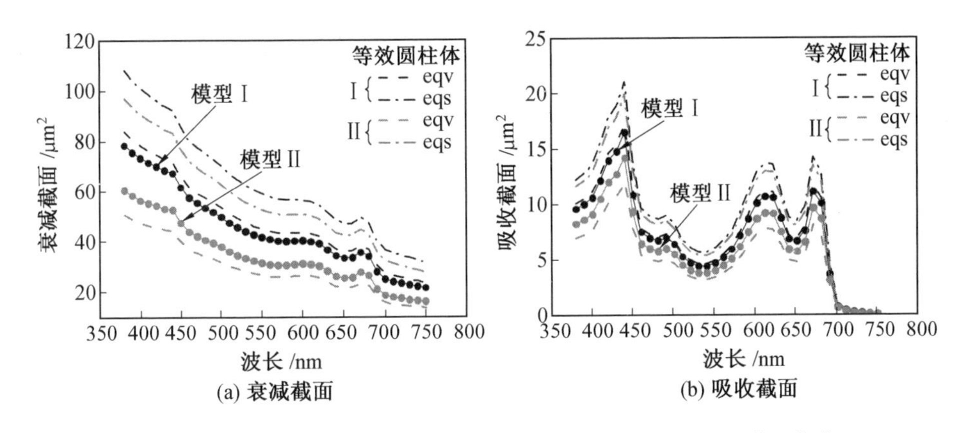

图 5.11　球形链状微藻及其简化圆柱模型的光谱衰减截面和光谱吸收截面

图 5.12 为卵形链状微藻及其简化圆柱模型的光谱衰减截面和光谱吸收截面。从图中可以看出，等体积圆柱模型的衰减截面和吸收截面更加逼近实际微藻，对于模型Ⅰ，其光谱衰减截面和吸收截面与实际链状微藻的截面数据基本重合在一起，光谱衰减截面在 380～750 nm 光谱区间同样表现出减小的趋势，与实验测量结果变化趋势一致。从球形和卵形链状微藻的辐射特性计算结果来看，等体积圆柱模型对于预测实际微藻光谱衰减截面和吸收截面的准确性较好。

图 5.13 为螺旋形链状微藻及其简化圆柱模型的光谱衰减截面和光谱吸收截面。如图所示，等体积圆柱模型预测的光谱衰减截面和吸收截面与实际微藻的截面数据基本重合，而等面积圆柱模型对衰减截面和吸收截面的预测结果则偏离较大。这表明，螺旋形微藻的光谱衰减截面和吸收截面参数可使用等体积圆柱模型进行准确预测。图 5.14 为实验测量的蓝藻 *Anabaena* sp. 和念珠藻 *Nostoc* sp. 的光谱衰减效率和光谱吸收效率与理论预测的球形和卵形链状微藻

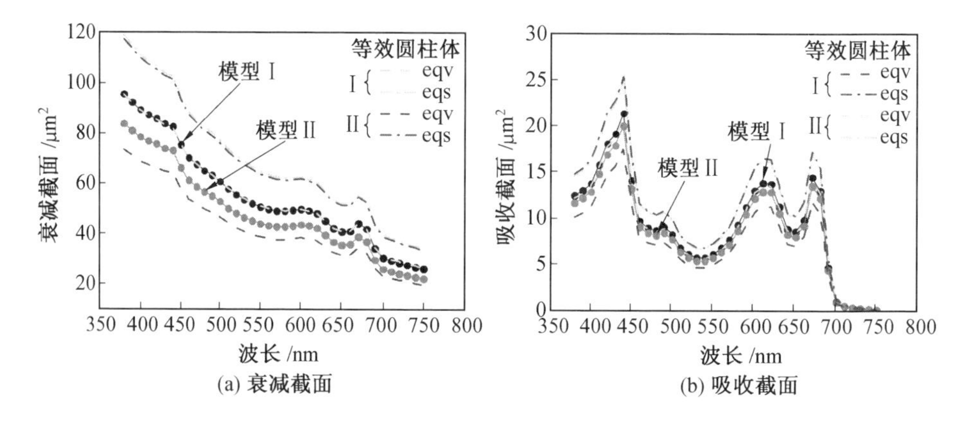

图 5.12 卵形链状微藻及其简化圆柱模型的光谱衰减截面和光谱吸收截面

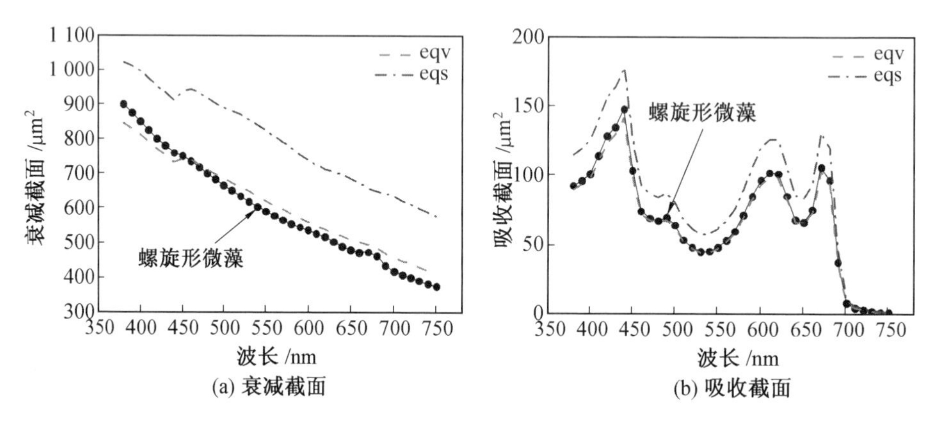

图 5.13 螺旋形链状微藻及其简化圆柱模型的光谱衰减截面和光谱吸收截面

的效率。可以看出，理论预测的光谱衰减效率下降趋势与实验测量结果趋势一致，理论预测的光谱吸收效率吸收峰与实验测量结果也相一致。理论预测的吸收效率吸收峰相比实验测量结果更加尖锐，这是由色素在细胞中的打包效应所导致[11, 64]。

上述不同形态的链状蓝藻的辐射特性及其等效圆柱模型的辐射特性计算结果表明，基于等体积圆柱模型所预测的光谱衰减截面和光谱吸收截面更加准确，可用于预测实际链状微藻的辐射特性，并可大幅度降低理论计算时间。

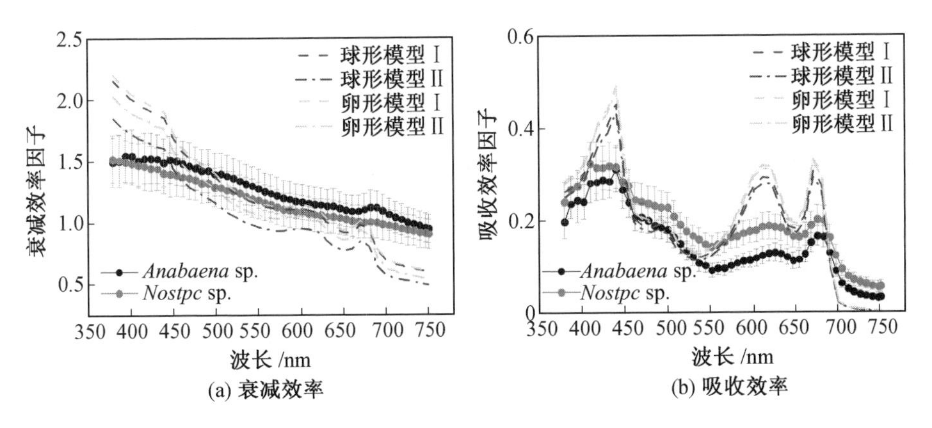

图 5.14　实验测量的蓝藻 *Anabaena* sp. 和念珠藻 *Nostoc* sp. 的光谱衰减效率和光谱吸收效率与理论预测的球形和卵形链状微藻的效率(彩图见附录)

2. 散射相函数和不对称因子

图 5.15 为球形链状微藻及其等效圆柱模型的散射相函数和光谱不对称因子(波长为 632 nm)。如图所示,由于散射电磁波的相干性,散射相函数在 20°以上表现出振荡,且由于蓝藻在 380～750 nm 波长区间为光学大粒子,其散射相函数表现出强前向散射,即大部分散射能量都集中在前向很小的角度范围,所以对于其散射相函数主要关注 10°以内部分即可。从图中可以看出,等体积圆柱的散射相函数在小角度范围内(约 10°)与实际微藻的散射相函数更加接近,不对称因子也更加接近。

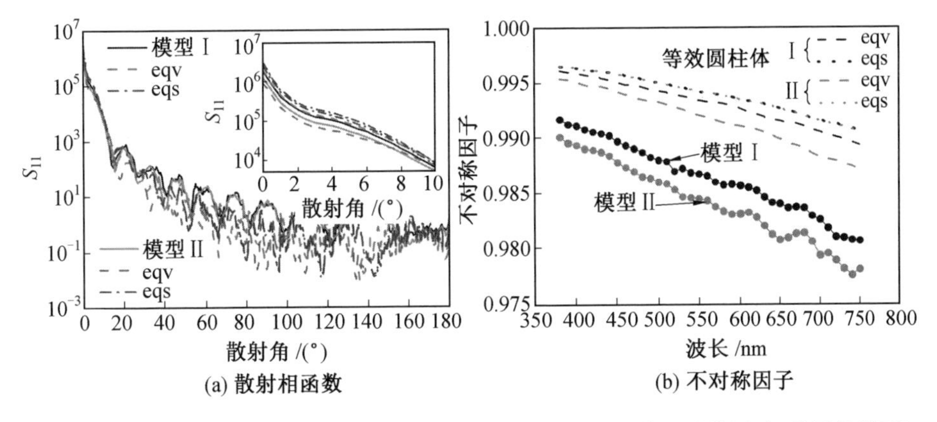

图 5.15　球形链状微藻及其等效圆柱模型的散射相函数和光谱不对称因子(彩图见附录)

图 5.16 为卵形链状微藻及其等效圆柱模型的散射相函数和光谱不对称因子(波长为 632 nm)。从图中可以看出,等体积圆柱模型的散射相函数和不对称因子更加接近实际微藻。从球形链状微藻和卵形链状微藻的散射相函数和不对称因子的计算结果来看,与等面积圆柱模型相比较,等体积圆柱模型对于预测实际微藻的散射相函数和不对称因子的准确性更好。

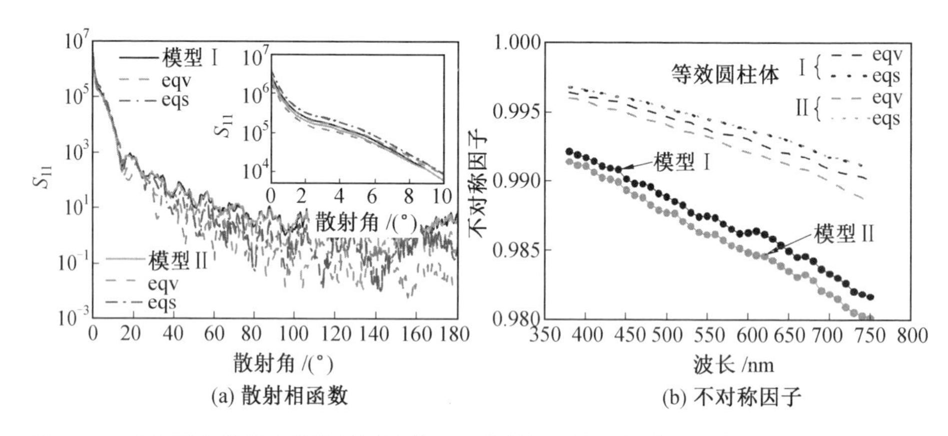

图 5.16 卵形链状微藻及其等效圆柱模型的散射相函数和光谱不对称因子(彩图见附录)

图 5.17 为螺旋形链状微藻及其等效圆柱模型的散射相函数和光谱不对称因子(波长为 632 nm)。如图所示,尽管等体积圆柱模型和等面积圆柱模型的散射相函数和不对称因子与实际微藻都非常接近,但从放大的 10°以内的散射相函数对比可以发现,等体积圆柱模型预测的散射相函数与实际微藻的散射相函数在 8°以内的小角度范围吻合得更好,因此等体积圆柱模型的预测结果优于等面

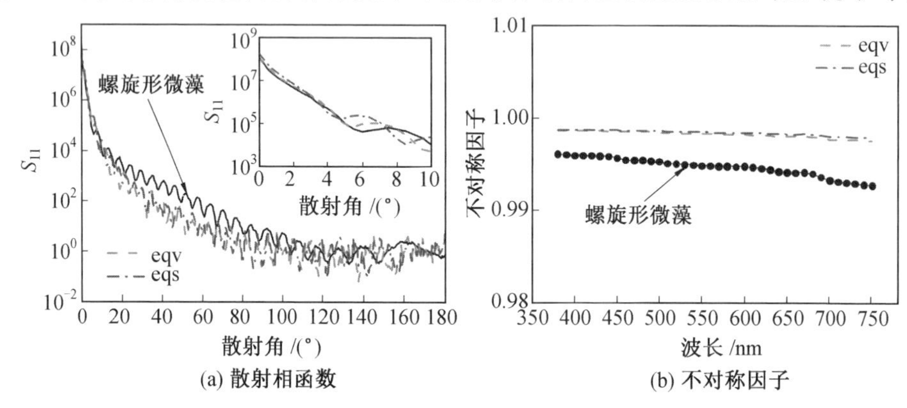

图 5.17 螺旋形微藻及其等效圆柱模型的散射相函数和光谱不对称因子

积圆柱模型。这表明，螺旋藻的散射相函数和不对称因子同样可以使用等体积圆柱模型进行较好的预测。

5.3.4　散射矩阵元素

上面分析了简化圆柱模型对于实际微藻辐射特性参数的预测，仅分析了对光谱衰减截面、光谱吸收截面及散射相函数预测的准确性。这些辐射特性参数可以用来分析光生物反应器中的辐射传输过程，进而对微藻细胞的生长速率进行预测。但若考虑矢量辐射传输，还需要考虑 Mueller 散射矩阵的其他元素。下面针对球形和卵形链状微藻，给出了取向平均的 Mueller 散射矩阵元素，只对模型Ⅰ进行分析。

图 5.18 为球形链状微藻及其等效圆柱模型的散射矩阵元素。图 5.19 为卵形链状微藻及其等效圆柱模型的散射矩阵元素。图 5.20 为螺旋形链状微藻及其等效圆柱模型的散射矩阵元素。如图所示，尽管球形链状微藻、卵形链状微藻及螺旋形链状微藻在形状上具有明显的差异，但从前面的分析中已经得出等体积圆柱可以较准确地描述实际微藻的辐射特性的结论，并由于 3 种微藻尺度参数很接近，因此其 Mueller 散射矩阵的各个元素也具有高度相似性。这些散射矩阵元素与 Lee 等[86]计算的尺度参数 $\chi=8.16$ 的长链多球模型散射矩阵元素计算结果相似。对于线偏振度元素 $-S_{12}/S_{11}$，在散射角 90°附近达到最大值 100%。线偏振度元素 $-S_{12}/S_{11}$ 在前向散射角 0°和后向散射角 180°处为 0，这是微藻模型具有平面对称性的必然要求，在具有平面对称性的球形粒子系的计算中也有类似结果[170]。

对于 3 种微藻的散射矩阵元素 S_{22}/S_{11}，其对于不同的散射角度几乎接近 100%，这与单个球体的矩阵元素 S_{22}/S_{11} 结果接近。从图中可以看出，尽管散射矩阵元素 S_{22}/S_{11} 存在一定的共振峰，但等体积圆柱和等面积圆柱模型的散射矩阵元素 S_{22}/S_{11} 与实际微藻矩阵元素 S_{22}/S_{11} 非常接近。

对于散射矩阵元素 S_{33}/S_{11} 和 S_{44}/S_{11}，其值随着从 0°增加到 180°的散射角度从 100%降至−100%。这两个元素在随散射角减小的过程中存在一定的波动，尤其对于螺旋形链状微藻，这与藻细胞的尺度参数和形状具有一定关系。对于球形链状蓝藻、卵形链状蓝藻及螺旋形链状蓝藻，其散射矩阵元素 S_{33}/S_{11} 与散射矩阵元素 S_{44}/S_{11} 非常接近，且等体积和等面积圆柱模型的散射矩阵元素 S_{33}/S_{11}

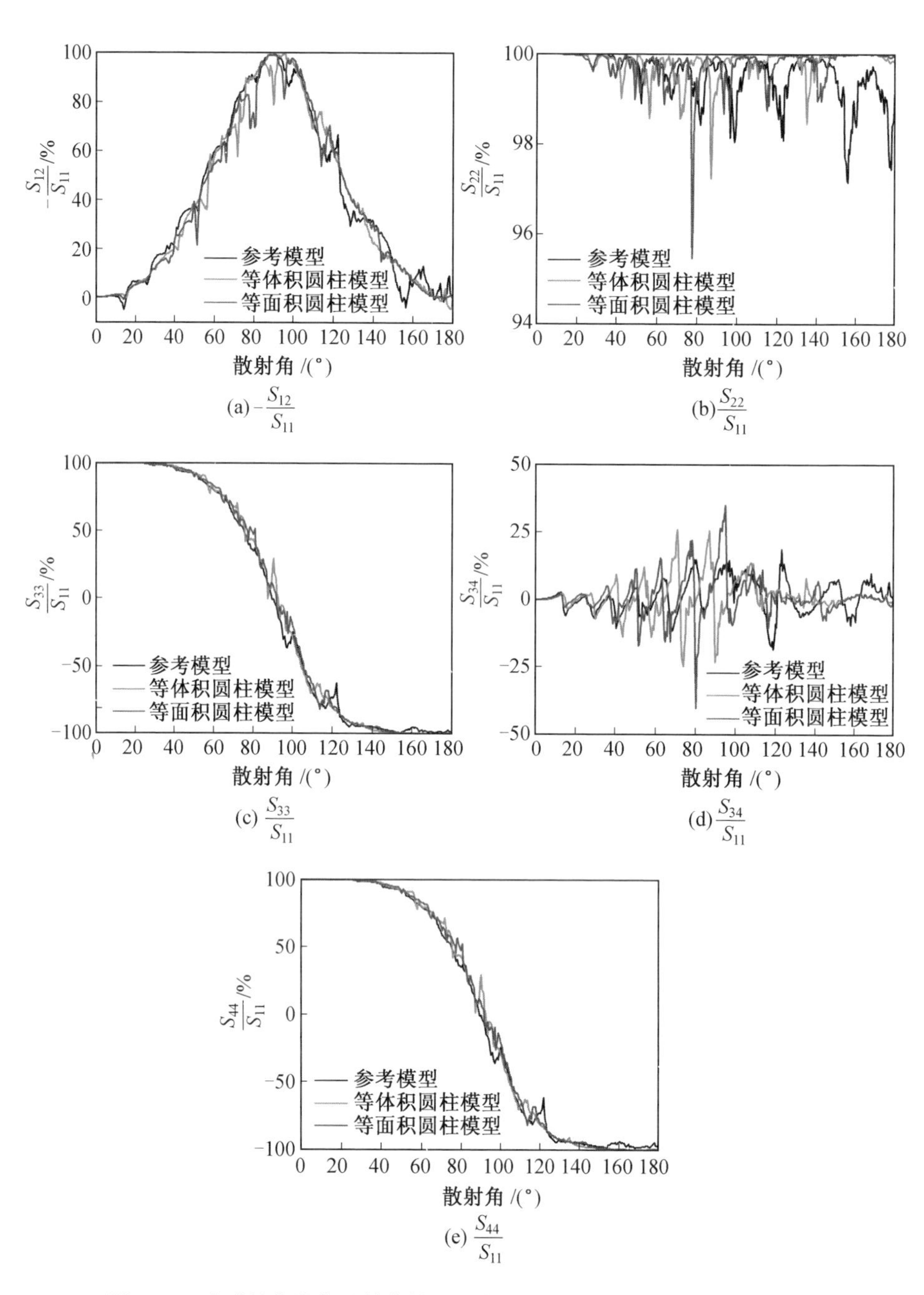

图 5.18　球形链状微藻及其等效圆柱模型的散射矩阵元素(彩图见附录)

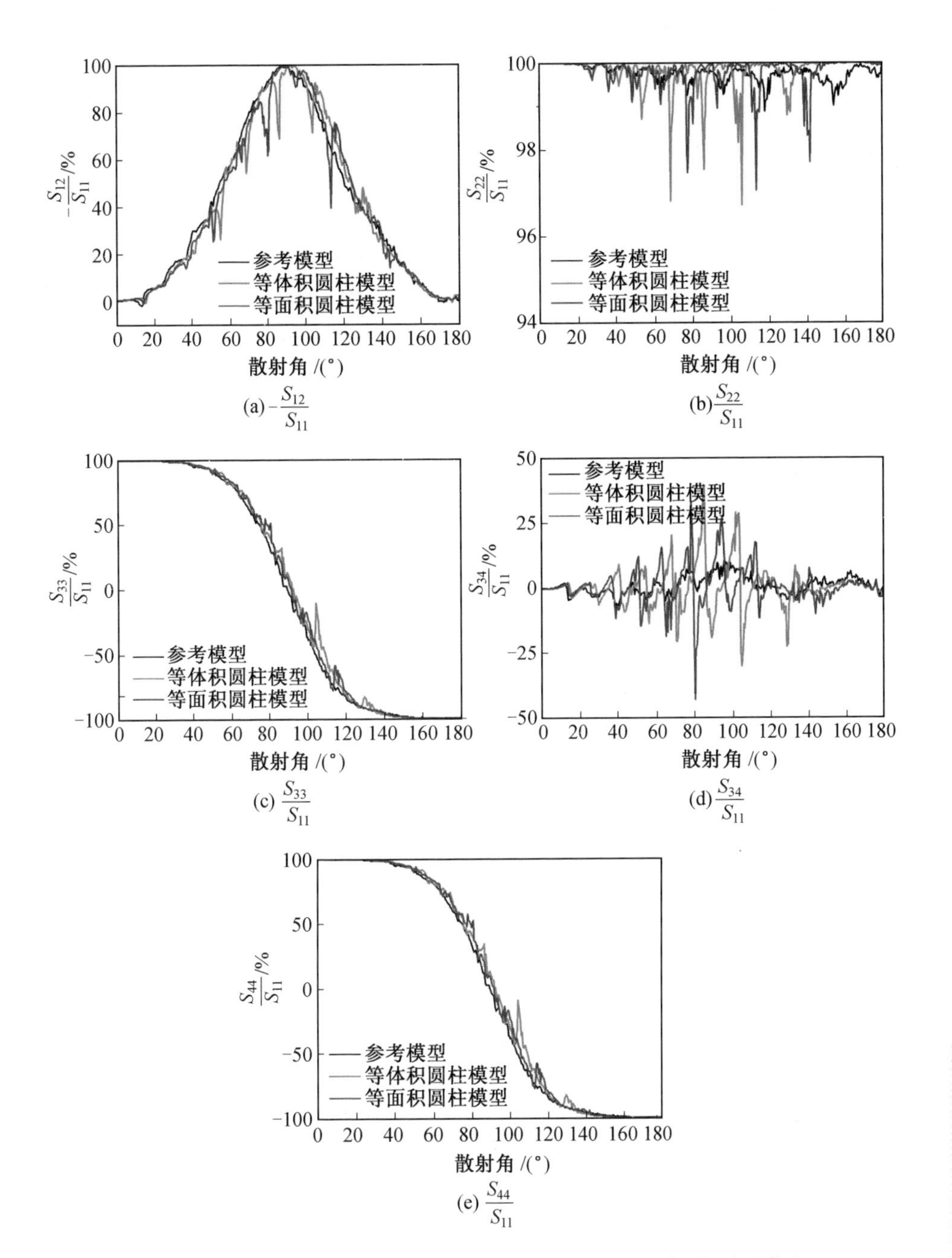

图 5.19　卵形链状微藻及其等效圆柱模型的散射矩阵元素(彩图见附录)

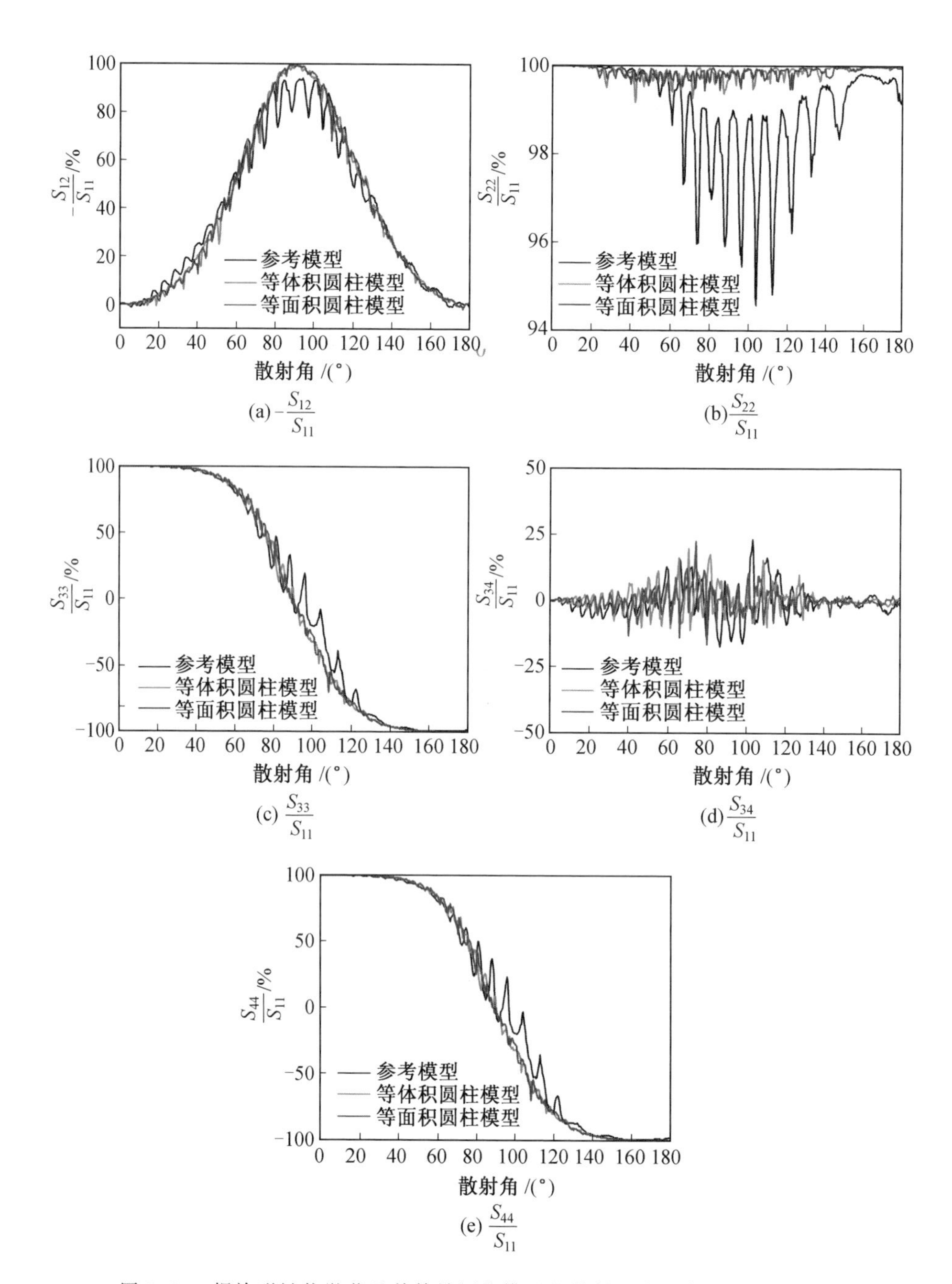

图 5.20 螺旋形链状微藻及其等效圆柱模型的散射矩阵元素(彩图见附录)

和 S_{44}/S_{11} 与实际微藻散射矩阵元素均吻合较好。

对于球形链状蓝藻、卵形链状蓝藻，散射矩阵元素 S_{34}/S_{11} 在整个散射角区间位于－50%～50%范围内。对于螺旋形链状蓝藻，散射矩阵元素 S_{34}/S_{11} 在整个散射角区间位于－25%～25%范围内，其在散射角 0°和 180°处为 0，这也是微藻模型具有平面对称性的必然要求。然而，散射矩阵元素 S_{34}/S_{11} 存在多个共振峰，导致等体积圆柱和等面积圆柱的预测结果与实际微藻具有一定的差距。

等体积和等面积圆柱模型得到的散射矩阵元素与实际微藻的矩阵元素比较接近。对于 Mueller 散射矩阵元素的理论预测，等体积圆柱和等面积圆柱模型没有表现出显著差别。结合前面对衰减截面和吸收截面的分析结果，总体上，等体积圆柱模型可以更好地描述实际微藻的辐射特性。

5.4 胶鞘对微藻细胞光散射特性的影响

蓝藻细胞在生长过程中如果遇到不利于生长的自然条件，在细胞表面会产生一层比较厚的胶鞘(Gelatinous sheath)，用于保障自身细胞的存活。胶鞘是一种近于无色透明的黏稠性物质，其折射率与细胞膜相差不大。本节分析胶鞘对藻细胞散射特性的影响，并研究考虑出现胶鞘时藻细胞的等体积圆柱模型是否仍能适用。

图 5.21 为带胶鞘球形链状微藻的几何模型。下面基于球形链状微藻模型Ⅰ预测其散射特性，球形链状微藻的胶鞘折射率 $m = 1.034 + 5.0 \times 10^{-5}\mathrm{i}$ [171]，胶鞘厚度为 1.104 μm [172]，最大直径为 3.68 μm，总长度为 57.82 μm，细胞质体积分数为 23.64%，细胞膜体积分数为 10.72%，胶鞘体积分数为 65.64%；等体积圆柱直径为 3.528 2 μm，等面积圆柱直径为 3.570 9 μm，等效折射率为 $n = 1.029\ 839$。等效吸收指数 k_λ 可通过等效介质模型和体积分数获得。

图 5.22 为带胶鞘球形链状微藻及其等效圆柱模型的光谱衰减和吸收特性。图 5.23 为带胶鞘球形链状微藻及其等效圆柱散射体模型的散射相函数和不对称因子。如图所示，等面积圆柱散射体模型的光谱衰减截面与实际微藻更加接近。对于光谱吸收截面，等体积圆柱模型和等面积圆柱模型预测结果相差较小。衰减截面在 380～750 nm 光谱区间总体呈现下降的趋势，这与蓝藻衰减截面实

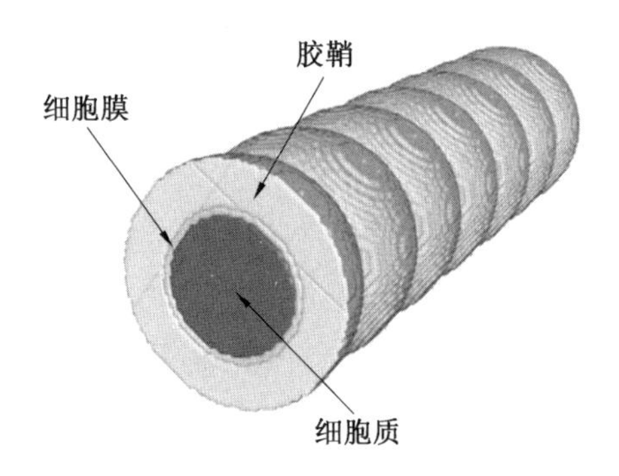

图 5.21　带胶鞘球形链状微藻的几何模型

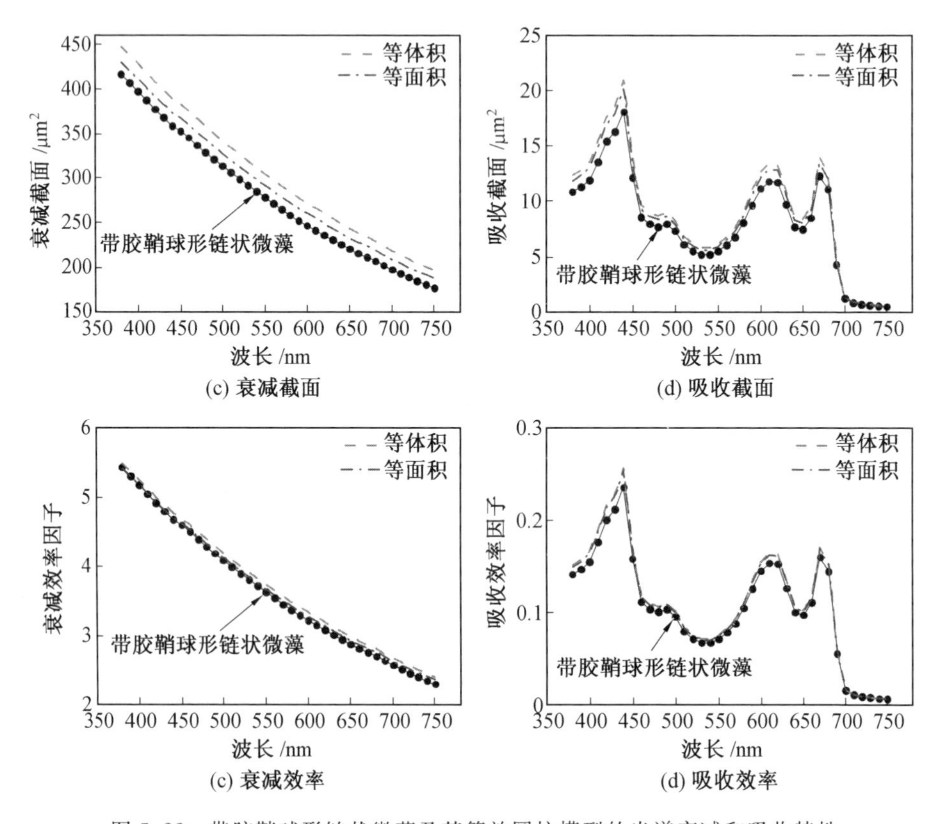

图 5.22　带胶鞘球形链状微藻及其等效圆柱模型的光谱衰减和吸收特性

验测量结果变化趋势一致。等体积和等面积圆柱的散射相函数和不对称因子与实际微藻相差不多。等面积圆柱模型对于衰减截面给出了相对更好的预测结果，这应与复折射率混合模型及尺度参数（胶鞘的存在显著增加了藻细胞的尺

寸)存在较大关系。然而,除了对于衰减截面的预测,等体积圆柱与等面积圆柱模型给出的预测结果都十分接近实际链状微藻的辐射特性。考虑到数值离散误差等影响因素,结合前面的结论及等体积和等面积圆柱模型对于预测衰减截面存在的微小差异,使用等体积圆柱模型用于预测实际微藻的辐射特性参数有利于模型统一。

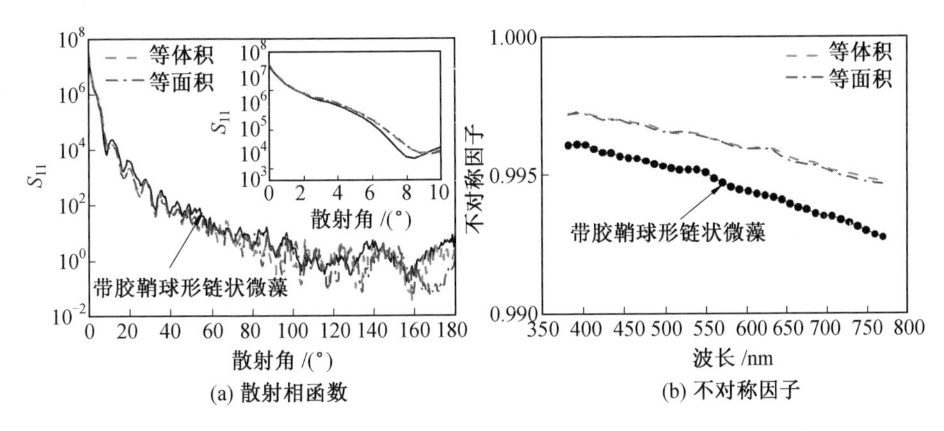

图 5.23　带胶鞘球形链状微藻及其等效圆柱模型的散射相函数和不对称因子

图 5.24 为带胶鞘的球形链状微藻及其等效圆柱模型的散射矩阵元素。如图所示,带胶鞘球形链状微藻的散射矩阵元素与不带胶鞘球形链状微藻的散射矩阵元素计算结果相似。

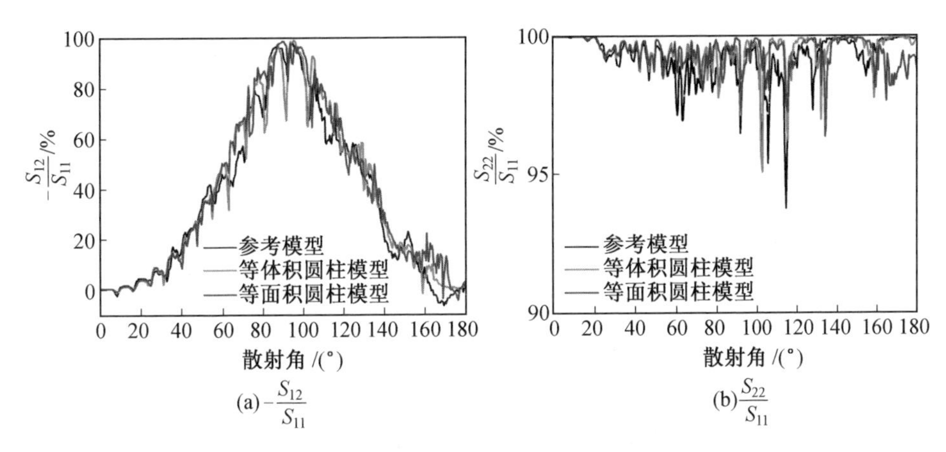

图 5.24　带胶鞘球形链状微藻及其等效圆柱模型的散射矩阵元素(彩图见附录)

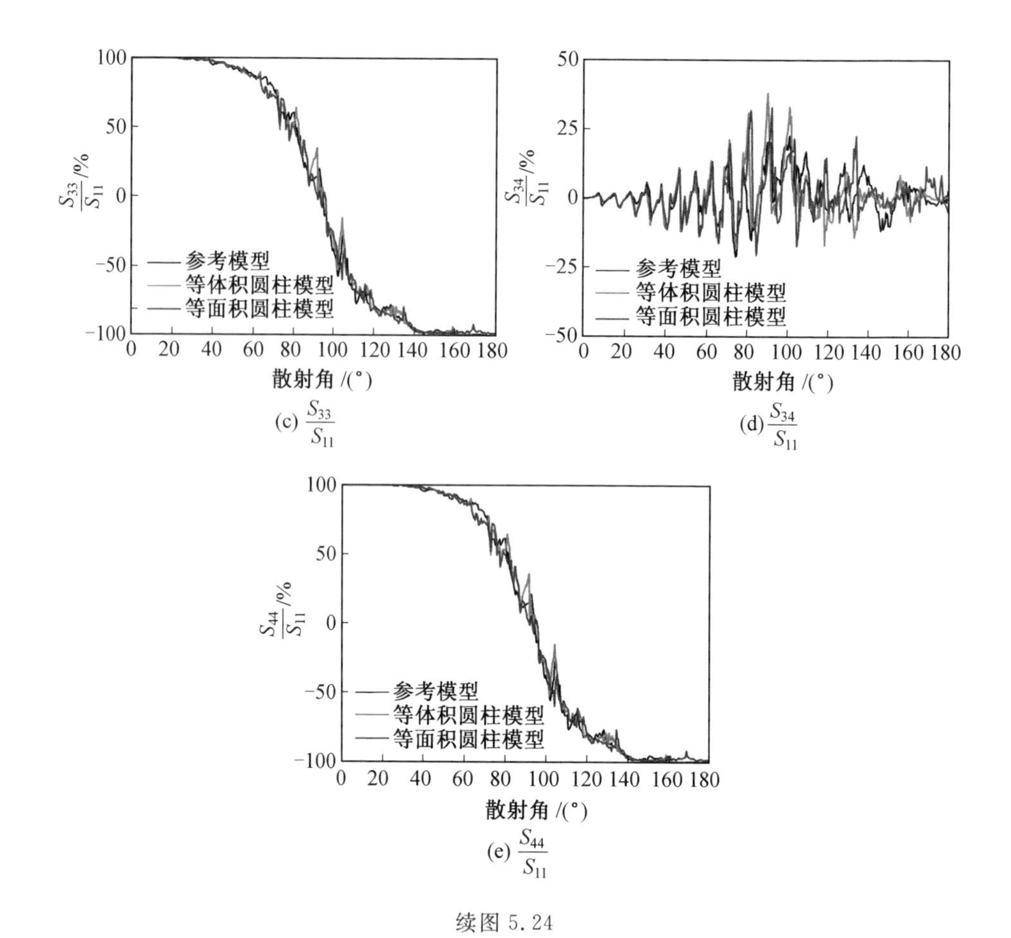

(c) $\frac{S_{33}}{S_{11}}$

(d) $\frac{S_{34}}{S_{11}}$

(e) $\frac{S_{44}}{S_{11}}$

续图 5.24

线偏振度元素 $-S_{12}/S_{11}$ 在散射角 90°附近达到最大值 100%，在散射角 0°和 180°处为 0，具有近似的对称性。散射矩阵元素 S_{22}/S_{11} 在整个散射角上接近 100%，尽管散射矩阵元素 S_{22}/S_{11} 存在一定的共振峰，但等体积和等面积圆柱模型的散射矩阵元素 S_{22}/S_{11} 与实际微藻接近。散射矩阵元素 S_{33}/S_{11} 和 S_{44}/S_{11} 随着散射角度的增加其值从 100%降到−100%。等体积和等面积圆柱模型的散射矩阵元素 S_{33}/S_{11} 和 S_{44}/S_{11} 与实际微藻也很接近。散射矩阵元素 S_{34}/S_{11} 在整个散射角上位于−40%到 40%范围内，在散射角 0°和 180°处等于 0。尽管散射矩阵元素 S_{34}/S_{11} 存在多个共振峰，但等体积和等面积圆柱模型仍可以较好地描述实际微藻的特性。

5.5　本章小结

本章基于离散偶极子方法对多种微藻的散射特性进行了理论分析。对于球形微藻研究了细胞核和细胞粒径对辐射特性的影响，在链状微藻的研究中考虑了细胞膜和胶鞘对散射特性的影响，对是否可以使用圆柱模型描述链状微藻的辐射特性进行了分析。当采用理想的球形模型来表征小球藻微藻的形态时，所得到的散射相函数在后向散射区存在较大误差。若忽略细胞内部结构，则衰减截面的预测值会偏小。对于球形链状微藻、卵形链状微藻及螺旋形链状微藻，可以使用等体积圆柱模型较准确地预测其辐射特性参数。对于带胶鞘的链状微藻，等体积圆柱模型依然可以很好地预测其散射特性。对于实际链状微藻，等体积和等面积圆柱模型预测的散射矩阵元素结果无显著差异。

第6章

光生物反应器时间相关辐射传输分析

本章主要在生长相关辐射特性实验测量结果基础上，研究生长相关辐射特性对光生物反应器中光辐射场分布和生长率的影响。使用数值方法求解光辐射传输方程，分析使用稳定期微藻辐射特性和生长相关微藻辐射特性计算光生物反应器中光场和生长率的偏差，同时使用生长相关辐射特性对平板和管状光生物反应器的尺寸参数设计进行优化。

微藻通过光合作用过程可以产生蛋白质、碳水化合物、脂质、氧气及氢气等[21]。微藻大规模培养可以作为工业的原材料用于生产生物柴油、保健品、天然色素等[16]，因此作为一种 CO_2 净零排放的绿色能源，微藻被认为是一种具有发展前景的重要生物质原料。目前，微藻的养殖技术还不成熟，因此微藻的商业化培养一般都用于制作高附加价值的营养品和保健品。微藻的生长受到的影响因素较多，如光照、营养物质、温度、pH 等，其中光照对微藻的生长具有重要影响[10, 173-174]。因此，定量预测光生物反应器中的光辐射场分布对了解和分析微藻的生长过程非常重要。微藻细胞的辐射特性参数是求解反应器中光辐射场分布的基础物性参数，微藻细胞的生长使其辐射特性参数及相关辐射传输过程更加复杂。

本章主要在微藻细胞生长相关光谱辐射特性实验测量结果基础上，使用数值方法求解光辐射传输方程，研究微藻细胞的生长相关光谱辐射特性对光生物反应器中光辐射场分布和生长率的影响，分析使用稳定期微藻辐射特性和生长相关微藻辐射特性计算光生物反应器中光场和生长率的偏差，以及使用生长相关辐射特性对平板和管状光生物反应器的尺寸参数设计进行优化。

6.1　光生物反应器中光生物过程基本理论

6.1.1　光生物反应器中的辐射传输

图 6.1 为光生物反应器中的辐射传输示意图。如图所示，当光辐射照射在培养微藻的光生物反应器时，由于微藻细胞对光的吸收和散射作用，光在含有微藻细胞的光生物反应器中的传输过程会发生吸收和散射现象。第 1 章介绍了各

类光生物反应器的研究现状和特点，具体到各类光生物反应器的理论模型研究，可简化为平板式光生物反应器和圆管式光生物反应器两大类。微藻混悬液可以等效为半透明的吸收和散射性介质，在第 2 章中已经给出了微藻混悬液中的辐射传递方程[119-120]，即

$$s \cdot \nabla I_{\lambda}(r,s) + \beta_{\lambda} I_{\lambda}(r,s) = \frac{\kappa_{s,\lambda}}{4\pi}\int_{\Omega'=4\pi} I_{\lambda}(r,s')\Phi_{\lambda}(s' \to s)\,\mathrm{d}\Omega' \tag{6.1}$$

在获得了微藻混悬液的光谱散射系数、光谱吸收系数和散射相函数基本辐射物性参数后，通过数值求解式(6.1)可定量研究光生物反应器中的光辐射场分布。

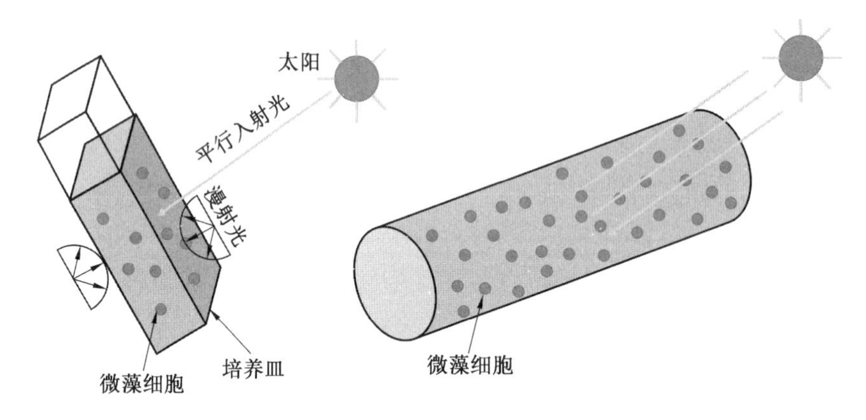

图 6.1　光生物反应器中的辐射传输示意图

实验测量结果表明，微藻细胞的散射相函数具有强前向散射的特征，即散射能量中的大部分能量都集中在前向很小的角度范围内。微藻细胞的强前向散射特点给数值求解光生物反应器内的光辐射场造成了一定困难，这需要把方向离散数目划分得非常密集以保证计算结果的收敛，而网格方向离散的细化会显著增加数值求解的计算时间，这给光生物反应器中辐射场的数值求解带来难题[175-176]。为此，本章通过使用狄拉克 delta 函数和一个相对平滑的相函数 Φ 来代表具有强前向散射特性的散射相函数 Φ [177] 去实现辐射场的数值计算求解，即

$$\Phi(\cos\Theta) = 2f\,\delta(1-\cos\Theta) + (1-f)\Phi^{*}(\cos\Theta) = \Phi_1(\cos\Theta) + \Phi_2(\cos\Theta) \tag{6.2}$$

式中　f—— 前向散射因子；

$\Phi_1(\cos\Theta)$ 和 $\Phi_2(\cos\Theta)$—— 对散射相函数中两部分的简化表示以方便推导。

为了简捷性，推导中省去了光谱辐射强度 I_λ 的下标 λ。一般情况下，入射光源包含直射和漫射量，总的光强 I 可以分解为平行分量 I_c 和漫射分量 I_d，即

$$I(r,\Omega)=I_c(r,\Omega)+I_d(r,\Omega) \tag{6.3}$$

经过整理，可以得到直射光强和漫射光强分别满足下面的方程[178]：

$$\Omega\cdot\nabla I_c+\beta I_c=\frac{\kappa_s}{4\pi}\int_{4\pi}I_c(r,\Omega')\Phi_1(\Omega'\to\Omega)\mathrm{d}\Omega' \tag{6.4}$$

$$\Omega\cdot\nabla I_d+\beta I_d=\frac{\kappa_s}{4\pi}\int_{4\pi}I_d(r,\Omega')\Phi(\Omega'\to\Omega)\mathrm{d}\Omega'+\frac{\kappa_s}{4\pi}\int_{4\pi}I_c(r,\Omega')\Phi_2(\Omega'\to\Omega)\mathrm{d}\Omega' \tag{6.5}$$

把相函数 Φ_1 和 Φ_2 的表达式代入式(6.4)和式(6.5)，可分别得到下面使用缩放参数的方程：

$$\Omega\cdot\nabla I_c+\beta' I_c=0 \tag{6.6}$$

$$\Omega\cdot\nabla I_d+\beta I_d=\frac{\kappa_s'}{4\pi}\int I_d(r,\Omega')\Phi^*(\Omega'\to\Omega)\mathrm{d}\Omega'+\frac{\kappa_s'}{4\pi}I_c(r,\Omega')\Phi^*(\Omega_c\to\Omega) \tag{6.7}$$

式中　Ω_c——直射分量的入射方向；

β' 和 κ_s'——缩放衰减系数和缩放散射系数，其与衰减系数和散射系数的关系式为

$$\beta'=\beta(1-\omega f) \tag{6.8}$$

$$\kappa_s'=\kappa_s(1-f) \tag{6.9}$$

可以通过求解式(6.6)和式(6.7)获得反应器中的光辐射场分布。在 Delta-Eddington (DE) 近似中，散射相函数 Φ^* 定义为[177]

$$\Phi^*(\cos\theta)=1+3g'\cos\Theta \tag{6.10}$$

因此参数 f 和 g' 与不对称因子 g 具有如下关系：

$$f=g^2 \tag{6.11}$$

$$g'=\frac{g}{1+g} \tag{6.12}$$

光生物反应器中的局部光谱投射辐射 $G_\lambda(r)$ 可通过光谱辐射强度 I_λ 获得，其数学表达式为[120]

$$G_\lambda(r) = \int_{4\pi} I_\lambda(r,s)\,\mathrm{d}\Omega \tag{6.13}$$

局部投射辐射 $G(r)$ 可通过对局部光谱投射辐射在可见光波段(PAR,380～750 nm)进行积分获得[43],即

$$G(r) = \int_{\mathrm{PAR}} G_\lambda(r)\,\mathrm{d}\lambda \tag{6.14}$$

对于平行光源和漫射光源照射的光生物反应器,总局部投射辐射 $G(r)$ 可以表达为平行光局部投射辐射 $G_c(r)$ 和漫射光局部投射辐射 $G_d(r)$ 之和,即

$$G(r) = G_c(r) + G_d(r) \tag{6.15}$$

二热流法(Two flux approximation method)是辐射传输方程在特定假设下的解析解,微藻散射相函数的强前向散射特征刚好适合使用二热流法进行求解。对于一维的平板式光生物反应器中辐射场,采用二热流法求解反应器中的局部投射辐射具有足够的精度。根据二热流法,局部光谱投射辐射的平行分量 $G_{c,\lambda}(r)$ 和漫射分量 $G_{d,\lambda}(r)$ 可以分别表示为[43]

$$G_{c,\lambda}(r) = G_{\mathrm{in},c,\lambda} 2\sec\theta_i \frac{(1+\alpha_\lambda)e^{\delta_{c,\lambda}L}e^{-\delta_{c,\lambda}r} - (1-\alpha_\lambda)e^{-\delta_{c,\lambda}L}e^{\delta_{c,\lambda}r}}{(1+\alpha_\lambda)^2 e^{\delta_{c,\lambda}L} - (1-\alpha_\lambda)^2 e^{-\delta_{c,\lambda}L}} \tag{6.16}$$

$$G_{d,\lambda}(r) = G_{\mathrm{in},d,\lambda} 4 \frac{(1+\alpha_\lambda)e^{\delta_{d,\lambda}L}e^{-\delta_{d,\lambda}r} - (1-\alpha_\lambda)e^{-\delta_{d,\lambda}L}e^{\delta_{d,\lambda}r}}{(1+\alpha_\lambda)^2 e^{\delta_{d,\lambda}L} - (1-\alpha_\lambda)^2 e^{-\delta_{d,\lambda}L}} \tag{6.17}$$

式中 θ_i ——平行光源的入射角度;

$G_{\mathrm{in},c,\lambda}$ 和 $G_{\mathrm{in},d,\lambda}$ ——平行光和漫射光的投射辐射;

α_λ 、$\delta_{c,\lambda}$ 及 $\delta_{d,\lambda}$ 可分别表示为[43]

$$\alpha_\lambda = \sqrt{\frac{C_{\mathrm{abs},\lambda}}{C_{\mathrm{abs},\lambda} + 2b_\lambda C_{\mathrm{sca},\lambda}}} \tag{6.18}$$

$$\delta_{c,\lambda} = X\sec\theta_i \sqrt{C_{\mathrm{abs},\lambda}(C_{\mathrm{abs},\lambda} + 2b_\lambda C_{\mathrm{sca},\lambda})} \tag{6.19}$$

$$\delta_{d,\lambda} = 2X\sqrt{C_{\mathrm{abs},\lambda}(C_{\mathrm{abs},\lambda} + 2b_\lambda C_{\mathrm{sca},\lambda})} \tag{6.20}$$

其中,后向散射率 b_λ 定义为[43]

$$b_\lambda = \frac{1}{2}\int_{\pi/2}^{\pi} \Phi_\lambda(\theta)\cos\theta\,\mathrm{d}\theta \tag{6.21}$$

局部总平行投射辐射 $G_c(r)$ 和总漫射投射辐射 $G_d(r)$ 可通过对局部光谱平行投射辐射 $G_{c,\lambda}(r)$ 和光谱漫射投射辐射 $G_{d,\lambda}(r)$ 在可见光 380～750 nm 上积分获得。

6.1.2 微藻生长动力学

培养液中微藻的生长过程主要经历3个阶段,在指数生长阶段微藻质量浓度随生长时间的变化关系可以表达为[149]

$$\frac{\mathrm{d}X}{\mathrm{d}t}=\bar{\mu}X \tag{6.22}$$

式中　$\bar{\mu}$——平均生长率,h^{-1}。

微藻细胞的总产率$\mu+r$可表示为碳同化量子效率(quantum efficiency)ψ与微藻细胞吸收光能的函数[179],即

$$\mu+r=\psi\int_{\mathrm{PAR}}C_{\mathrm{abs},\lambda}G_{\lambda}(r)\mathrm{d}\lambda \tag{6.23}$$

式中　r——细胞呼吸率,h^{-1}。

在无机营养物质相对充足的情况下,考虑到光照对细胞生长的促进和抑制作用,微藻的产率可以表示为[180]

$$\mu+r=\mu_0\frac{G(r)}{K_{\mathrm{s}}+G(r)+G^2(r)/K_{\mathrm{I}}} \tag{6.24}$$

式中　μ_0——最大生长率,h^{-1};

K_{s}和K_{I}——光半饱和常数和光抑制常数。

平均生长率$\bar{\mu}$可通过对局部生长率$\mu(r)$在整个反应器进行体积积分平均获得[180],即

$$\bar{\mu}=\frac{1}{V}\int_{V}\mu(r)\mathrm{d}V \tag{6.25}$$

6.2 生长相关辐射特性对光生物反应器中光场和生长率的影响

本节分析微藻的生长相关辐射特性对光生物反应器中光辐射场分布和微藻生长率分布的影响,使用二热流近似方法求解一维平板式光生物反应器中的光场和微藻生长率随平板式光生物反应器厚度的变化关系,并分析不同时间太阳光谱对光生物反应器中光场和生长率的影响。使用离散坐标法求解辐射传输方

程，研究三维平板式和圆管式光生物反应器中的光辐射场分布和微藻生长率分布，分析以往使用稳定期辐射特性对光生物反应器中光场和微藻生长率预测引入的偏差。

6.2.1 数值模型验证

图6.2为采用离散坐标法(DOM)计算的平板式光生物反应器中局部投射辐射的网格数无关性和离散方向数无关性。图中不同线条代表平板式光生物反应器中的不同位置(反应器厚度为0.1 m，取值间隔为0.01)。计算中采用的散射系数为60 m^{-1}，吸收系数为10 m^{-1}，不对称因子为0.97，对应的DE近似前向散射因子 f 为0.941，g' 为1.477。对于离散方向数则是采用天顶角 θ 和方位角 φ 相等的方式，因此下面对离散方向数使用单个数字进行表示。从图中可以看出，在网格数目达到10万以上时计算结果达到收敛，离散方向数目在5以上时计算结果达到收敛。

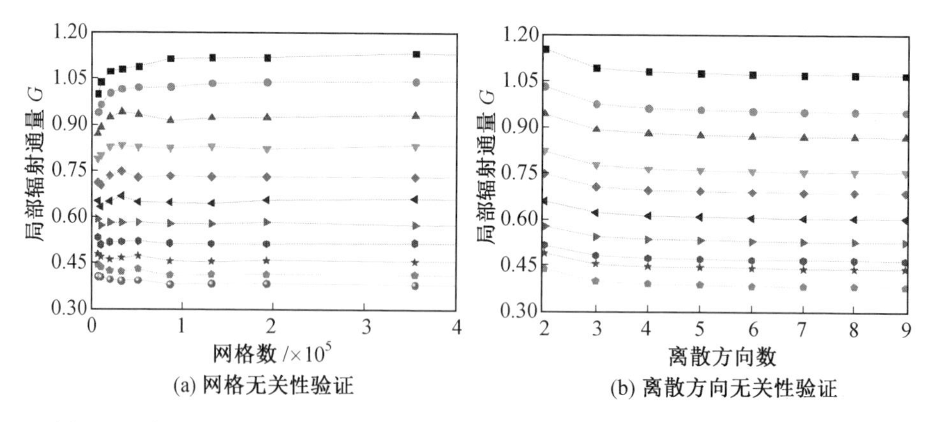

图6.2 采用DOM计算的平板式光生物反应器中局部投射辐射的网格数无关性和离散方向数无关性(由上到下分别为0.00 m、0.01 m、0.02 m、0.03 m、…、0.10 m)

图6.3为采用离散坐标法求得的平板式光生物反应器中局部投射辐射分布，并与基准谱元法程序[56, 181-182]计算结果进行对比。计算中采用的散射系数为60 m^{-1}、吸收系数为10 m^{-1}，使用DE相函数近似中的前向散射因子 f 为0.941，参数 g' 为1.477，并考虑了比色皿玻璃的影响。如图所示，离散坐标法的计算结果与谱元法计算结果吻合较好，验证了所使用离散坐标法的正确性。

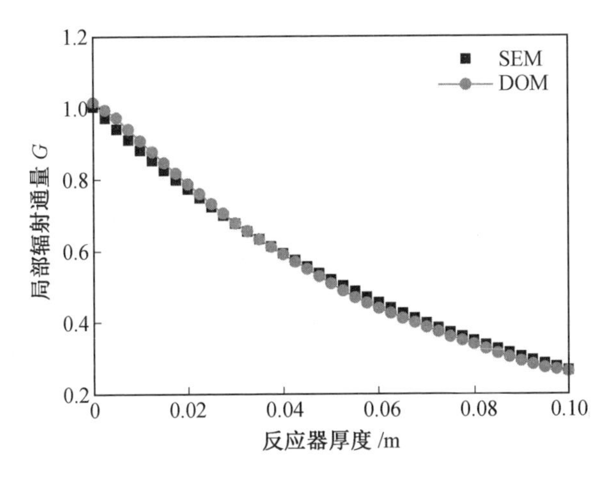

图 6.3　采用离散坐标法求得的平板式光生物反应器中局部投射辐射分布

6.2.2　一维平板式光生物反应器分析

图 6.4 为 2017 年 6 月 21 日哈尔滨地区在可见光区太阳光到达地面不同时间的光谱照度。该太阳光谱使用 Gueymard 等[183]发展的太阳光大气辐射传输模型(SMARTS)获得。如图所示，太阳光谱强度在时间 10:00 am、12:00 am 以及 14:00 pm 变化很小，因此在下面的分析中将使用 08:00 am、12:00 am 及 18:00 pm的入射太阳光谱强度。如无特殊声明，在下面的计算中默认选取代表性蓝藻 *Anabaena* sp. 的生长相关辐射特性作为计算光生物反应器中局部投射辐

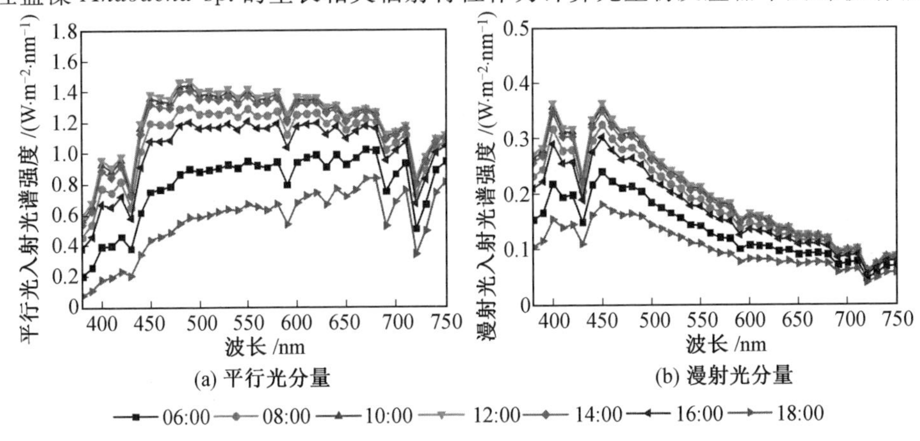

图 6.4　2017 年 6 月 21 日哈尔滨地区太阳光到达地面不同时间的光谱照度

射和微藻生长率的基本输入参数。生长相关辐射特性指实验测量得到的不同生长时间的辐射特性，稳定期辐射特性指实验测量的微藻进入生长稳定期(617 h)的散射截面和吸收截面结合藻细胞数密度生长曲线获得的辐射特性。在本节中使用二热流法求解一维平板式光生物反应器中的光辐射场。

下面分析生长相关辐射特性对光生物反应器中微藻生长的影响。由于考虑不同生长时间时数据量非常大，在不失一般性的前提下，本节分析中仅给出基于正午 12:00 太阳光谱的计算结果。图 6.5(a)和图 6.5(b)为正午 12:00 反应器中的局部投射辐射及其相对偏差的预测结果。如图所示，使用生长相关辐射特性得到的局部投射辐射要比使用稳定期辐射特性(617 h)得到的局部投射辐射小。图 6.5(b)给出了平板式光生物反应器中不同时间时局部投射辐射的相对偏差。

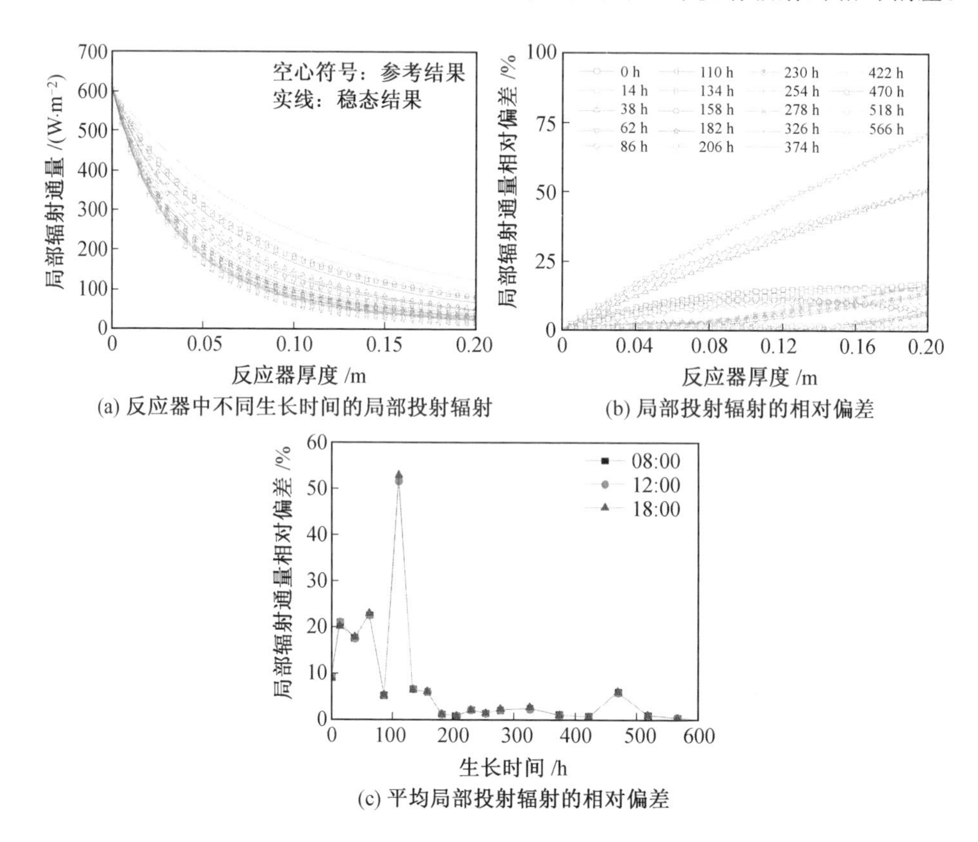

(a) 反应器中不同生长时间的局部投射辐射

(b) 局部投射辐射的相对偏差

(c) 平均局部投射辐射的相对偏差

图 6.5　正午 12:00 反应器中的局部投射辐射及其相对偏差(彩图见附录)

如图所示，局部投射辐射的相对偏差在初始指数生长期相对较大（在 25%以上），这是由于指数生长期为微藻细胞快速分裂的生长时间段，因此微藻细胞辐射特性相对于稳定期的微藻细胞辐射特性差别较大。图 6.5(c)给出了在 08:00、12:00 和 18:00 太阳辐照下不同生长时间的平均局部投射辐射相对偏差。如图所示，平均局部投射辐射相对偏差可达 50%以上，且大的相对偏差主要集中在初始指数生长期。对于 08:00、12:00 和 18:00 3 种不同太阳辐照度，平均局部投射辐射相对偏差基本重合在一起。这说明入射光谱辐照度对平均局部投射辐射相对偏差基本没有影响，也说明了文中给出的基于正午 12:00 太阳辐照的结果具有代表性。

图 6.6 为正午 12:00 反应器中不同生长时间的生长率及其偏差。分析时式(6.24)中的参数 μ_0、r、K_s 和 K_I 分别取为 0.227 4 h^{-1}、0.032 h^{-1}、17.692 W/m^2、543.50 W/m^2[180]。如图所示，基于生长相关辐射特性获得的生长率与基于稳定期辐射特性获得的生长率存在很大差异，因此在实际光生物反应器设计中必须要考虑生长相关辐射特性对反应器参数设计的影响。图 6.6(b)为不同生长时间的生长率相对偏差，可以看出，不同生长时间的生长率相对偏差随平板式光生物反应器厚度表现出复杂的变化过程，这是由于微藻的生长率对光照强度存在一个最佳光照区间。图 6.6(c)为在 08:00、12:00、18:00 太阳辐照下不同生长时间的平均生长率相对偏差。可以看出，平均生长率相对偏差较大的时间段主要集中于初始指数生长期，生长率最大偏差可达 25%以上，同样是由于藻细胞的指数分裂过程，导致对光照强度的要求发生较大的变化。因此，生长相关辐射特性对光生物反应器中微藻生长具有重要影响，使用生长相关辐射特性去优化光生物反应器的设计是必要的。

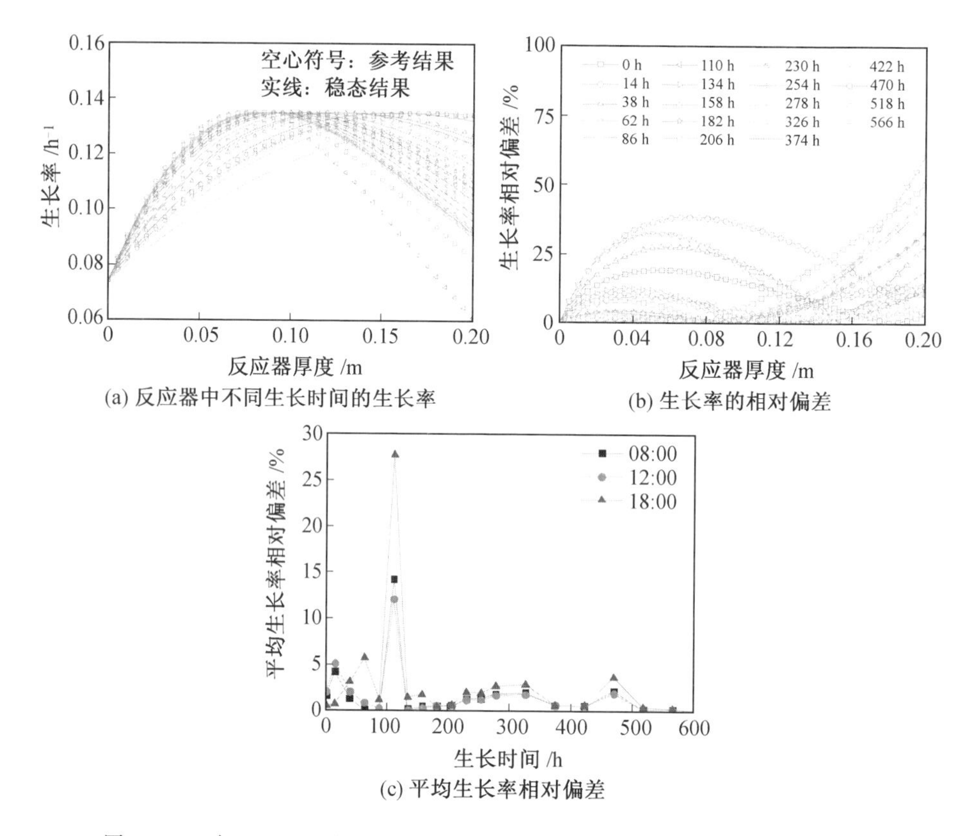

(a) 反应器中不同生长时间的生长率

(b) 生长率的相对偏差

(c) 平均生长率相对偏差

图 6.6　正午 12:00 反应器中不同生长时间的生长率及其偏差(彩图见附录)

6.2.3　三维平板式光生物反应器中的光场和生长率分布

第 6.2.2 节通过二热流法分析了生长相关辐射特性对一维平板光生物反应器中光场和生长率的影响，为了更加准确和直观地了解平板式光生物反应器中的光生物过程，本节使用离散坐标法分析三维平板式光生物反应器中的光场和生长率分布，使用生长相关辐射特性对三维平板式光生物反应器中 $x=0$ 截面的光场和生长率分布信息进行求解。研究中采用的反应器高度为 0.5 m，厚度为 0.1 m，使用 08:00 时的太阳入射辐照为光源。

图 6.7 为不同时间平板式光生物反应器中的光辐射场分布。如图所示，随着生长时间的增加，光生物反应器中同一位置受到的光照强度在不断减小，这是

由于藻液浓度的增加导致入射光透过深度的减小。光场的分布近似呈现一维性，只是在边缘处存在一定的边界反射的影响。此外，由于研究中使用的 *Anabaena* sp. 微藻生长相关辐射特性在 350 h 后基本进入稳定期，此后生长相关辐射特性变化很小，因此光生物反应器中的光辐射场分布在 278 h 后变化很小。

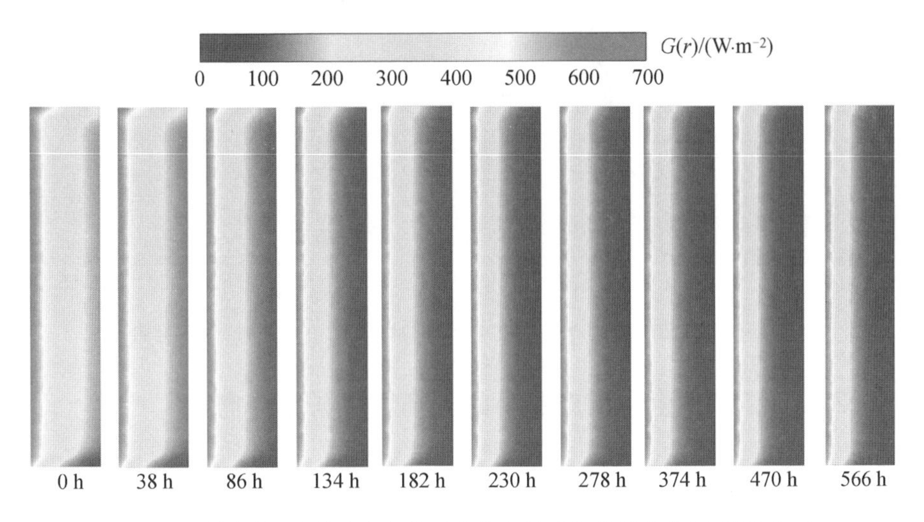

图 6.7　不同时间平板式光生物反应器中的光辐射场分布(彩图见附录)

图 6.8 为不同时间平板式光生物反应器中的微藻生长率分布。如图所示，微藻生长率随生长时间的增加呈现先增大后减小的趋势。由于在光自养微藻的生长中，过强或过低的光照对微藻的生长都是不利的，因此微藻生长率在光生物反应器中的某个位置存在最大值，且微藻生长率最大值位置随微藻的生长不断发生变化。研究中使用的 *Anabaena* sp. 微藻生长相关辐射特性，在初始 0 h 和 38 h 属于生长滞后期，特点为生长率相对较小，随后进入指数生长期，此时微藻细胞数密度快速增长，最后进入稳定期，微藻细胞数密度基本不变。该微藻在 350 h 后基本进入稳定期，如果考虑到营养物质对微藻细胞生长的影响，稳定期生长率应趋近于 0，即尽管提供了光照条件，但由于营养物质所限，微藻细胞无法完成生长。

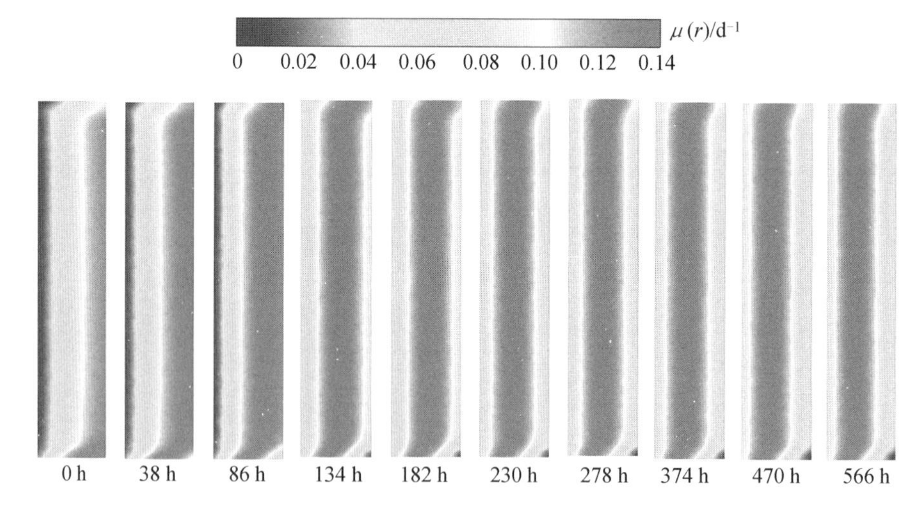

图 6.8　不同时间平板式光生物反应器中的微藻生长率分布(彩图见附录)

6.2.4　管状光生物反应器中的光场和生长率分布

尽管存在多种光生物反应器系统,如跑道式、平板式、歧管式等,但实际上都可用平板模型和圆管模型进行简化分析。本节对管状光生物反应器中的光辐射场和微藻生长率分布进行分析。图 6.9 为使用生长相关辐射特性获得的管状光生物反应器中不同时间的光辐射场分布。研究中采用的圆管直径为 0.1 m,使用 08:00 时的太阳辐照作为入射光源。如图所示,圆管截面的光场明显表现出 2D 的特征,随着生长时间的增加,圆管中光照相对较弱的区域不断增大,由于低光照强度不利于微藻细胞生长,因此随着生长时间的增加需要通过一定的补光方法来提高管状光生物反应器内的光照强度,进而实现提高反应器内微藻生物量的目标。

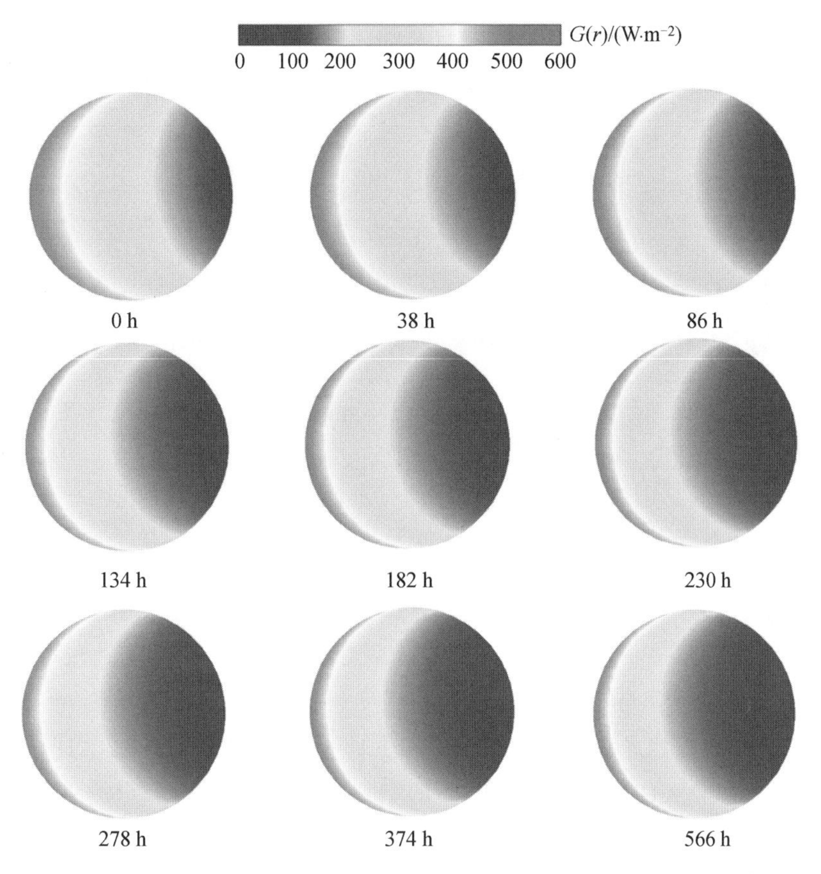

图 6.9　管状光生物反应器中不同时间的光辐射场分布(彩图见附录)

图 6.10 为管状光生物反应器中不同生长时间的光子投射辐射场分布相对偏差。光子投射辐射场分布相对偏差是指通过生长相关辐射特性及稳定期辐射特性获得的光子投射辐射场之间存在的偏差。如图所示,光子投射辐射场分布相对偏差在生长滞后期和稳定期相对较大,初始滞后期光子投射辐射场相对偏差较大,是由于初始生长阶段的散射截面和吸收截面与稳定期相差很大,导致反应器中的光子投射辐射场分布表现出显著的差异。稳定期光子投射辐射场相对偏差较大,是由于此时藻液浓度较高区的光照很弱,导致此时相对偏差较大。对于处于指数生长期的 134 h 和 230 h 的微藻培养液,反应器中大部分的光子投射辐射场相对偏差达到 3%以上,并表现出明显的多维效应,如 134 h 的圆管反应器相对偏差最大值出现在圆管内部的一块区域,这表明生长相关辐射特性对于

光生物反应器内的光子投射辐射场的准确预测非常重要。因此，实际培养中对光生物反应器中微藻培养液进行搅拌混合会对微藻的生长起到重要促进作用。

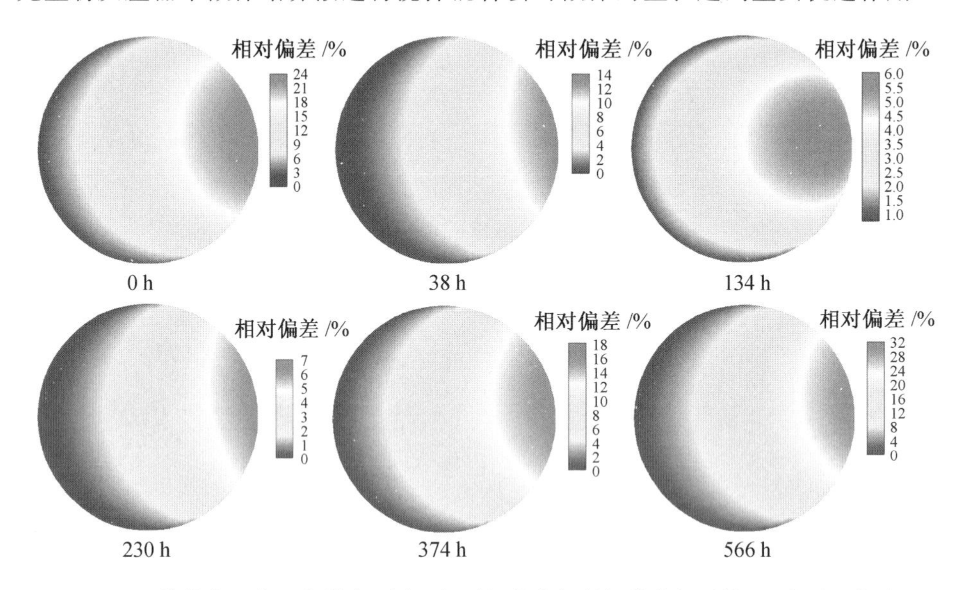

图 6.10　管状光生物反应器中不同生长时间的光辐射场分布相对偏差(彩图见附录)

图 6.11 为管状光生物反应器中不同生长时间的生长率分布。如图所示，反应器中生长率较大的区域随生长时间的增加不断向光源方向移动，在初始的生长滞后期(0 h 和 38 h)，由于微藻细胞需要适应新的培养环境，因此其生长率较小。在进入指数生长期后，生长率显著增大，表现为微藻细胞数密度的快速增长。图 6.12 为管状光生物反应器中不同生长时间的生长率分布相对偏差。如图所示，生长率分布相对偏差在滞后期和稳定期较大，滞后期生长率相对偏差较大是由于此时的光场相对偏差很大，根本原因是初始生长阶段的散射截面和吸收截面与稳定期具有明显的差异。稳定期生长率相对偏差较大与大的光场相对偏差相关，主要受此时藻液浓度影响较大。指数期生长率相对偏差表现出明显的多维效应，这是由于此时藻液浓度相对较小，所以生长率偏差较小。

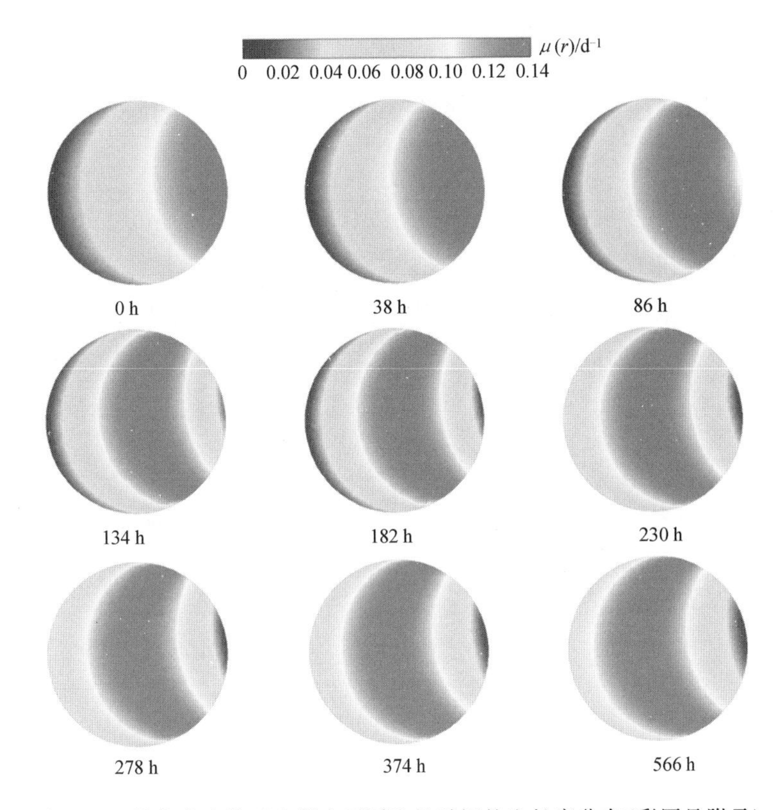

图 6.11　管状光生物反应器中不同生长时间的生长率分布(彩图见附录)

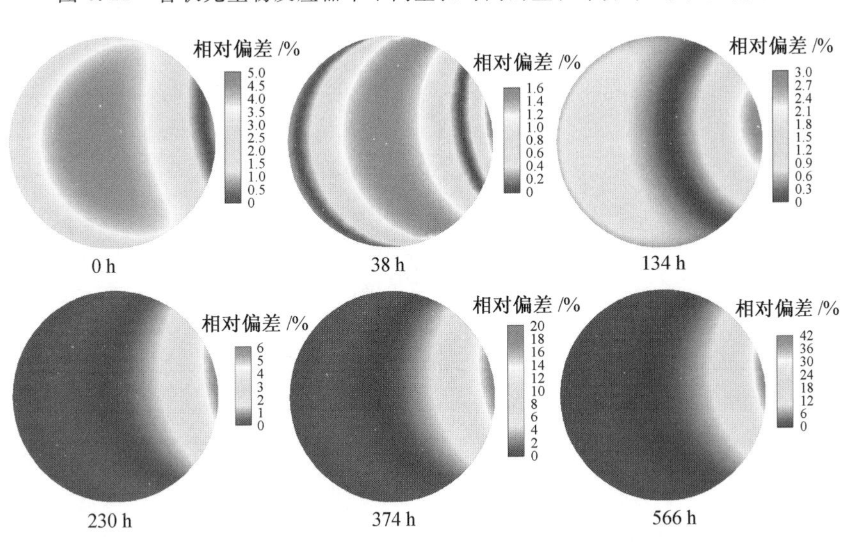

图 6.12　管状光生物反应器中不同生长时间的生长率分布相对偏差(彩图见附录)

6.3 光生物反应器尺寸对生长率的影响

本节分析光生物反应器尺寸对微藻生长率的影响，聚焦光生物反应器中光子投射辐射场分布对微藻生长的影响，并不考虑混合及营养物质供应因素的影响。从前面的分析可以看出，在藻液细胞浓度增加到一定程度时，由于入射光强以指数规律衰减，培养液透光性迅速下降，这对光生物反应器中微藻的生长非常不利。因此，分析光生物反应器尺寸对反应器内微藻生长率的影响具有实际价值，可为特定种类微藻的最佳光生物反应器尺寸设计提供参考。

6.3.1 平板式光生物反应器尺寸对生长率的影响分析

图 6.13 为平板式光生物反应器中微藻在不同生长时间的平均生长率随反应器厚度的变化，其中(a)、(c)和(e)的生长率结果基于生长相关辐射特性计算，(b)、(d)和(f)的生长率结果基于稳定期辐射特性计算，计算中使用 *Anabaena* sp. 的辐射特性参数。

如图 6.13 所示，无论使用生长相关辐射特性还是稳定期辐射特性，在不同时间(08:00、12:00 和 18:00)的太阳辐照下，光生物反应器的最佳厚度不同，即对于处于某生长阶段的微藻培养液，在特定光照强度下存在一个最佳反应器尺

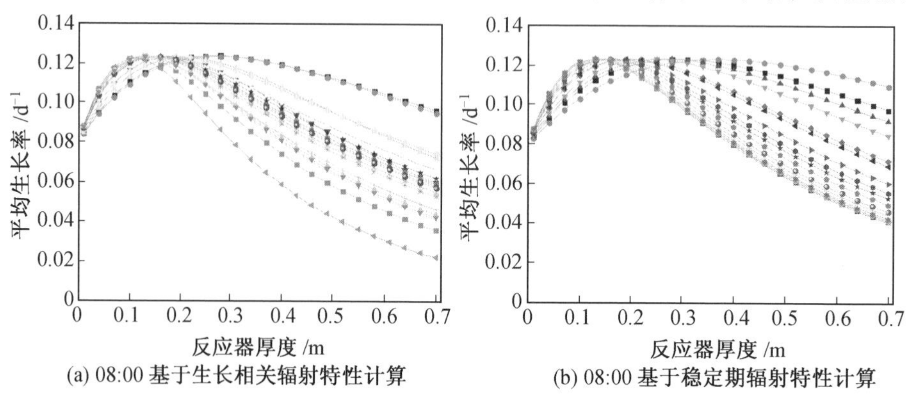

图 6.13 平板式光生物反应器中微藻在不同生长时间的平均生长率随反应器厚度的变化(彩图见附录)

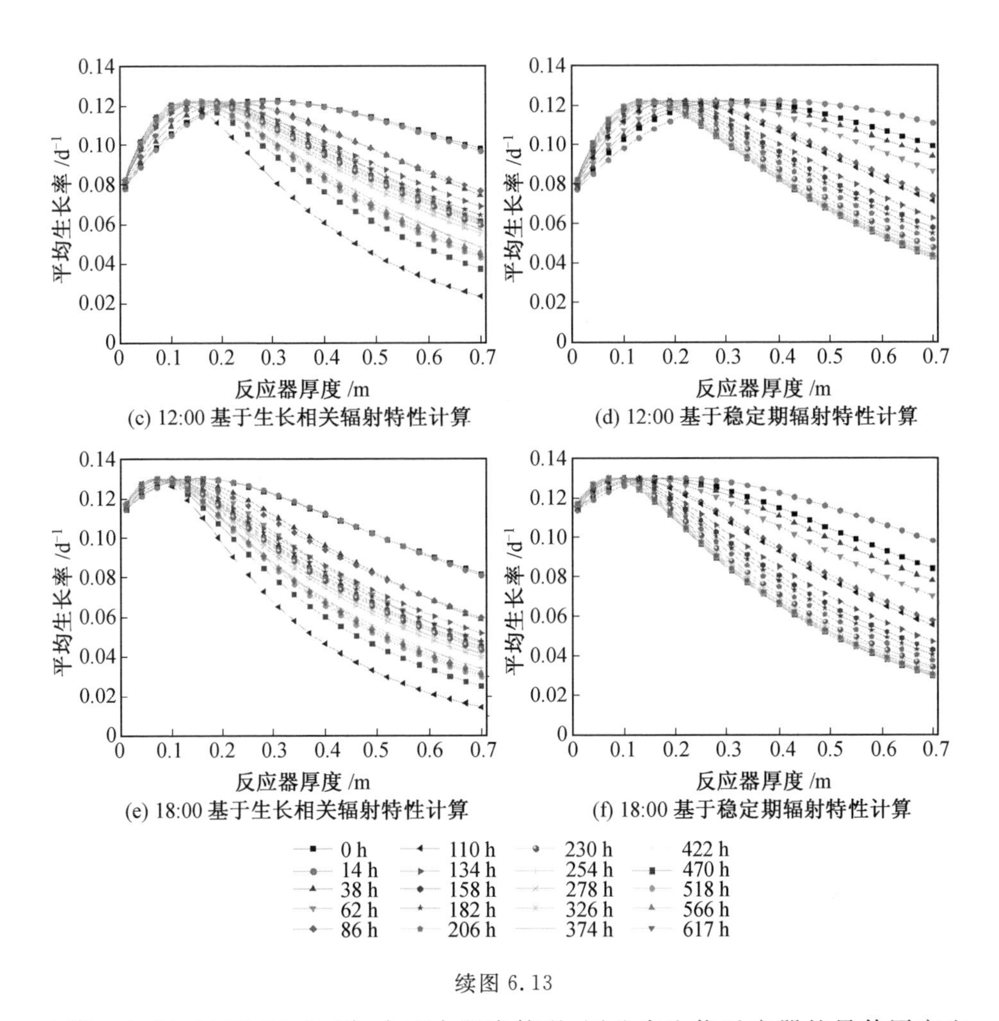

(c) 12:00 基于生长相关辐射特性计算

(d) 12:00 基于稳定期辐射特性计算

(e) 18:00 基于生长相关辐射特性计算

(f) 18:00 基于稳定期辐射特性计算

续图 6.13

寸值。在 08:00 和 12:00 时，由于太阳光较强，因此光生物反应器的最佳厚度也随之增加，而在 18:00 时光强较弱，光生物反应器最佳厚度也随之减小。

下面分析生长相关辐射特性和稳定期辐射特性对平板式光生物反应器最佳尺寸的影响。从图 6.13(a)和(b)、(c)和(d)及(e)和(f)的对比中可以看出，生长相关辐射特性和稳定期辐射特性对于反应器的最佳尺寸的预测具有显著的差异，且对于不同生长时间这种差异也在发生变化。由于这种差异取决于具体的藻类及其辐射特性参数，而辐射特性参数受培养条件的影响，因此这里的结果仅能定性分析生长相关辐射特性对微藻生长的影响，为实际的微藻培养提供一定的参考。对于实际微藻生产，使用的跑道式系统、薄膜式系统及平板式系统其本

质上都是平板式光生物反应器模型。基于本节的分析，在实际生产中，对于薄膜微藻养殖系统，可通过调节流量的方式改变微藻培养液的厚度，提高微藻生产率的效果，达到降低生产成本的目的。

6.3.2 管状光生物反应器尺寸对生长率的影响分析

图 6.14 为管状光生物反应器中微藻在不同生长时间的平均生长率随反应器直径的变化，以 08:00 太阳辐照为入射光源，其中(a)基于生长相关辐射特性计算，(b)基于稳定期辐射特性计算，研究中选用 *Anabaena* sp. 的辐射特性参数。如图所示，由于管状光生物反应器中微藻平均生长率的计算只能使用数值求解的方式，所以计算量相对较大，这里仅取有限个点去分析反应器的最佳直径尺寸。尽管总体上来看，图 6.14(a)和(b)没有显著差异，但不同生长时间时反应器最佳直径数值仍显著不同。如前所述，由于这种差异取决于具体的藻类及其辐射特性参数，因此这里的结果更多为定性分析，为实际的微藻培养提供参考和理论依据。实际微藻生产使用的歧管反应器系统及蛇形反应器系统等均为管状光生物反应器，根据本节的分析，在实际生产中，可通过合理地设计管状光生物反应器的直径尺寸达到提高微藻生产率的目的。

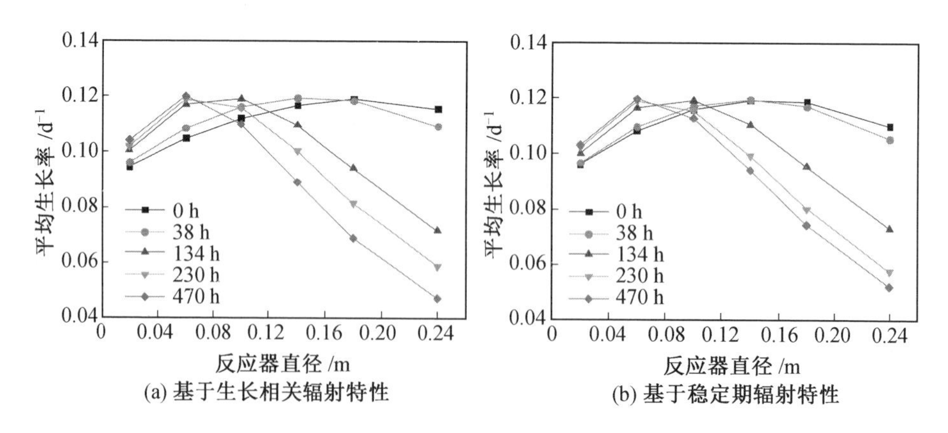

图 6.14　管状光生物反应器中微藻在不同生长时间的平均生长率随反应器直径的变化

6.4　本章小结

本章在实验测量获得微藻细胞生长相关辐射特性的基础上，分析了生长相关辐射特性对平板式光生物反应器和管状光生物反应器中光场和生长率的影响。使用稳定期辐射特性和生长相关辐射特性计算了反应器中光子投射辐射场和生长率的相对偏差，分析了细胞生长模型对于反应器中光子投射辐射场预测的重要性，研究了平板式光生物反应器和管状光生物反应器的最佳尺寸优化设计。生长相关辐射特性对光生物反应器中的光子投射辐射场和生长率分布具有显著影响，具体定量影响与微藻的种类和培养条件相关。仅使用稳定期辐射特性预测反应器中光子投射辐射场会产生较大偏差，更准确的分析需基于生长相关辐射特性。反应器的尺寸对于微藻的生长具有重要影响，不同生长时间时光生物反应器的最佳尺寸要求也不同。因此，在光生物反应器设计中要考虑微藻辐射特性随生长发生的变化，对不同微藻培养进行具体的光生物反应器设计优化可以提高微藻生产率，达到降低培养成本的目的。

第7章

微藻细胞生长辐射特性动力学模型

本章基于微藻生长相关辐射特性的实验测量结果，建立微藻细胞的生长模型，研究生长相关辐射特性对光生物反应器中的光辐射传输的影响，并分析采用稳定期微藻辐射特性与采用生长相关微藻辐射特性计算光生物反应器中光场的偏差，以及细胞生长模型预测反应器中光辐射场分布的准确性。

对于光合自养微藻，光照对微藻细胞的生长具有关键影响，因此定量预测光生物反应器中的光辐射场分布对其优化设计具有重要意义。为求解光生物反应器中光辐射场分布，必须以基础光谱辐射物性参数为输入，包括光谱散射截面、吸收截面和散射相函数。然而，微藻细胞的生长使得其光谱辐射物性参数与生长相关，从而使光生物反应器中光辐射场的求解变得更复杂。目前，在进行光生物反应器中的光辐射场分析时，一般仅采用微藻细胞处于生长稳定期的光谱辐射特性，鲜有考虑细胞生长对辐射特性的影响。因而，了解微藻细胞的生长相关辐射特性及其对光生物反应器中光辐射场分布的影响，对光生物反应器中光辐射场分布的准确分析具有指导意义。

本章主要介绍微藻细胞光谱辐射特性生长动力学模型，分析生长相关辐射特性对光生物反应器中光辐射场分布的影响，以及使用稳定期微藻辐射特性和生长相关微藻辐射特性计算光生物反应器中光场的偏差，评估细胞生长模型对预测反应器中光辐射场分布的准确性。

7.1　微藻细胞生长相关光学特性和粒径分布模型

微藻细胞对光的吸收是由细胞中的光合色素完成的，因此细胞的吸收指数由细胞内的色素含量(pigment content)所确定，表达式为[13, 42]

$$k_{\lambda}=\frac{\lambda}{4\pi}\kappa_{\mathrm{a}}=\frac{\lambda}{4\pi}\sum_{j}Ea_{\lambda,j}\cdot C_{j} \tag{7.1}$$

引入色素质量浓度 C_j 的表达式，进一步整理为[42]

$$k_{\lambda}=\frac{\lambda}{4\pi}\rho_{\mathrm{dm}}\frac{1-\varphi_{\mathrm{w}}}{\varphi_{\mathrm{w}}}\sum_{j}Ea_{\lambda,j}\cdot w_{\mathrm{p},j} \tag{7.2}$$

式中　ρ_{dm} ——细胞的干质量密度($\mathrm{kg\cdot m^{-3}}$)；

$w_{p,j}$ ——色素成分 j 的质量分数；

φ_w ——细胞内水的体积分数。

研究表明，外部应力会对微藻的生长产生明显影响。例如在细胞适应新的营养和光照条件时，外部应力会对微藻细胞的色素和油脂含量产生影响，而且在生长中局部光照强度会随细胞数密度的变化而产生变化[6,70,185-187]，这将产生复杂的叠加影响。细胞色素含量的变化会直接导致吸收指数的变化[64,185,187-188]。实验研究表明细胞的主要成分蛋白质、油脂及碳水化合物的折射率在可见光区非常接近并近似为一个常数[11,89]，因此细胞内主要成分的变化对细胞折射率的影响很小，研究中折射率 n 取常值 1.42[90]。Souliès 等[189]研究了细胞的色素含量随稀释率的变化，即细胞的光驯化现象，发现色素含量随着细胞数密度的增加而增加。Takache 等[184,190]研究了入射光照强度与细胞色素含量变化之间的定量关系。光生物反应器中的局部光照强度与细胞的生物质浓度成反比[187,189]，因此细胞的色素含量与细胞质量浓度之间满足如下的实验关系式[184]

$$w_p = 3.478 \times c^{0.21} \tag{7.3}$$

式中，比例系数由实验数据确定。

图 7.1 给出色素含量的实验数据与理论模型式(7.3)的对比。如图所示，在实验误差范围内，实验数据点与理论拟合式吻合很好。细胞质量浓度与细胞的数密度之间存在如下关系式[42]

$$c = \rho_{dm}(1 - \varphi_w)V_c N \tag{7.4}$$

式中　V_c ——细胞的平均体积。

在计算吸收指数 k_λ 时取 $\rho_{dm} = 1\ 400\ kg/m^3$[90]，$x_w = 0.78$[89]。实验研究证实，在营养充足的条件下，不同条件时细胞中叶绿素 a、叶绿素 b 及光保护胡萝卜素几乎保持不变[184,189]，如对于不同入射光谱、稀释率及不同种类的微藻。本节中叶绿素 a 的百分比为 66% ± 3%，叶绿素 b 的百分比为 17% ± 3%，光保护胡萝卜素的百分比为 17% ± 1%[189]。

图 7.2 给出了实验测量的不同生长时间的小球藻的细胞数密度[191]。如图所示，细胞密度生长曲线 2～4 d 呈现出显著的增长，即细胞处于指数生长期。在 6 d 后细胞数密度基本达到稳定进入稳定期。

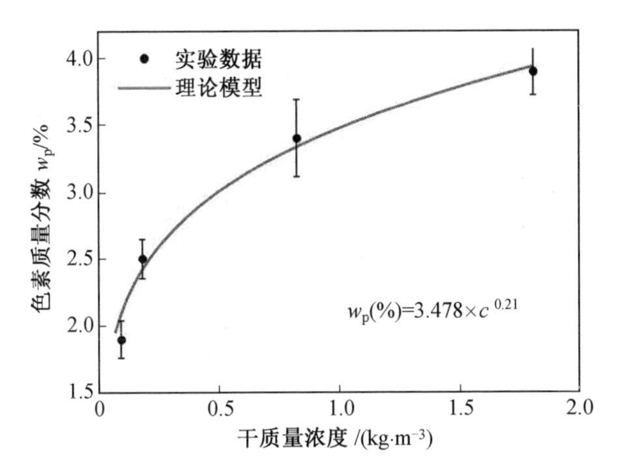

图 7.1　色素含量的实验数据[184]与理论模型式的对比

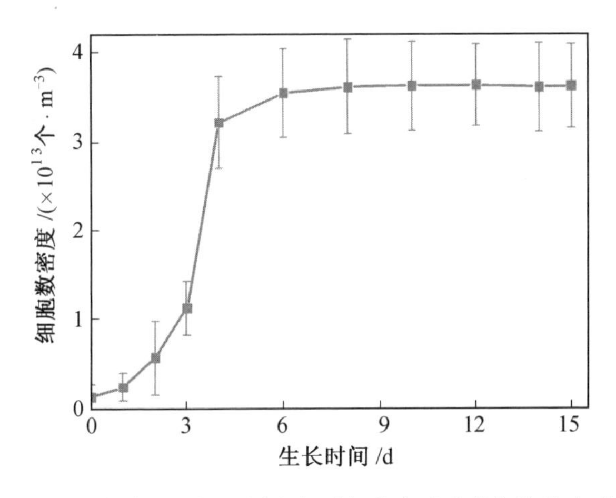

图 7.2　实验测量的不同生长时间的小球藻的细胞数密度

图 7.3 给出了小球藻的时间相关吸收指数。如图所示，吸收指数中的吸收峰是细胞中的色素导致的，如叶绿素 a、叶绿素 b 及光保护胡萝卜素。由于色素含量随着生长时间的增加而增加，因此吸收指数也随着生长时间的增加而增大。

随着微藻细胞的生长分裂微藻细胞生长过程中藻细胞的粒径分布会随生长时间发生变化。Dewan 等[191]使用微流控实验装置实验研究了小球藻不同生长时间的细胞粒径分布，发现不同生长时间的细胞粒径分布存在一定差异，且其实验研究结果表明细胞的平均粒径随着细胞的生长而增大。根据细胞粒径分布的实验测量数据，这里给出微藻细胞粒径分布随生长时间变化的理论模型。为使

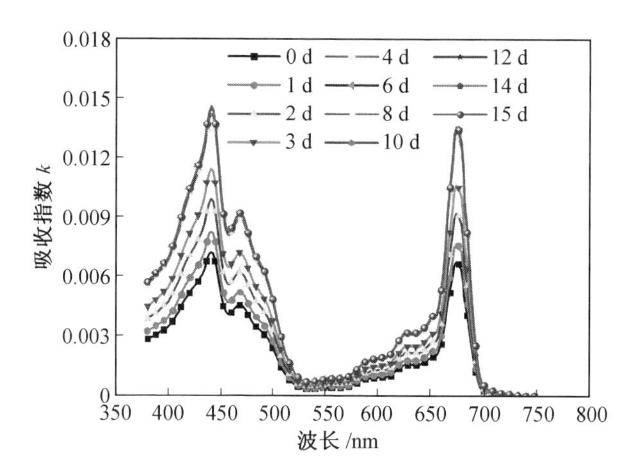

图 7.3　小球藻的时间相关吸收指数(彩图见附录)

理论模型能有效反映细胞粒径的生长过程且不至于太过复杂,做两点假设:①不同生长时间的微藻细胞粒径分布满足正态分布;②藻细胞粒径 $r(t)$ 随生长时间变化满足 Dose-Response 关系,Dose-Response 关系通常用于描述有机体对于外界环境应力作用的改变[192]。根据以上假设,可写出如下方程:

$$p(r,t)=\frac{1}{\sqrt{2\pi}\sigma(t)}\exp\left\{-\frac{[r-\bar{r}(t)]^2}{2\sigma^2(t)}\right\} \tag{7.5}$$

$$\bar{r}(t)=A+\frac{B-A}{1+10^{P(C-t)}} \tag{7.6}$$

式中　σ—— 标准差;

r—— 细胞粒径;

$\bar{r}(t)$—— 时间相关平均粒径;

A、B、C 及 P—— 待定参数,参数 B 为时间 t 趋于无穷大时的极限值。

此外,在下面的研究中使用分段线性模型作为 Dose-Response 模型的近似。

平均粒径 $\bar{r}$ 和标准差 σ 通过实验数据使用最小二乘方法拟合得到。表 7.1 给出了不同生长时间的 $\bar{r}$ 和 σ 拟合值及其均方根误差。图 7.4(a) 为实验测量的细胞粒径分布数据和相应的理论拟合曲线。如图所示,粒径分布的实验数据与拟合曲线吻合较好,说明正态分布模型可以有效描述不同生长时间的微藻细胞粒径分布。同时可以看出,拟合曲线的峰值随着生长时间的增加在向右移动,这是由于微藻细胞的平均粒径随生长时间增加而增大。

图 7.4(b)为实验测量的藻细胞平均粒径随生长时间的变化和相应的 Dose-Response 模型拟合曲线。如图所示，除 4 d 的实验数据点外，拟合曲线在其他生长时间所通过的点都位于实验测量误差范围内。在培养中藻细胞粒径随生长时间的变化过程同样经历了 3 个阶段，即滞后期、指数生长期和稳定期。从图中可以看出，藻细胞粒径在前 4 天基本保持不变，随后在 4～14 d 之间显著增大，在 14 d 之后基本进入稳定期。生长曲线 Dose-Response 模型中的参数 A、B、C 和 P 分别取值 6.19、7.41、8.68 和 0.21。

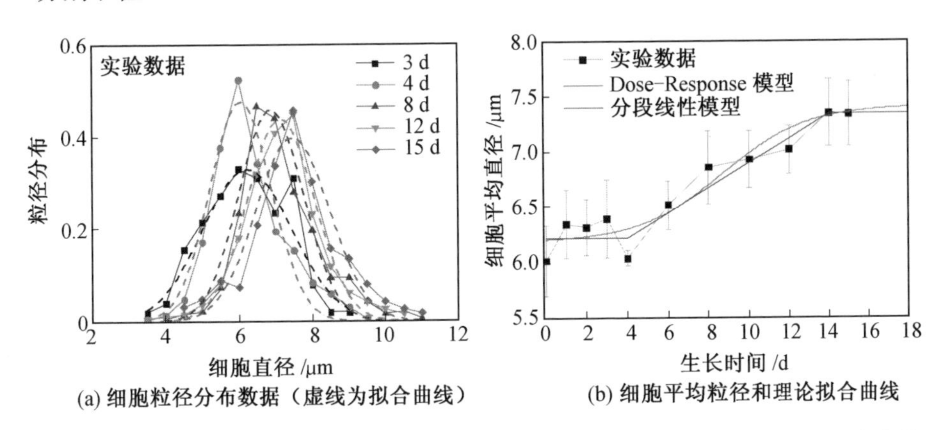

图 7.4　小球藻粒径分布拟合曲线及细胞不同生长时间的平均粒径及理论模型拟合曲线（彩图见附录）

表 7.1　不同生长时间的 $\bar{r}$ 和 σ 拟合值及其均方根误差

项目	3 d	4 d	8 d	12 d	15 d
$\bar{r}$/mm	6.230	6.056	6.885	7.148	7.471
σ/mm	1.212	0.839	0.870	0.910	1.003
RMSE	0.024	0.023	0.019	0.012	0.021

7.2　微藻细胞生长相关辐射特性预测

本节使用 Lorenz-Mie 理论计算小球藻的吸收截面和散射截面辐射特性参

数。在已知复折射率和细胞粒径分布的情况下，使用 Lorenz-Mie 理论即可获得小球藻细胞的辐射特性，如散射截面、吸收截面和散射相函数等参数[79]。本节基于时间相关复折射率和粒径分布数据，使用 Lorenz-Mie 理论计算小球藻的生长相关辐射特性，分析了稳定期辐射特性与生长期辐射特性的相对偏差。

图 7.5 为理论计算的不同生长时间的小球藻光谱散射截面和光谱吸收截面。如图所示，散射截面和吸收截面在 PAR 光谱区随生长时间的增加而增大，这是由于细胞的粒径和细胞中的色素含量随着细胞的生长而增加。这里预测的吸收截面变化趋势与 Heng 和 Pilon[70] 的实验测量结果在指数生长期变化趋势一致。光谱吸收截面在波长 435 nm、475 nm 及 676 nm 下的吸收峰相应于叶绿素 a 和叶绿素 b 的特征吸收峰[14]。对应于吸收峰附近的散射截面的凹坑，是由于复折射率的实部和虚部的相关性导致的，可由 Ketteler-Helmotz 理论预测[11]。

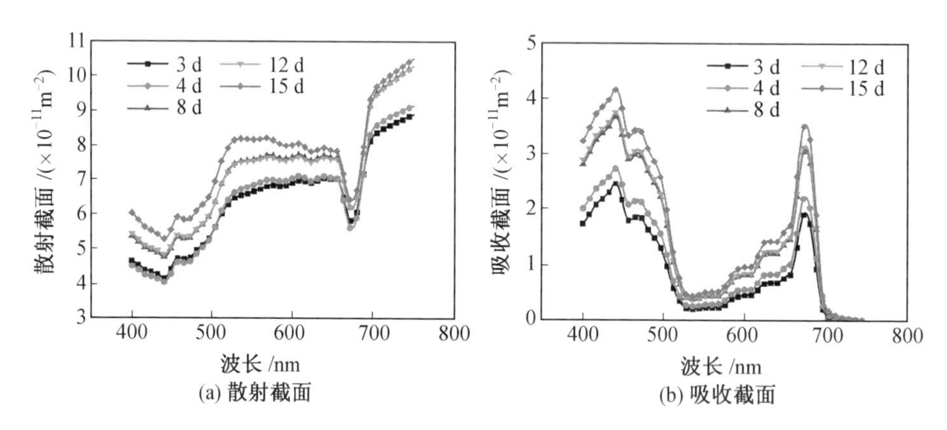

图 7.5 理论计算的不同生长时间的小球藻光谱散射截面和吸收截面(彩图见附录)

图 7.6 为理论计算的小球藻不同生长时间的散射相函数和不对称因子。如图所示，不同生长时间的散射相函数非常接近，表现出强前向散射特性。散射相函数的强前向散射特征是由细胞粒子在 PAR 光谱区间尺度参数较大引起(其值为 26～59)。不对称因子约为 0.98，且不同生长时间的不对称因子相差很小，因此可认为散射相函数随细胞生长近似保持不变。

图 7.7 为不同生长时间的辐射特性参数模型预测结果与参考结果的相对偏差(这里以实验数据获得的生长相关辐射特性为参考)。如图所示，散射截面的相对偏差可达 18%，而吸收截面的相对偏差在 0 d、1 d、2 d、4 d 则超过 100%。然而，这里给出的相对偏差是在营养供应充足的条件下，在氮营养元素缺乏的情

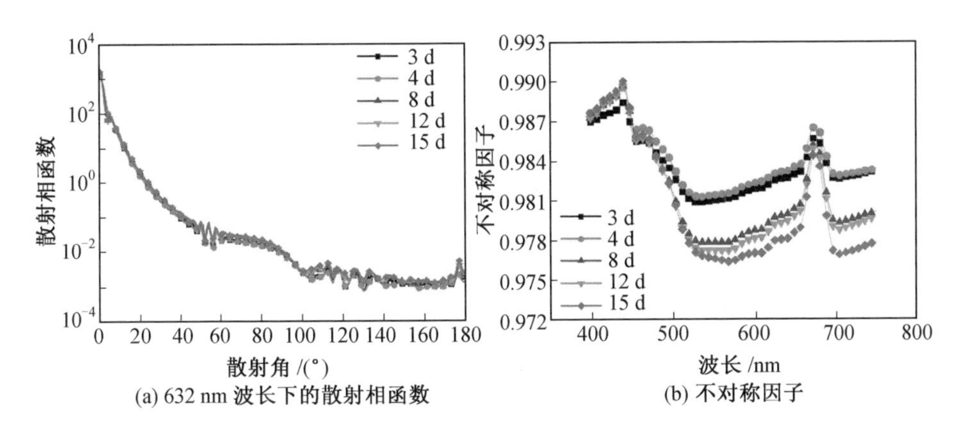

图 7.6　理论预测的小球藻不同生长时间的散射相函数和不对称因子(彩图见附录)

形下微藻细胞内的色素含量会降低[70]，因此在缺氮的情况下，相对偏差会一定程度减小，但实际微藻培养中一般都能保证充足的营养供应。对于大多数时间，散射截面的相对偏差都超过 5%，而吸收截面的相对偏差在 12%以上。不对称因子的相对偏差总体在 0.5%以内，这是由于散射相函数基本不随波长和细胞生长发生明显变化。随着培养时间的增加，小球藻逐渐进入稳定期，因此散射截面、吸收截面及不对称因子的相对偏差也在逐渐减小。以上计算结果表明，若在实际光生物反应器设计中不考虑微藻细胞生长对辐射特性的影响，将会对光生物反应器中光辐射场的预测产生很大偏差。

从图 7.7 中可以看出，Dose-Response 模型和分段线性模型可以对微藻的生长相关辐射特性给出较准确的预测。在非生长期稳定期，与仅适用稳定期辐射特性相比，生长模型给出的散射截面、吸收截面和不对称因子的相对偏差显著减小。散射截面和吸收截面的相对偏差一般在 10% 以内，不对称因子的相对偏差在 0.1%以内。因此，生长模型可以显著地提高生长辐射特性的预测准确度。下面将进一步利用基于生长模型给出的生长辐射特性对光生物反应器中光子投射辐射场进行预测，并分析仅使用稳定期辐射特性对光生物反应器中光子投射辐射场预测的偏差。

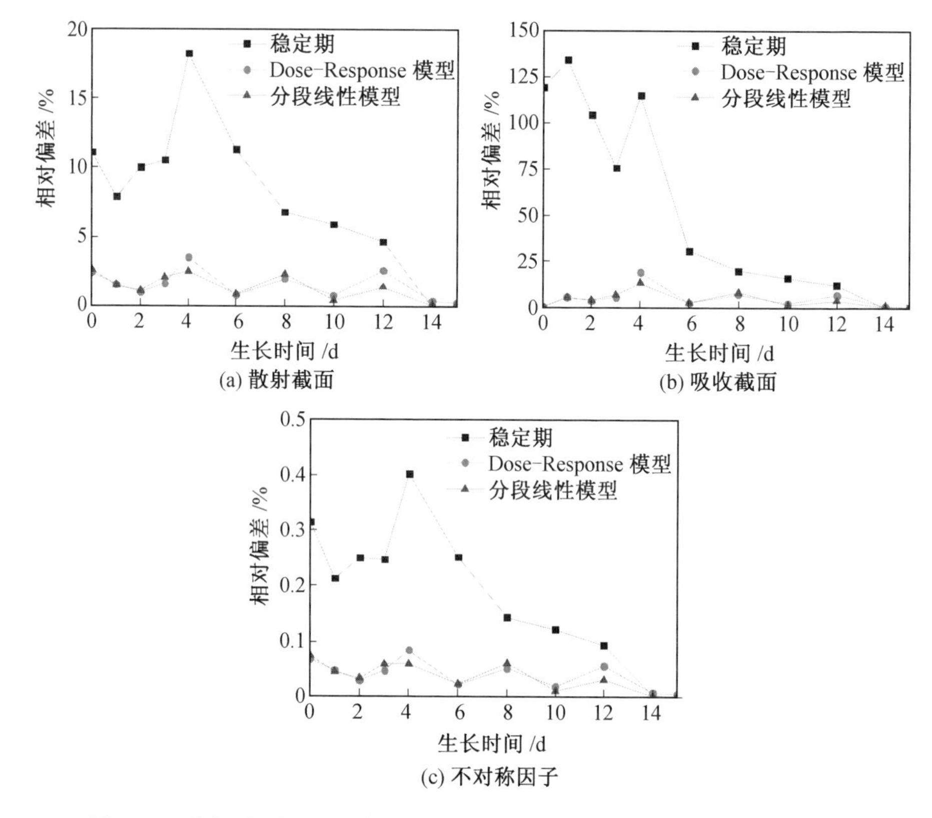

图 7.7　不同生长时间的辐射特性参数模型预测结果与参考结果的相对偏差

7.3　基于细胞生长模型对光生物反应器中光场的预测

准确预测光生物反应器中的局部光辐射场对提高微藻的生长率具有重要意义。本节分析细胞生长对平板式光生物反应器中的局部光辐射场的影响。平板式光生物反应器的厚度 $L=10$ cm。这里使用谱元法对平板式光生物反应器中的光辐射传输的进行数值求解。由于微藻的散射相函数具有强前向散射特性，直接求解会带来较大误差，因此使用 Delta-Eddington 近似对小球藻的散射相函数进行处理，以提高散射项的求解精度。

图 7.8 为理论预测的 3 种情况下不同生长阶段平板式光生物反应器内光子

投射辐射分布，其中图(a)为使用了小球藻稳定期辐射特性参数（第 15 天），图(b)为使用了 Dose-Response 生长模型预测的生长相关辐射特性参数，图(c)为使用了分段线性生长模型预测的生长相关辐射特性参数。以基于实验数据获得的生长相关辐射特性参数预测的光生物反应器中的局部光子投射辐射为参考基准。如图所示，平板式光生物反应器中的局部光子投射辐射随着生长时间的增加在整体减小，这是由于细胞数密度的增加导致光穿透深度变小。使用稳定期辐射特性获得的不同生长时间的局部光子投射辐射显著偏离参考值，说明使用稳定期辐射特性预测反应器中的光辐射传输具有较大偏差。

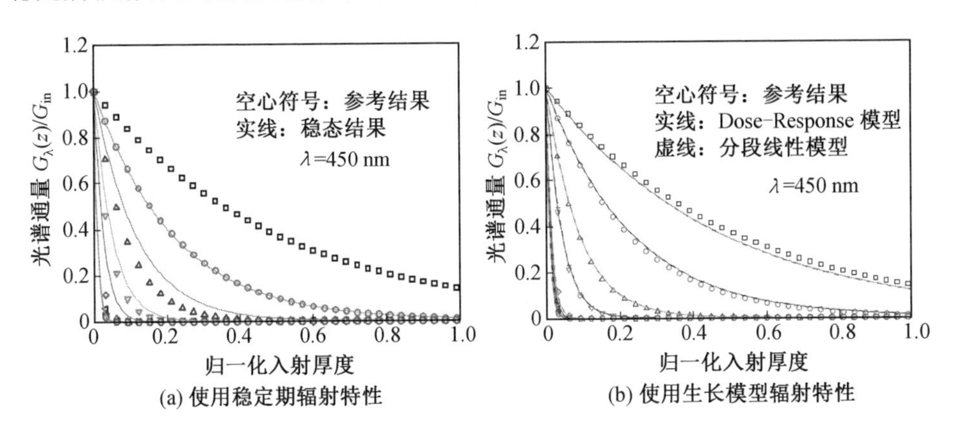

图 7.8　理论预测的 3 种情况下不同生长阶段平板式光生物反应器内的光谱投射辐射分布

图 7.9 为理论预测的不同时间平板式光生物反应器内光子投射辐射场在 3 种典型波长下的相对偏差。如图所示，使用稳定期辐射特性预测反应器中光子投射辐射的相对偏差超过 35%。使用 Dose-Response 生长模型和分段线性生长模型预测的反应器中的光子投射辐射则与参考值吻合较好。Dose-Response 生长模型预测的不同生长时间光子投射辐射相对误差在 10%以内，分段线性生长模型预测的不同生长时间光子投射辐射相对误差在 8% 以内。使用生长模型显著降低了对光生物反应器中光子投射辐射的预测偏差，同时说明使用生长相关辐射特性对于准确预测光生物反应器中光子投射辐射场具有重要意义。

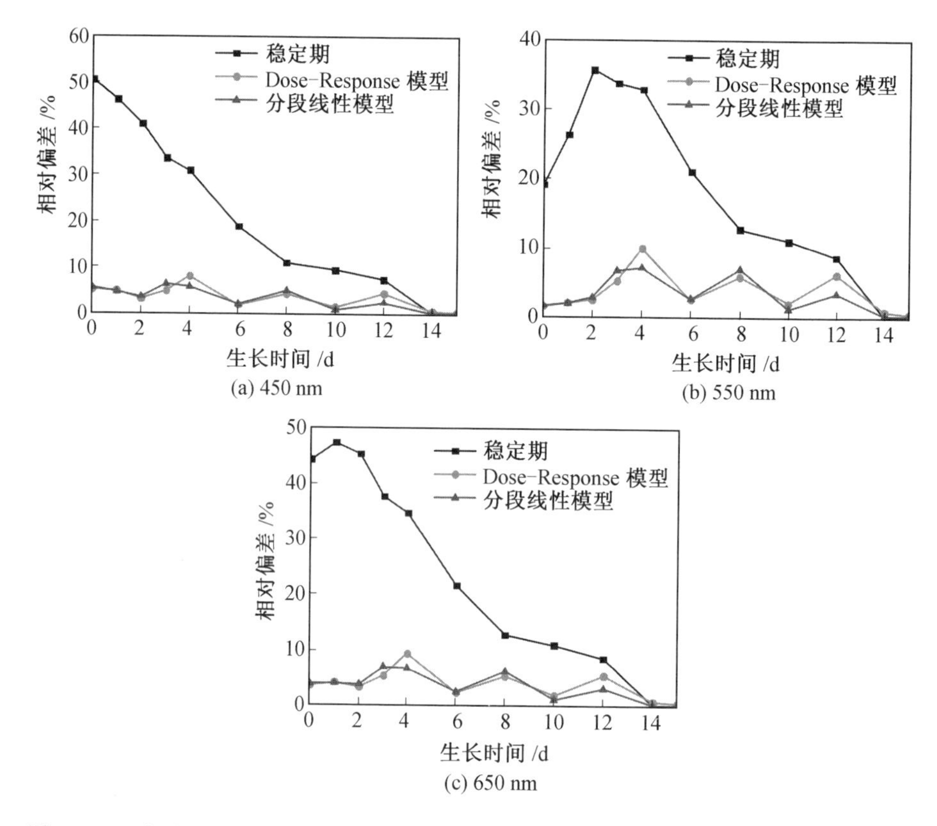

图 7.9　理论预测的不同生长时间平板式光生物反应器内光子投射辐射场在 3 种典型波长下的相对偏差

7.4　本章小结

本章介绍了微藻细胞光谱辐射特性生长动力学模型，基于生长模型获得的微藻生长相关辐射特性可显著提高光生物反应器中局部光子投射辐射场预测的准确性。对于光合自养微藻，其生长中存在最佳的光照区间，此时生长率可以接近最大生长率，过高和过低的光照强度都不利于微藻的生长，因此微藻的生长相关辐射特性对于进一步提高光生物反应器中微藻的生长率具有重要作用。为设计高效的光生物反应器，需要考虑微藻细胞光谱辐射特性随生长代谢的变化。

第8章 微藻生产光生物燃料及光传输改进策略

本章主要介绍微藻光合色素和细胞储存油脂、蛋白质及糖的机理，详细叙述各成分的提取过程及辐射特性的测量，同时讨论微藻制氢及克服光传输限制的策略，为能源微藻的工业化应用提供有益参考。

微藻在可持续能源、生物制药、环境保护、太空食品、微生物基新材料等领域有重要应用。微藻细胞可以产生大量化学物质，包括糖、脂质、蛋白质以及 H_2、CH_4气体。这些化学物质可以直接作为供电用燃料（如燃料电池），也可用作生产其他生物燃料的原料。微藻能量物质的积累受光合色素影响显著，由于光合色素的光谱吸收特性，微藻吸收了 400～700 nm 范围内的光合有效辐射(PAR)光子。不同光合色素吸收太阳光谱中不同谱带上的光子，可更有效地利用太阳能。

本章主要介绍微藻光合色素的特性，以及微藻细胞储存油脂、蛋白质和糖的机理，给出各成分的提取过程及其光学特性的实验测量结果，简要介绍微藻制氢的光生物学过程。

8.1　微藻细胞中的光合色素

微藻细胞中包含多种光合色素，如叶绿素、类胡萝卜素、藻红蛋白、藻青蛋白、藻胆蛋白等，这些光合色素显示出不同的光学特性，影响微藻对不同波长光子的吸收和转化，因而对光合作用起到关键作用。不同种类的微藻细胞中所含各光合色素的含量不同，因而显示出不同的光谱吸收系数和散射特性。从而，微藻细胞混悬液的光谱辐射特性也与微藻细胞中的光合色素含量相关。本节对微藻细胞中主要光合色素的光学特性进行介绍。

8.1.1　叶绿素和细菌叶绿素

有氧光合作用所需的主要色素称为叶绿素，无氧光合作用的色素称为细菌叶绿素[16]。图 8.1 为微藻细胞中不同色素的吸收光谱（线性标度），主要包括

β一类胡萝卜素（β — carothenoid）、藻红蛋白（phycoerythrin）、藻青蛋白（phycocyanin）、叶绿素 a(Chla)、叶绿素 b(Chlb)、细菌叶绿素 a(BChla)、细菌叶绿素 b(BChlb)。如图所示，叶绿素 a 和叶绿素 b 在可见光光谱中有两个吸收峰，一个在蓝光谱区，另一个在红光谱区。叶绿素 a 在蓝光和红光谱区两个吸收峰对应的光子波长约为 430 nm 和 680 nm，而叶绿素 b 在蓝光和红光谱区两个吸收峰对应的光子波长约为 450 nm 和 660 nm。由于其几乎不吸收绿光（520～570 nm），即绿光被反射出来，因此在人眼中看起来是绿色的。叶绿素也是造成植物呈绿色的主要原因。与微藻细胞主要吸收蓝光和红光不同，细菌叶绿素吸收光谱主要在近红外波段（700～1 000 nm）。

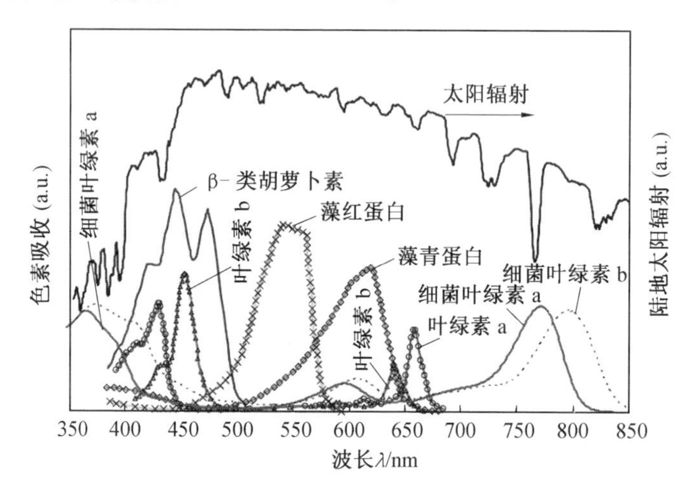

图 8.1　微藻细胞中不同色素的吸收光谱（线性标度）[16]

8.1.2　类胡萝卜素

类胡萝卜素是在所有光合微生物中都可发现的辅助色素，其吸收光谱主要在波长为 400～550 nm 的蓝光部分。秋天树叶呈黄色和胡萝卜呈橙色，即是由其中的类胡萝卜素引起。类胡萝卜素具有两个主要功能：保护光合装置免受大光强度下的光氧化作用；通过扩大微生物的吸收光谱来提高太阳光的利用效率。类胡萝卜素是由长烃链组成的疏水性颜料，并嵌入光合膜中。胡萝卜素有许多种类，至今被发现的天然类胡萝卜素已达 700 余种，根据化学结构的不同可将其分为两类：一类是胡萝卜素（只含碳、氢两种元素，不含氧元素，如 B_2 胡萝卜素和

番茄红素）；另一类是叶黄素（有羟基、酮基、羧基、甲氧基等含氧官能团，如叶黄素和虾青素）。

8.1.3　藻胆蛋白

藻胆蛋白也是辅助色素，在光的收集和将该能量转移至反应中心中发挥作用，藻胆蛋白存在于蓝藻和红藻中。藻胆蛋白是由脱辅基蛋白（apoprotein）和藻胆素（phycobilin）通过一个或两个硫醚键共价连接而成的。藻胆蛋白是某些藻类特有的重要捕光色蛋白，早在20世纪初，就曾报道在蓝藻和红藻中存在强烈荧光性的红色、紫罗蓝色和蓝色蛋白质。科学研究表明，藻胆蛋白既可以作为天然色素用于食品、化妆品、染料等工业上，也可制成荧光试剂，用于临床医学诊断和免疫化学及生物工程等研究领域中。如图8.1所示，两种主要的藻红蛋白主要吸收波长在550 nm附近的光子，而藻青蛋白对波长620 nm附近的光子吸收强烈。藻胆蛋白对于微藻在弱光下的生存至关重要。

8.2　微藻细胞中油脂、蛋白质和糖的光学特性

微藻的光谱辐射特性与其化学组成成分及细胞的外观形状等有关，通过研究微藻的光谱辐射特性有助于研究太阳光对微藻生长、繁殖和油脂积累的影响，进而影响微藻的辐射特性。因此，微藻光谱折射率、吸收指数和辐射特性的研究是一种充分必要条件的关系。微藻的主要成分包括水分、油脂、蛋白质、碳水化合物，可以通过化学方法提取。油脂、蛋白质和糖均为具有潜力的光生物燃料和高价值副产品，其光学特性具有很强的科研和应用价值。

8.2.1　微藻油脂、蛋白质和碳水化合物的积累

微藻用于生产燃料的相关脂质是三酰甘油，也称为中性脂质[193]。中性脂质的产生是在藻类细胞叶绿体中发生的能量密集的多步骤过程[194]，其产生的途径因物种而异。在最基本的前提下，有人提出中性脂质的生产涉及两个过程：使用光合作用的产物以及光反应的其他三磷酸腺苷和磷酸酰胺腺嘌呤二核苷酸（NADPH）作为光能和电子源分别合成脂肪酸，这些脂肪酸在甘油的直接反应途

径中形成三酰甘油。这两个过程都受到物理因素(例如总辐照度、入射光的光谱分布、温度及细胞年龄)和化学因素(例如营养素、盐度和 pH)的显著影响。在物理因素中,辐照度对所产生脂质的化学组成有重要影响。尽管不同物种之间的影响有所不同,但在大多数光合微生物中,低辐照度导致脂肪酸合成,这些脂肪酸主要用于结构性极性脂质的生产,而高辐照度则增加了中性脂质在细胞中的产生和积累。

微藻中蛋白质含量随着季节的改变而变化,如掌状海带(*Laminaria digitata*)、石莼。微藻是优良的单细胞蛋白,其利用率和生物价值都比较高,被 FAO 列为 21 世纪人类健康食品。微藻含有 20 多种氨基酸,微藻中的多种蛋白质能够增强 T 细胞增殖及活化能力,产生抗肿瘤作用。小球藻含生物活性物质小球藻多肽,备受人们关注。小球藻多肽(CGF,又称小球藻精、小球藻生长因子、细胞生长促进因子)以短链多肽蛋白与天然核酸复合形式存在,含有 17 种游离氨基酸,其中有 8 种是人体必需氨基酸。

光合作用是一个多步骤过程,通过该过程植物、藻类和光合细菌可以利用 CO_2 作为碳源,以糖的形式存储太阳能。光合作用的整体反应为

$$CO_2 + H_2O + \text{光照} \longrightarrow (CH_2O)_n + O_2 \tag{8.1}$$

光合作用涉及两种类型的反应,即光反应和暗反应。在光反应过程中,光子被微生物吸收,并用于产生细胞中的主要能量携带分子,即三磷酸腺苷(ATP)和磷酸酰胺腺嘌呤二核苷酸(NADPH)[194]。这些光反应的产物随后用于暗反应中,包括固定 CO_2 的卡尔文循环。

8.2.2 微藻细胞内部成分提取方法

1. 油脂提取

(1)索氏提取。

图 8.2 为索式提取器。索式提取在提取油脂时属于一种传统提取工艺,该提取法主要利用回流和虹吸原理从固体物质中萃取油脂,它的特点是所提取的油脂纯度高,所用溶剂较少,操作简单,但是该方法提取油脂的量很少,只适合实验室的一般性测定,且操作时间较长。索式提取油脂一般需要正己烷作为溶剂,该溶剂在较高温度下沸腾,又在较低温度下冷却回流,同时正己烷亲油性又高,

易汽化回收。

图 8.2　索式提取器

(2)Folch 法提取。

Folch 法利用混合溶剂提取油脂,混合溶剂采用甲醇和氯仿按照 1∶2 的配比作为材料配制,两者采用极性溶剂和弱极性溶剂搭配使用。该方法按照离心、萃取、洗涤的顺序操作,操作过程相对比较复杂,但油脂提取率很高。该方法还可以进一步改进,针对其他不同的提取物,混合溶剂还可以用正己烷和异丙醇配制,Folch 法用不同的混合溶剂提取油脂时,可以采用超声波进行辅助提取,这样可以在原有的基础上进一步提高提取率。

(3)超声波辅助提取和酶法破壁提取。

超声波辅助提取是利用超声波击碎细胞壁,促进细胞内外流动,加快物质的交换,超声波虽然对油脂提取有所帮助,但是就整体而言,超声波的帮助是有限的。其主要作用最终仍取决于所选溶剂,酶法破壁提取与超声波辅助和强碱强酸一样具有破壁的效果,能够加速细胞内外流动,从而增加油脂提取量,但酶法破壁提取没有强碱强酸那样破坏性大。酶法破壁主要采用降解的方式使由纤维素和果胶组成的细胞壁降解为葡萄糖、脂肪酸和甘油,从而达到破壁效果,加强了油脂提取。

(4)高温高压提取和湿藻直接提取。

高温高压提取油脂的效率和提取量显著提高,但由于采用高温高压提取,要求实验器材耐高温高压，因此成本较高，且高温高压也会破坏微藻内部成分，这样会对所需提取的蛋白质、碳水化合物造成一定影响。湿藻直接提取是将微藻干燥之后进行提取，但该方法在进行提取时能耗不可忽视，这会使得提取成本大幅度上升。同时，高温也可能造成微藻内部其他成分的破坏。

2. 蛋白质和碳水化合物的提取

微藻蛋白质和碳水化合物的提取一般采用酸热法、碱热法和超声波法，这3种方法在提取时的主要影响因素有时间、温度和超声波功率。盐酸具有挥发性，易挥发且污染空气，所以酸热法提取一般采用硫酸作为提取溶剂。酸热法通过加热后离心分离，获得的上清液即为蛋白质与碳水化合物的混合溶液。碱热法的提取溶剂一般为KOH溶液，提取过程与酸热法一样。超声波法是以去离子水作为提取溶剂，利用超声波振荡处理，然后离心分离，获得的上清液即为碳水化合物与蛋白质的混合溶液。文献[195]指出，碱热法在60～80 ℃提取蛋白质效率最高，80～100 ℃提取碳水化合物效率最高；酸热法在60～80 ℃提取蛋白质效率最高，60～80 ℃提取碳水化合物效率最；超声波法相对于酸热法及碱热法来说提取量很少。

微藻成分的提取是进行其辐射特性测量的必要条件，然而，现今对微藻成分的提取方法大多数会对微藻成分的物性及纯度有一定的影响。一般采用Folch法提取油脂，采用碱热法对脱脂微藻进行蛋白质和碳水化合物进行提取。酸热法对蛋白质进行提取的效率没有碱热法高。在提取蛋白质和碳水化合物时应先提取蛋白质，后提取碳水化合物。因为蛋白质含有部分糖基，会对后期碳水化合物的测定造成影响，采用先提取油脂，再提取蛋白质和碳水化合物的方法可以保证油脂没有任何的损失，从而确保在后期测量时不会因为油脂的存在而使蛋白质和碳水化合物在测量时产生误差。另外，油脂是溶脂性的，而蛋白质和碳水化合物是溶水性的，如果先提取蛋白质或碳水化合物，后提取油脂，在后续提取过程中可能会造成碱和油脂发生皂化反应，导致油脂物性发生变化。实验在提取微藻主要成分时需要的主要仪器有离心机、磁力搅拌机、过滤器、天秤、离心泵、干燥箱和旋转蒸发器等。

8.2.3 微藻内部成分的化学提取流程

首先，通过共溶剂(二氯甲烷和甲醇体积比为2∶1)提取油脂，每10 g干微

藻匹配 250 mL(40 g 微藻配 1 000 mL 共溶剂)共溶剂配制混合液。采用磁力搅拌机搅拌混合液,在 30～35 ℃下进行操作,并且搅拌时间为 5 h,这样可以使共溶剂与油脂充分相溶。对混合液进行过滤,使用过滤器过滤时,在漏斗上方采用 1 500 目的滤网并附加 3 层慢速滤纸,以确保脱脂微藻不能通过滤网,操作时切忌将混合液过快倒入漏斗中以及使混合液在漏斗中的高度大于滤纸的高度,以防混合液从滤纸上方直接通过漏斗,造成提取不纯。提取过程进行两次,以确保提取样品的纯度。将微藻油脂和共溶剂的混合物在 80 ℃下通过旋转蒸发器蒸发分离,因为甲醇沸点是 64.7 ℃,二氯甲烷的沸点是 39.8 ℃,设置 80 ℃足以使共溶剂挥发,且不破坏油脂的结构。同时设置旋转蒸发器的转速为 45 r/min,旋转蒸发器里的油脂应留有少量溶剂以便倒出,挂壁的残余物可以再加一些共溶剂,摇匀倒出,这时留在油脂里的共溶剂可以通过干燥箱干燥蒸发,当所有溶剂蒸发后获得油脂。留在滤纸上的微藻被命名为脱脂微藻,将脱脂微藻放在干燥箱中进行烘干,干燥箱的温度设置在 80 ℃即可。旋转蒸发器中收集到的油脂中会含有少量的共溶剂,将含有少量共溶剂的油脂收集到试剂瓶中,之后敞口放入干燥箱中,干燥箱设置 80 ℃进行干燥 1 h 左右,保证试剂瓶中的共溶剂彻底挥发,即得到油脂。

通过碱热法、酸热法及乙醇沉降法提取蛋白质和碳水化合物:

(1)用脱脂微藻制备质量分数为 5%的混悬液,采用的水为去离子水,保证水中没有其他矿物质及微生物的干扰。

(2)向混悬液中加 2 mol/L NaOH 使混悬液 pH = 11,将混悬液用磁力搅拌机连续搅拌 5 h,且设置温度为 80 ℃。将混合物用离心机以 9 000 r/min 的转速进行离心以获得上清液和残留物,离心时间为 5 min,温度为室温。

(3)向获得的上清液中加入 2 mol/L HCl 溶液以使 pH=3,并用离心机以 9 000 r/min的速度进行离心,离心时间为 5 min,温度为室温,进行离心以获得上清液和沉淀物,得到的沉淀物为蛋白质。进行两次蛋白质分离过程以获得分离的蛋白质。蛋白质收集到试剂瓶中,敞口放置在干燥箱中进行蒸干处理,干燥箱的温度设置在 80 ℃,干燥 1 h 即可得到蛋白质。

(4)上清液添加体积分数为 75%的乙醇,将上清液与乙醇以 1∶9 的比例混合,用离心机以 9 000 r/min 的转速进行离心,离心时间为 5 min,温度为室温,以获得上清液和沉淀物,将上清液用离心机离心沉淀 3 次,得到的沉淀物为碳水化合物。将碳水化合物收集到试剂瓶中，敞口放置在干燥箱中进行蒸干处理，干燥箱的温度设置在 80 ℃，干燥 1 h 即可得到碳水化合物。

8.2.4 小球藻油脂、蛋白质和碳水化合物的光学特性

图 8.3 为通过 DOPTM-EM 在 300～1 700 nm 范围内测得的小球藻固态蛋白质、固态油脂和固态碳水化合物的折射率。小球藻的固态蛋白质、固态油脂和固态碳水化合物之间的折射率存在细微的差异。固态蛋白质和固态碳水化合物的折射率光谱趋势彼此相似，随波长的增加约从 1.58 降低到 1.47，这是因为固态蛋白质、油脂和碳水化合物的基本成分类似[196]，其中蛋白质和碳水化合物具有相似的碳、氢、氧结构，这也是蛋白质、碳水化合物具有相似的折射率的原因。此外，固态油脂的折射率约从 1.52 降低到 1.46。

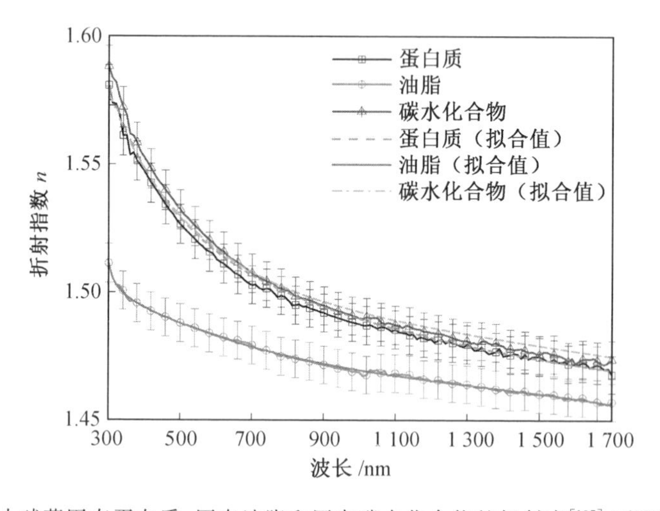

图 8.3 小球藻固态蛋白质、固态油脂和固态碳水化合物的折射率[197]（彩图见附录）

图 8.4 为小球藻蛋白质、油脂、碳水化合物溶液及卵蛋白溶液、蔗糖溶液的折射率。如图所示，在所研究的光谱范围 300～1 700 nm，小球藻蛋白质、油脂、碳水化合物溶液的折射率分别约从 1.38、1.42、1.40 降低到 1.32、1.36、1.33。卵蛋白溶液、蔗糖溶液的折射率分别从 1.41、1.42 降低到 1.35、1.34。从小球藻蛋白质溶液和卵蛋白溶液的折射率之间可以观察到很小的差异，这可能是由于蛋白质含量不同所致，鸡蛋清中的蛋白质质量分数（约 13%）高于小球藻蛋白质溶液（约 5%）。不同类型的蛋白质、油脂和碳水化合物由不同种类的化学成分组

成,并且折射率不同。蛋白质和碳水化合物的折射率大小与存在状态有明显的关系。

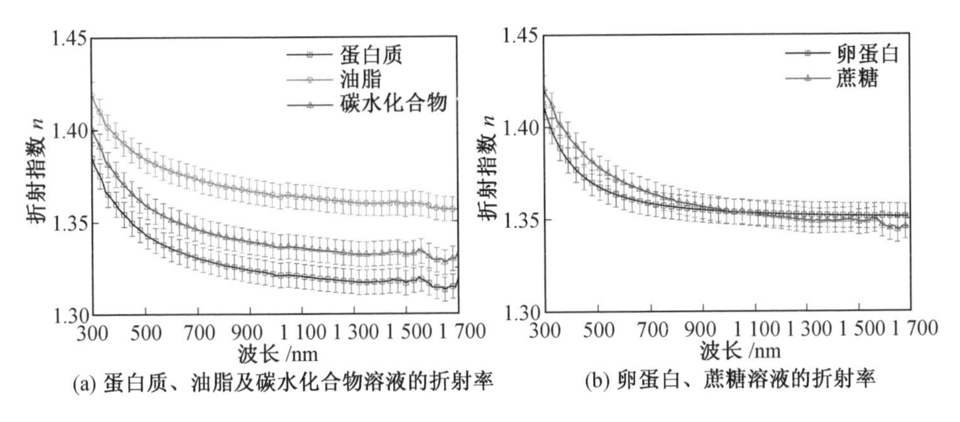

(a) 蛋白质、油脂及碳水化合物溶液的折射率　(b) 卵蛋白、蔗糖溶液的折射率

图 8.4　小球藻蛋白质、油脂、碳水化合物溶液及卵蛋白溶液、蔗糖溶液的折射率[197]

(彩图见附录)

为便于应用,在 300～1 700 nm 光谱范围内,根据 Sellmeier 方程[198]对折射率数据进行数值拟合,即

$$n(\lambda)=\sqrt{a_0+\frac{a_1\lambda^2}{\lambda^2-C_1}+\frac{a_2\lambda^2}{\lambda^2-C_2}+\frac{a_3\lambda^2}{\lambda^2-C_3}} \tag{8.2}$$

式中　λ—— 波长(μm);

$a_0,a_1,a_2,a_3,C_1,C_2,C_3$ ——相关参数,见表 8.1。

表 8.1　小球藻的蛋白质、油脂和碳水化合物与卵蛋白、蔗糖溶液的相关参数

材料	a_0	a_1	a_2	a_3	C_1	C_2	C_3
固态蛋白质	2.972	−0.783 7	−0.057 78	−0.433 7	−1.547	0.324 3	−1.052
固态油脂	2.270	−0.152 8	0.012 71	5.443×10^{-3}	−0.348 5	4.813	0.079 24
固态碳水化合物	3.199	−0.618 4	0.409 1	−0.398 2	−0.014 633	7.87	−0.102 2
蛋白质溶液	1.900	8.627×10^{-3}	−0.196 6	9.416×10^{-3}	0.049 47	−0.127 4	0.046 06
油脂溶液	1.929	−0.0586 2	−0.157 2	0.115 0	−0.621 9	−0.033 09	0.033 98
碳水化合物溶液	2.083	−0.200 6	−0.121 2	7.764×10^{-4}	0.012 43	−0.111 6	0.097 47
卵蛋白溶液	1.909	5.956×10^{-3}	−0.134 5	0.041 52	0.024 47	6.990×10^{-3}	0.021 52
蔗糖溶液	2.245	−0.055 42	−0.028 67	−0.362 8	0.010 65	−0.978 3	−0.049 57

如图 8.3 所示,基于式(8.2)的折射率拟合值与测量结果几乎一致,它们之

间的偏差小于 0.005。

图 8.5 为采用 DOPTM-EM 方法测得的小球藻固态蛋白质、固态油脂和固态碳水化合物在 300～1 700 nm 的吸收指数。在 300～500 nm 的光谱范围内，可以观察到固态蛋白质、固态油脂和固态碳水化合物的吸收指数几乎无差异。在 300～1 700 nm 光谱范围内未观察到小球藻固态油脂有明显的吸收峰。微藻固态蛋白质、固态油脂和固态碳水化合物不同的化学组成和结构导致了吸收指数之间的差异。此外，固态蛋白质和碳水化合物的基本元素彼此接近，但不同于固态油脂，这与图 8.3 所示的结果相对应。

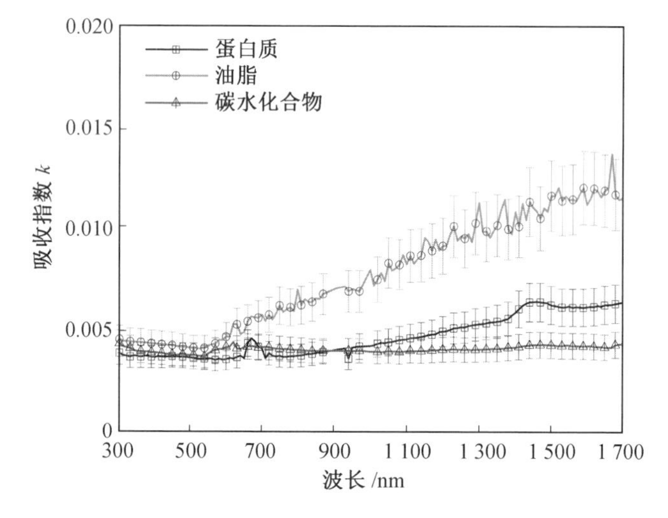

图 8.5　小球藻固态蛋白质、固态油脂和固态碳水化合物在 300～1 700 nm 的吸收指数[197]

图 8.6 为小球藻蛋白质、油脂、碳水化合物溶液及卵蛋白溶液、蔗糖溶液的吸收指数。蛋白质溶液、碳水化合物溶液以及卵蛋白溶液、蔗糖溶液的吸收峰位于 1 450 nm，这主要受基液（水）的影响。小球藻油脂溶液的吸收峰位于400 nm、660 nm、1 000 nm、1 200 nm 和 1 400 nm，这与食用油的结果相对应。这些吸收峰与具有各种化学基团（CH_2、CH_3）的 C—H 键拉伸振动有关[199]。在 300～1 700 nm光谱范围内，小球藻蛋白质、油脂和碳水化合物在不同状态下吸收指数表现出明显的差异。小球藻蛋白质溶液和卵蛋白溶液吸收指数之间存在明显区别，这归因于小球藻蛋白质溶液的氨基酸组成与卵蛋白不同。此外，小球藻碳水化合物溶液的吸收指数与蔗糖溶液的吸收指数也存在差异。藻类碳水化合物有

一些典型的形式，如纤维素和淀粉[$(C_6H_{10}O_5)_n$]，蔗糖($C_{12}H_{22}O_{11}$)和葡萄糖($C_6H_{12}O_6$)。由于蔗糖中的碳氢氧比例与微藻碳水化合物不同，所以从光学特性而言，其与微藻碳水化合物不能完全划等号。

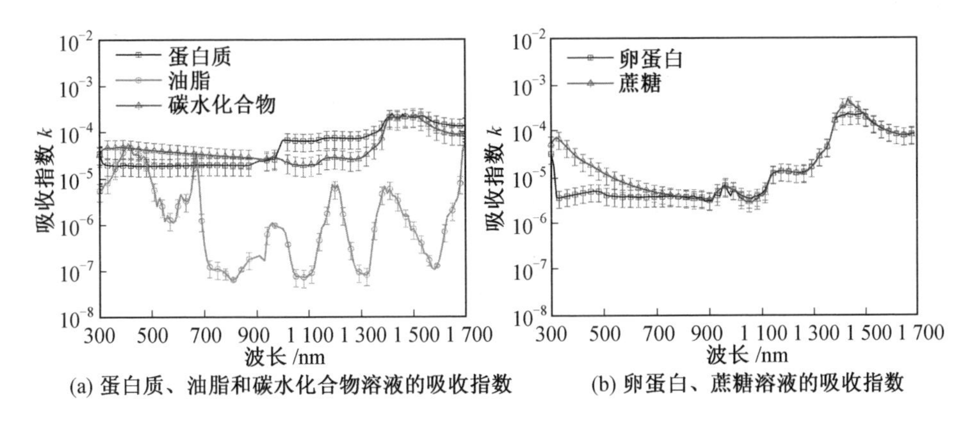

(a) 蛋白质、油脂和碳水化合物溶液的吸收指数　(b) 卵蛋白、蔗糖溶液的吸收指数

图 8.6　小球藻蛋白质、油脂、碳水化合物溶液及卵蛋白溶液、蔗糖溶液的吸收指数[197]

8.2.5　其他典型藻种油脂、蛋白质和碳水化合物的光学特性

本节对微拟球藻、螺旋藻、雨生红球藻蛋白质、碳水化合物和油脂在 300～1 700 nm的光谱范围内进行了实验研究。详细测量了微藻细胞不同成分的吸收指数和折射率，同时对比了微藻主要成分的不同状态在辐射特性方面的差异，总结出微藻主要成分的辐射特性随波长的变化趋势和微藻各主要成分的辐射特性差异。

折射率是物体的一种固有的物理属性，它是物质生产中工艺控制的重要指标，可以通过测定微藻的折射率鉴别微藻的组成、确定微藻成分的浓度、判别微藻主要成分的纯净程度和品质。微藻的主要成分中有油脂、蛋白质、碳水化合物，每种微藻的主要成分都有其特定的折射率，因此通过测定微藻的主要成分的折射率可以识别和判别微藻中每种成分的组成和品质，同时可以识别微藻的种类。

图 8.7 为用双光程透射与椭偏结合法(DOPTM-EM)测得的雨生红球藻、微拟球藻、螺旋藻在 300～1 700 nm 光谱范围内的固态蛋白质、油脂和碳水化合物的折射率。从图中可以看出，每种微藻的固态蛋白质、油脂和碳水化合物的折射率之间存在细微差异。雨生红球藻、微拟球藻和螺旋藻的固态蛋白质和固态碳

水化合物的折射率光谱趋势彼此相似，这是因为固态蛋白质、油脂和碳水化合物具有相似的碳、氢、氧结构。从图中可以看出，固态蛋白质、碳水化合物的折射率随波长的增加约从 1.59 降低到 1.47，固态油脂的折射率约从 1.52 降低到1.46。此外，每种微藻的固态蛋白质、油脂和碳水化合物的折射率彼此一致。可以推论这 3 种类型的微藻的蛋白质、油脂和碳水化合物的生化组成几乎相同。

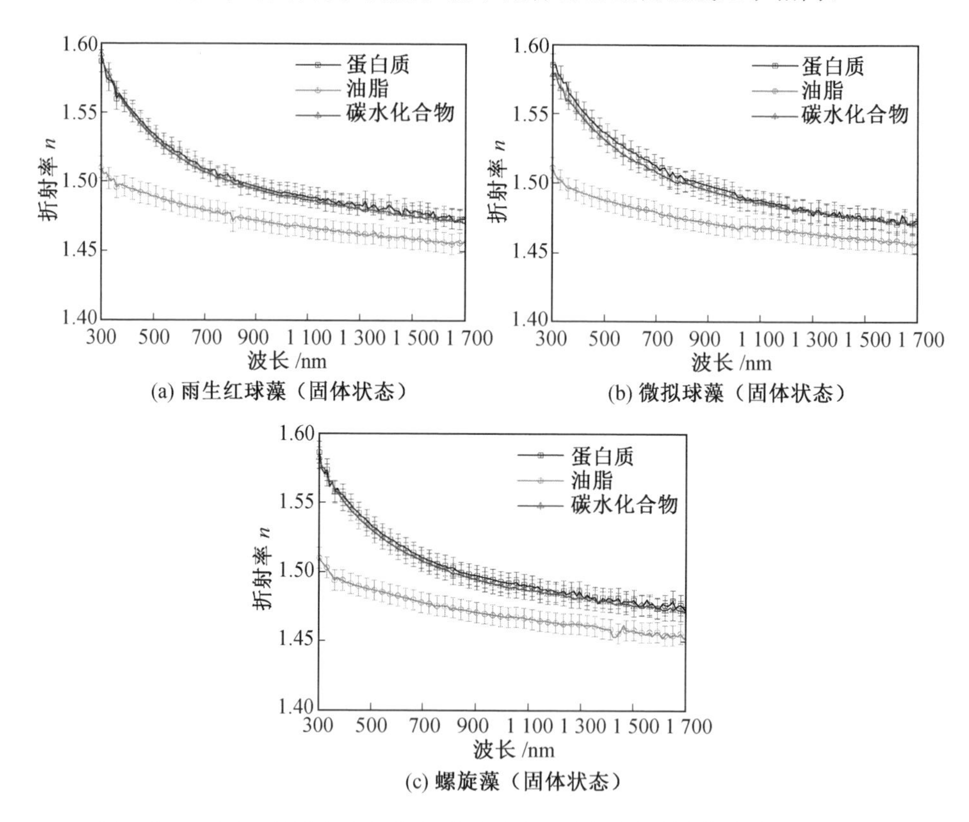

图 8.7　3 种微藻的固态蛋白质、油脂和碳水化合物的折射率[200]（彩图见附录）

图 8.8 为雨生红球藻、微拟球藻和螺旋藻的溶液态蛋白质和碳水化合物在 300～1 700 nm 范围内的折射率。从图中可知，雨生红球藻、微拟球藻和螺旋藻的溶液状态蛋白质的折射率约从 1.40 降低到 1.33，其溶液态碳水化合物的折射率分别约从 1.38 降低到 1.32。由于折射率非常接近，可以推论这些微藻的溶液态蛋白质和碳水化合物的组成几乎相同。在溶液态蛋白质和溶液态碳水化合物的折射率之间可以观察到很小的差异，这是由不同的化学组成引起的。结果还

表明,微藻的固态蛋白质、碳水化合物的折射率高于溶液态蛋白质、碳水化合物的折射率,这主要归因于基液的影响。

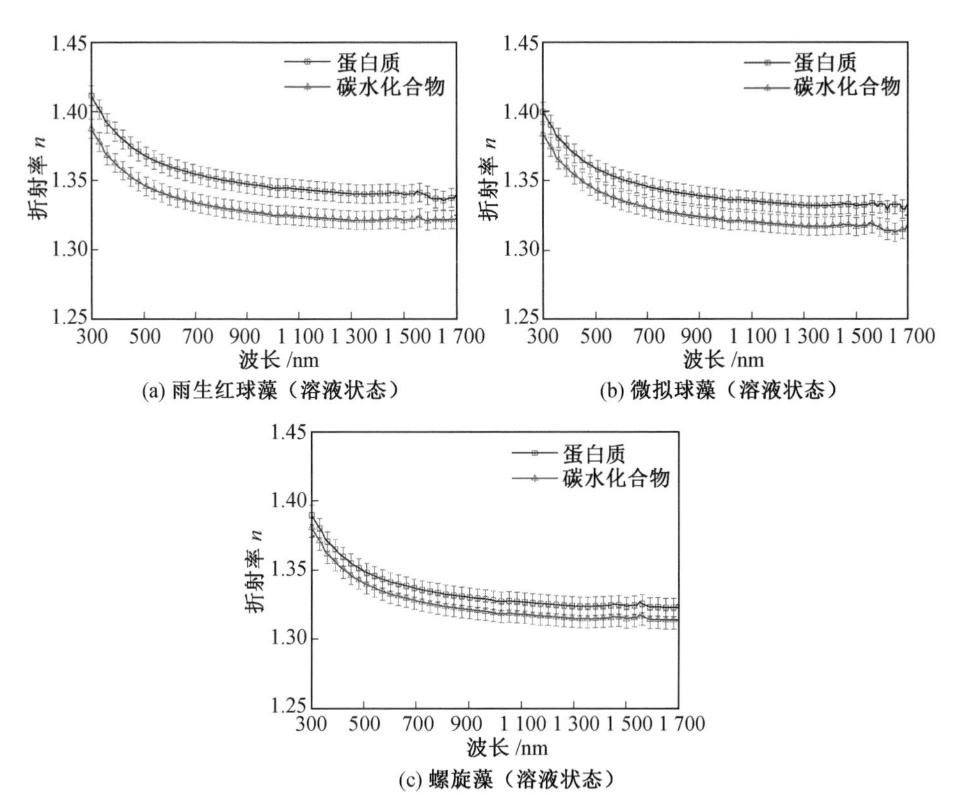

(a) 雨生红球藻（溶液状态）

(b) 微拟球藻（溶液状态）

(c) 螺旋藻（溶液状态）

图 8.8　3 种微藻溶液态蛋白质和碳水化合物的折射率[200]（彩图见附录）

吸收指数亦为介质的基本光学性质,通过测定微藻的吸收指数可以鉴别微藻的组成、确定微藻成分的种类、判别微藻主要成分的纯净程度和品质。图 8.9 为通过 DOPTM-EM 方法测量获得的雨生红球菌、微拟球藻、螺旋藻固态蛋白质、油脂和碳水化合物在 300～1 700 nm 光谱范围内的吸收指数。如图 8.9 所示,雨生红球藻、微拟球藻、螺旋藻固态蛋白质的吸收指数在 300～500 nm 的光谱范围内差异较小,而在 500～1 700 nm 光谱范围差异较显著。

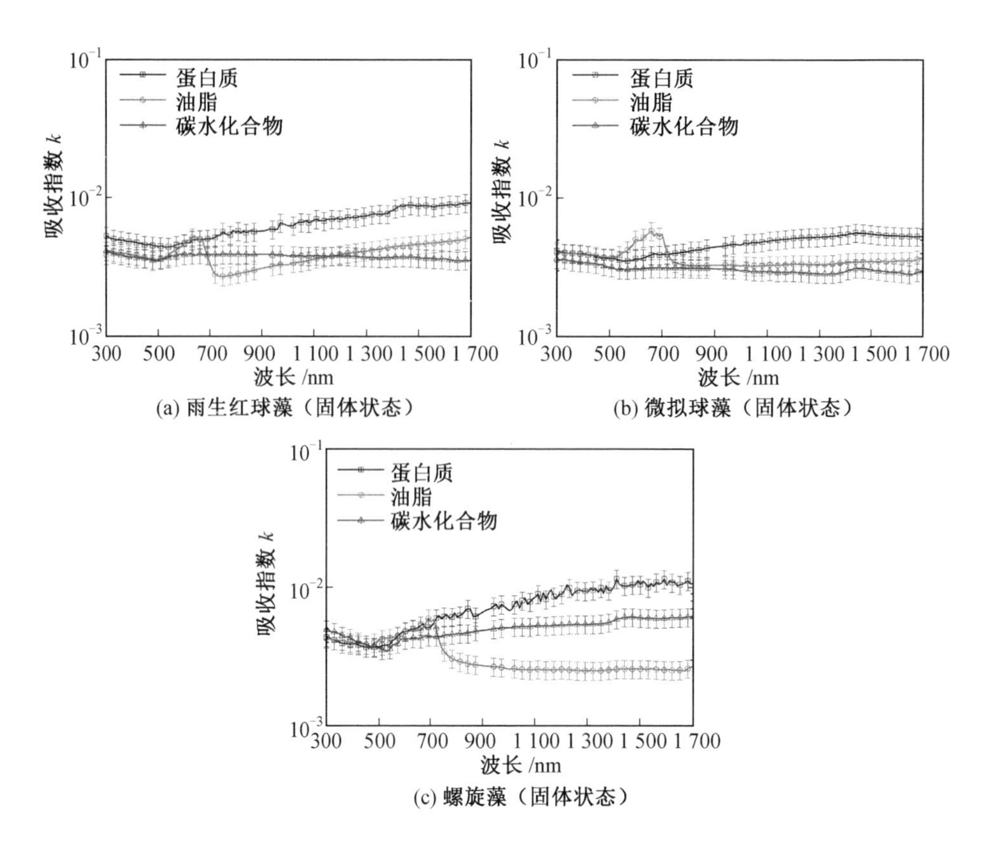

(a) 雨生红球藻（固体状态）

(b) 微拟球藻（固体状态）

(c) 螺旋藻（固体状态）

图 8.9　3 种不同微藻在室温及 300～1 700 nm 光谱范围内主要成分固态时的吸收指数[200]（彩图见附录）

图 8.10 为雨生红球藻、微拟球藻和螺旋藻的溶液态蛋白质和碳水化合物在 300～1 700 nm 光谱范围内的的吸收指数。通过与图 8.9 的对比可以看出，微藻中的蛋白质和碳水化合物的吸收指数与其存在状态有较显著的关联性。

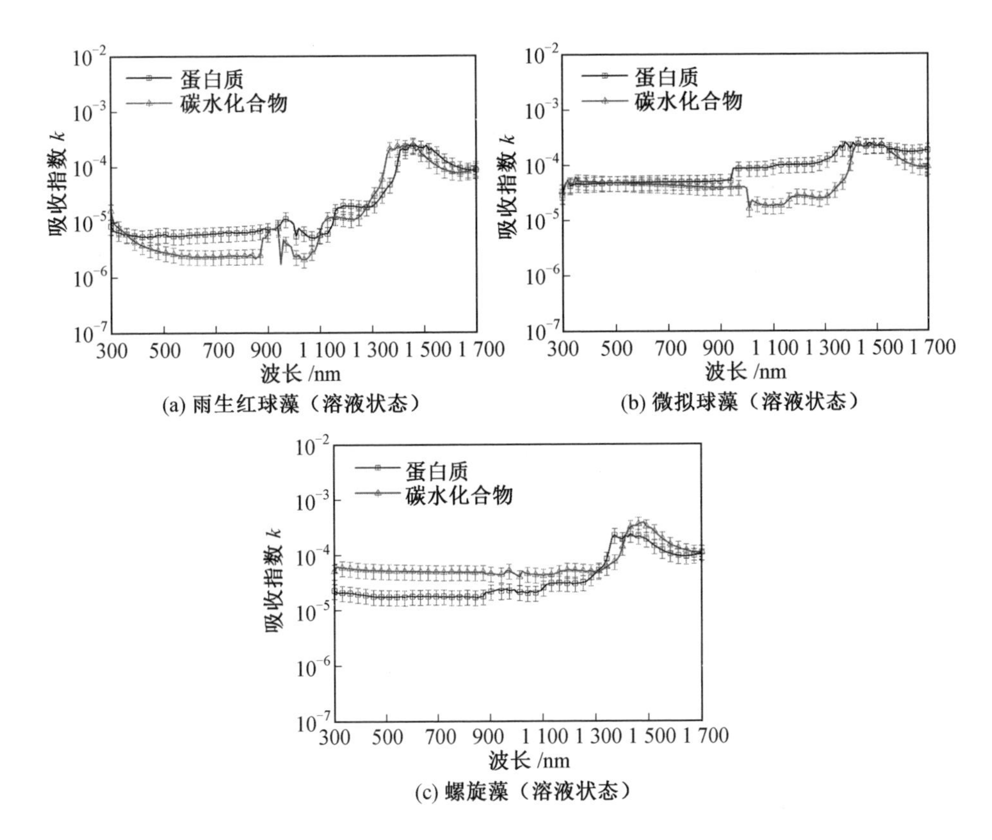

图 8.10　3 种微藻在室温及 300～1 700 nm 光谱范围内主要成分溶液态时的吸收指数[200]

（彩图见附录）

8.3　微藻制氢光生物学过程

微藻制氢是利用微藻代谢过程来生产氢气的一项生物工程技术，相对于传统方法其具有低耗能、低成本的明显优势。在微生物中产生氢的光生物学过程可分为 3 类：直接生物光解、间接生物光解及光发酵[201]。本节分别对这 3 类产氢过程进行介绍。

直接生物光解机制是最节能的产氢机制，理论最大能量转化效率为 40.1%[202]。在该机制中，氢气通过卡尔文循环中分解出的水产生的电子转移到双向氢化酶中而产生。莱茵衣藻、斜生栅藻和绿球藻能够通过直接生物光解作用产生氢气。但在此过程中还会产生氧气，并可能不可逆地抑制氢化酶的功能。微藻直接生物光解水产生氢气过程比较简单，产物非常清洁，但过低的产氢速率以及产生的氧气抑制是微藻直接生物光解大规模产业化需要解决的问题。

间接生物光解水产氢是将氢和氧的产生过程在时间或空间上分离，避免氧对氢化酶产生的抑制。首先，在有氧环境下，微藻通过正常的光合作用固定CO_2，合成含氢物质同时释放氧气；其次，在无氧环境下，微藻通过糖酵解和三羧酸循环产生电子，电子从有机化合物降解中衍生出来，并通过氢化酶作用生成氢气。间接生物光解制氢的最大的光能转化效率仅为16.3%[202]。在间接生物光解过程中，可产生较纯净的氢气，这与直接生物光解不同。鱼腥藻、藓类念珠藻和灰颤藻等蓝藻能够进行间接生物光解作用[203]。

光发酵产氢指光合细菌在厌氧、光照条件下，降解有机物的同时产生氢气。在光发酵机制下，细胞外有机物质(例如有机酸、碳水化合物、淀粉和纤维素[68])用作电子源，借助太阳光照产生氢气。光发酵被认为是微藻制氢的最有潜力方式，其产氢效率高且过程中无氧气产生。球形红细菌和球形红假单胞菌等紫色的非硫细菌都可通过光发酵产生氢气。

8.4 本章小结

微藻是一种很有发展潜力的生物质原料，也是生物固碳的重要途径，其大规模培养在可持续能源、生物制药、环境保护、太空食品、微生物基新材料等领域有重要应用。本章介绍了叶绿素和细菌叶绿素、类胡萝卜素和藻胆蛋白等微藻光合色素的吸光机制，给出了微藻的主要成分，包括水分、油脂、蛋白质、碳水化合物的光学特性，介绍了微藻制氢生物学过程。微藻制氢是利用微藻代谢过程来生产氢气的一项生物工程技术，相对于传统方法其具有低耗能、低成本的明显优势，作为一种可持续能源方向具有重要发展前景。

参考文献

[1] YEN H W, HO S H, CHEN C Y, et al. CO_2, NO_x and SO_x removal from flue gas via microalgae cultivation: a critical review [J]. Biotechnology Journal, 2015, 10(6): 829-839.

[2] PARRY M L, CANZIANI O F, PALUTIKOF J P, et al. Contribution of working group Ⅱ to the fourth assessment report of the intergovernmental panel on climate change, 2007 [M]. Cambridge: Cambridge University Press, 2007.

[3] CHISTI Y. Biodiesel from microalgae [J]. Biotechnol Adv, 2007, 25(3): 294-306.

[4] GONZALEZFERNANDEZ C, MUÑOZ R. Microalgae-based biofuels and bioproducts [M]. Cambridge: Woodhead Publishing, 2017.

[5] GARCIA M C, MIRÓN A S, SEVILLA J F, et al. Mixotrophic growth of the microalga Phaeodactylum tricornutum: influence of different nitrogen and organic carbon sources on productivity and biomass composition [J]. Process Biochemistry, 2005, 40(1): 297-305.

[6] LI Y Q, HORSMAN M, WANG B, et al. Effects of nitrogen sources on cell growth and lipid accumulation of green alga *Neochloris oleoabundans* [J].

Applied Microbiology and Biotechnology, 2008, 81(4): 629-636.

[7] QIANG H, RICHMOND A. Productivity and photosynthetic efficiency of Spirulina platensis as affected by light intensity, algal density and rate of mixing in a flat plate photobioreactor [J]. Journal of Applied Phycology, 1996, 8(2): 139-145.

[8] SOROKIN C, KRAUSS R W. The effects of light intensity on the growth rates of green algae [J]. Plant Physiology, 1958, 33(2): 109-113.

[9] TEOH M L, CHU W L, MARCHANT H, et al. Influence of culture temperature on the growth, biochemical composition and fatty acid profiles of six Antarctic microalgae [J]. Journal of Applied Phycology, 2004, 16(6): 421-430.

[10] PILON L, KANDILIAN R. Interaction between light and photosynthetic microorganisms [M]. New York: Academic Press, 2016.

[11] JONASZ M, FOURNIER G R. Light scattering by particles in water [M]. San Diego: Academic Press, 2007.

[12] DU Z Y, HU B, MAX C, et al. Catalytic pyrolysis of microalgae and their three major components: carbohydrates, proteins, and lipids [J]. Bioresour Technol, 2013, 130: 777-782.

[13] BIDIGARE R R, ONDRUSEK M E, MORROW J H, et al. In-vivo absorption properties of algal pigments [C]. Orlando:SPIE,1990.

[14] LEE E, HENG R L, PILON L. Spectral optical properties of selected photosynthetic microalgae producing biofuels [J]. Journal of Quantitative Spectroscopy and Radiative Transfer, 2013, 114:122-135.

[15] 贺振宗. 微藻光学特性反演及制氢动力学研究 [D]. 哈尔滨: 哈尔滨工业大学, 2016.

[16] PILON L, BERBEROĞLU H, KANDILIAN R. Radiation transfer in photobiological carbon dioxide fixation and fuel production by microalgae [J]. Journal of Quantitative Spectroscopy and Radiative Transfer, 2011, 112(17): 2639-2660.

[17] BERMAN-FRANK I, LUNDGREN P, FALKOWSKI P. Nitrogen

fixation and photosynthetic oxygen evolution in cyanobacteria [J]. Research in Microbiology, 2003, 154(3): 157-164.

[18] VAILLANCOURT R D, BROWN C W, GUILLARD R R L, et al. Light backscattering properties of marine phytoplankton: relationships to cell size, chemical composition and taxonomy [J]. Journal of plankton research, 2004, 26(2): 191-212.

[19] SOULIÈS A, PRUVOST J, LEGRAND J, et al. Rheological properties of suspensions of the green microalga *Chlorella vulgaris* at various volume fractions [J]. Rheologica Acta, 2013, 52(6): 589-605.

[20] SHEEHAN J, DUNAHAY T, BENEMANN J, et al. A look back at the US Department of Energy's aquatic species program: biodiesel from algae [J]. National Renewable Energy Laboratory, 1998, 328: 1-294.

[21] KE B. Photosynthesis: photobiochemistry and photobiophysics [M]. Berlin: Springer Science & Business Media, 2001.

[22] MELIS A, NEIDHARDT J, BENEMANN J R. Dunaliella salina (*Chlorophyta*) with small chlorophyll antenna sizes exhibit higher photosynthetic productivities and photon use efficiencies than normally pigmented cells [J]. Journal of Applied Phycology, 1998, 10(6): 515-525.

[23] YOON J H, SIM S J, KIM M S, et al. High cell density culture of *Anabaena variabilis* using repeated injections of carbon dioxide for the production of hydrogen [J]. International Journal of Hydrogen Energy, 2002, 27(11): 1265-1270.

[24] PATEL B N, MERRETT M J. Regulation of carbonic-anhydrase activity, inorganic-carbon uptake and photosynthetic biomass yield in *Chlamydomonas reinhardtii* [J]. Planta, 1986, 169(1): 81-86.

[25] COLLOS Y, HARRISON P J. Acclimation and toxicity of high ammonium concentrations to unicellular algae [J]. Marine Pollution Bulletin, 2014, 80(1-2): 8-23.

[26] FU Q, CHANG H X, HUANG Y, et al. A novel self-adaptive microalgae

photobioreactor using anion exchange membranes for continuous supply of nutrients [J]. Bioresour Technol, 2016, 214:629-636.

[27] 陈智杰，姜泽毅，张欣欣，等. 微藻培养光生物反应器内传递现象的研究进展 [J]. 化工进展，2012，31(7)：1407-1413,1418.

[28] LUNDQUIST T J, WOERTZ I C, QUINN N W T, et al. A Realistic technology and engineering assessment of algae biofuel production [J]. Energy Biosciences Institute, 2010, 10:174-178.

[29] 陈智杰，姜泽毅，张欣欣. 开放式光生物反应器内光传输数学模型研究 [J]. 热带海洋学报，2013，32(6)：36-41.

[30] 刘春朝，刘瑞，王锋. 微藻培养过程的光特性研究进展 [J]. 生物加工过程，2011，9(6)：69-76.

[31] 刘晶璘. 光生物反应器光现象的理论研究 [D]. 上海：华东理工大学，1998.

[32] 王玉华，满胜，李雪梅. 微藻光生物反应器中光强分布规律的研究进展 [J]. 浙江海洋学院学报(自然科学版)，2015,34(1)：74-79.

[33] 伊廷强，叶静，何泽超. 海洋微藻培养及光生物反应器的研究进展 [J]. 化工设计，2008，18(3)：11-14.

[34] 赵旭. 微藻光生物反应器内光传输及生化动力学特性数值模拟研究 [D]. 重庆：重庆大学，2016.

[35] 陈智杰. 微藻培养体系光传递与气液传质现象研究 [D]. 北京：北京科技大学，2017.

[36] 熊伟. 微藻生物膜光生物反应器内传递与生化反应特性的研究 [D]. 重庆：重庆大学，2016.

[37] DE ORTEGA A R, ROUX J. Production of *Chlorella biomass* in different types of flat bioreactors in temperate zones [J]. Biomass, 1986, 10(2): 141-156.

[38] AIBA S. Growth kinetics of photosynthetic microorganisms [J]. Microbial Reactions, 1982, 23:85-156.

[39] CORNET J F, DUSSAP C G, DUBERTRET G. A structured model for simulation of cultures of the cyanobacterium *Spirulina platensis* in photobioreactors: Ⅰ. Coupling between light transfer and growth kinetics [J].

Biotechnol Bioeng, 1992, 40(7): 817-825.

[40] CORNET J F, DUSSAP C G, CLUZEL P, et al. A structured model for simulation of cultures of the cyanobacterium *Spirulina platensis* in photobioreactors: Ⅱ. Identification of kinetic parameters under light and mineral limitations [J]. Biotechnology & Bioengineering, 1992, 40(7): 826-834.

[41] CORNET J F, ALBIOL J. Modeling photoheterotrophic growth kinetics of rhodospirillumrubrum in rectangular photobioreactors [J]. Biotechnology Progress, 2000, 16(2): 199-207.

[42] POTTIER L, PRUVOST J, DEREMETZ J, et al. A fully predictive model for one-dimensional light attenuation by *Chlamydomonas reinhardtii* in a torus photobioreactor [J]. Biotechnol Bioeng, 2005, 91(5): 569-582.

[43] LEE E, PRUVOST J, HE X, et al. Design tool and guidelines for outdoor photobioreactors [J]. Chemical Engineering Science, 2014, 106: 18-29.

[44] KONG B, VIGIL R D. Simulation of photosynthetically active radiation distribution in algal photobioreactors using a multidimensional spectral radiation model [J]. Bioresour Technol, 2014, 158:141-148.

[45] DE MOOIJ T D, DE VRIES G D, LATSOS C, et al. Impact of light color on photobioreactor productivity [J]. Algal Research, 2016, 15: 32-42.

[46] FUENTE D, KELLER J, CONEJERO J A, et al. Light distribution and spectral composition within cultures of micro-algae: quantitative modelling of the light field in photobioreactors [J]. Algal Research, 2017, 23:166-177.

[47] MA C Y, ZHAO J M, LIU L H, et al. Growth-dependent radiative properties of *Chlorella vulgaris* and its influence on prediction of light fluence rate in photobioreactor [J]. Journal of Applied Phycology, 2019, 31(1): 235-247.

[48] DOMBROVSKY L, RANDRIANALISOA J, BAILLIS D. Modified two-flux approximation for identification of radiative properties of absorbing and scattering media from directional-hemispherical measurements [J]. JOSA A, 2006, 23(1): 91-98.

[49] DANIEL K J, INCROPERA F P. Optical property measurements in suspensions of unicellular algae[R]. Indiana: Purdue University Technical Report, 1977.

[50] LI X C, ZHAO J M, LIU L H, et al. Optical extinction characteristics of three biofuel production microalgae determined by a new method [J]. Particuology, 2017,33:1-10.

[51] MOORE C C, ZANEVELD J R V, KITCHEN J C. Preliminary results from an in-situ spectral absorption meter [J]. International Society for Optics and Photonics, 1992, 1750:330-338.

[52] ZANEVELD J R V, BARTZ R, KITCHEN J C. Reflective-tube absorption meter [C]. Orlando:SPIE, 1990.

[53] FRY E S, KATTAWAR G W, POPE R M. Integrating cavity absorption meter [J]. Applied Optics, 1992, 31(12): 2055-2065.

[54] PRIVOZNIK K G, DANIEL K J, INCROPERA F P. Absorption, extinction and phase function measurements for algal suspensions of chlorella pyrenoidosa [J]. Journal of Quantitative Spectroscopy & Radiative Transfer, 1978, 20(4): 345-352.

[55] BERBEROGLU H, PILON L, MELIS A. Radiation characteristics of *Chlamydomonas reinhardtii* CC125 and its truncated chlorophyll antenna transformants tla1, tlaX and tla1-CW + [J]. International Journal of Hydrogen Energy, 2008, 33(22): 6467-6483.

[56] 刘林华,赵军明,谈和平. 辐射传递方程数值模拟的有限元和谱元法 [M]. 北京: 科学出版社, 2008.

[57] 谈和平,夏新林,刘林华,等. 红外辐射特性与传输的数值计算:计算热辐射学 [M]. 哈尔滨: 哈尔滨工业大学出版社, 2006.

[58] HENDRICKS T J, HOWELL J R. Absorption/scattering coefficients and

scattering phase functions in reticulated porous ceramics [J]. Journal of Heat Transfer, 1996, 118(1): 79-87.

[59] RANDRIANALISOA J H, BAILLIS D, PILON L. Improved inverse method for radiative characteristics of closed-cell absorbing porous media [J]. Journal of Thermophysics & Heat Transfer, 2006, 20(4): 871-883.

[60] DOMBROVSKY L, RANDRIANALISOA J, BAILLIS D, et al. Use of Mie theory to analyze experimental data to identify infrared properties of fused quartz containing bubbles [J]. Applied Optics, 2005, 44(33): 7021-7031.

[61] SPINRAD R W, BROWN J F. Relative real refractive index of marine microorganisms: a technique for flow cytometric estimation [J]. Applied Optics, 1986, 25(12): 1930.

[62] JONASZ M, FOURNIER G, STRAMSKI D. Photometric immersion refractometry: a method for determining the refractive index of marine microbial particles from beam attenuation [J]. Applied Optics, 1997, 36(18): 4214-4225.

[63] GREEN R E, SOSIK H M, OLSON R J, et al. Flow cytometric determination of size and complex refractive index for marine particles: comparison with independent and bulk estimates [J]. Applied Optics, 2003, 42(3): 526-541.

[64] KANDILIAN R, LEE E, PILON L. Radiation and optical properties of *Nannochloropsis oculata* grown under different irradiances and spectra [J]. Bioresour Technol, 2013, 137:63-73.

[65] HENG R L, LEE E, PILON L. Radiation characteristics and optical properties of filamentous cyanobacterium *Anabaena cylindrica* [J]. Journal of Optical Society of America A, 2014, 31(4): 836-845.

[66] DAVIES-COLLEY R J, PRIDMORE R D, HEWITT J E. Optical properties of some freshwater phytoplanktonic algae [J]. Hydrobiologia, 1986, 133(2): 165-178.

[67] REYNOLDS R A, STRAMSKI D, KIEFER D A. The effect of nitrogren

limitation on the absorption and scattering properties of the marine diatom Thalassiosira pseudonana [J]. Limnology and Oceanography, 1997, 42 (5): 881-892.

[68] BERBEROGLU H, PILON L. Experimental measurements of the radiation characteristics of *Anabaena variabilis* ATCC 29413-U and *Rhodobacter sphaeroides* ATCC 49419 [J]. International Journal of Hydrogen Energy, 2007, 32(18): 4772-4785.

[69] BERBEROGLU H, GOMEZ P S, PILON L. Radiation characteristics of *Botryococcus braunii*, *Chlorococcum littorale*, and *Chlorella* sp. used for CO_2 fixation and biofuel production [J]. Journal of Quantitative Spectroscopy and Radiative Transfer, 2009, 110(17): 1879-1893.

[70] HENG R L, PILON L. Time-dependent radiation characteristics of *Nannochloropsis oculata* during batch culture [J]. Journal of Quantitative Spectroscopy and Radiative Transfer, 2014, 144:154-163.

[71] HENG R L, PILON L. Radiation characteristics and effective optical properties of dumbbell-shaped cyanobacterium *Synechocystis* sp. [J]. Journal of Quantitative Spectroscopy and Radiative Transfer, 2016, 174: 65-78.

[72] KANDILIAN R, PRUVOST J, ARTU A, et al. Comparison of experimentally and theoretically determined radiation characteristics of photosynthetic microorganisms [J]. Journal of Quantitative Spectroscopy & Radiative Transfer, 2016, 175:30-45.

[73] MA C Y, ZHAO J M, LIU L H. Experimental study of the temporal scaling characteristics of growth-dependent radiative properties of *Spirulina platensis* [J]. Journal of Quantitative Spectroscopy and Radiative Transfer, 2018, 217:453-458.

[74] MA C Y, ZHAO J M, LIU L H, et al. GPU-accelerated inverse identification of radiative properties of particle suspensions in liquid by the Monte Carlo method [J]. Journal of Quantitative Spectroscopy and Radiative Transfer, 2016, 172:146-159.

[75] ZHAO J M, MA C Y, LIU L H. Temporal scaling of the growth dependent optical properties of microalgae [J]. Journal of Quantitative Spectroscopy and Radiative Transfer, 2018, 214:61-70.

[76] 马春阳,宋功发,赵军明,等. 小球藻细胞群散射相函数的实验研究 [J]. 工程热物理学报, 2017, 38(5): 1068-1070.

[77] 马春阳,宋功发,赵军明,等. 微藻生长期辐射特性测量方法 [J]. 哈尔滨工业大学学报, 2018, 50(1): 50-58.

[78] 马春阳,赵军明,刘林华. 鱼腥藻辐射特性实验研究 [J]. 工程热物理学报, 2018, 39(10): 2260-2263.

[79] BOHREN C F, HUFFMAN D R. Absorption and scattering of light by small particles [M]. New York:John Wiley & Sons, 2008.

[80] MIE G. Beiträge zur optik trüber medien, speziell kolloidaler metallösungen [J]. Annalen der physik, 1908, 330(3): 377-445.

[81] ADEN A L, KERKER M. Scattering of electromagnetic waves from two concentric spheres [J]. Journal of Applied Physics, 1951, 22(10): 1242-1246.

[82] KERKER M. The scattering of light and other electromagnetic radiation: physical chemistry: a series of monographs [M]. New York: Academic Press, 2013.

[83] MISHCHENKO M I, TRAVIS L D, LACIS A A. Scattering, absorption, and emission of light by small particles [M]. Cambridge: Cambridge University Press, 2002.

[84] QUIRANTES A, BERNARD S. Light scattering by marine algae: two-layer spherical and nonspherical models [J]. Journal of Quantitative Spectroscopy and Radiative Transfer, 2004, 89(1): 311-321.

[85] DONG J, ZHAO J M, LIU L H. Effect of spine-like surface structures on the radiative properties of microorganism [J]. Journal of Quantitative Spectroscopy & Radiative Transfer, 2016, 173:49-64.

[86] LEE E, PILON L. Absorption and scattering by long and randomly oriented linear chains of spheres [J]. Journal of Optical Society of

America A, 2013, 30(9): 1892-1900.

[87] MA C Y, ZHAO J M, LIU L H. Theoretical analysis of radiative properties of pronucleus multicellular cyanobacteria [J]. Journal of Quantitative Spectroscopy and Radiative Transfer, 2019, 224:91-102.

[88] 马春阳，赵军明，刘林华，等. 考虑细胞形态的小球藻光散射特性模拟[J]. 工程热物理学报，2015，36(11)：2437-2440.

[89] AAS E. Refractive index of phytoplankton derived from its metabolite composition [J]. Journal of Plankton Research, 1996, 18 (12): 2223-2249.

[90] DAUCHET J, BLANCO S, CORNET J F, et al. Calculation of the radiative properties of photosynthetic microorganisms [J]. Journal of Quantitative Spectroscopy and Radiative Transfer, 2015, 161:60-84.

[91] RATCLIFF W C, HERRON M D, HOWELL K, et al. Experimental evolution of an alternating uni- and multicellular life cycle in *Chlamydomonas reinhardtii* [J]. Nature Communications, 2013, 4 (7): 2742.

[92] HENG R L, SY K C, PILON L. Absorption and scattering by bispheres, quadspheres, and circular rings of spheres and their equivalent coated spheres [J]. J Opt Soc Am A, 2015, 32(1): 46-60.

[93] KANDILIAN R, HENG R L, PILON L. Absorption and scattering by fractal aggregates and by their equivalent coated spheres [J]. Journal of Quantitative Spectroscopy & Radiative Transfer, 2015, 151:310-326.

[94] HE Z, QI H, JIA T, et al. Influence of fractal-like aggregation on radiative properties of *Chlamydomonas reinhardtii* and H_2 production rate in the plate photobioreactor [J]. International Journal of Hydrogen Energy, 2015, 40(32): 9952-9965.

[95] TRAN D C, SIGEL G H, BENDOW B. Heavy metal fluoride glasses and fibers: a review [J]. Journal of Lightwave Technology, 1984, 2(5): 566-586.

[96] KHASHAN M A, EL-NAGGAR A M, SHADDAD E. A new method of

determining the optical constants of a thin film from its reflectance and transmittance interferograms in a wide spectral range: 0.2-3 μm [J]. Optics Communications, 2000, 178:123-132.

[97] KHASHAN M A, EL-NAGGAR A M. A new method of finding the optical constants of a solid from the reflectance and transmittance spectrograms of its slab [J]. Optics Communications, 2000, 174: 445-453.

[98] WAHAB L A, ZAYED H A, EL-GALIL A A A. Study of structural and optical properties of $Cd_{1-x}Zn_xSe$ thin films [J]. Thin Solid Films, 2012, 520(16): 5195-5199.

[99] EL-ZAIAT S Y, EL-DEN M B, EL-KAMEESY S U, et al. Spectral dispersion of linear optical properties for Sm_2O_3 doped B_2O_3-PbO-Al_2O_3 glasses [J]. Optics & Laser Technology, 2012, 44(5): 1270-1276.

[100] STEYER T R, DAY K L, HUFFMAN D R. Infrared absorption by small amorphous quartz spheres [J]. Applied Optics, 1974, 13(7): 1586-1590.

[101] BIRCH J R, COOK R J, HARDING A F, et al. The optical constants of ordinary glass from 0.29 to 4 000 cm^{-1} [J]. Journal of Physics D: Applied Physics, 1975, 8(11):1353-1358.

[102] KITAMURA R, PILON L, JONASZ M. Optical constants of silica glass from extreme ultraviolet to far infrared at near room temperature [J]. Applied Optics, 2007, 46(33): 8118-8133.

[103] BENNETT H S, FORMAN R A. Photoacoustic methods for measuring surface and bulk absorption coefficients in highly transparent materials: theory of a gas cell [J]. Applied Optics, 1976, 15(10): 2405-2413.

[104] HORDVIK A, SCHLOSSBERG H. Photoacoustic technique for determining optical absorption coefficients in solids [J]. Applied Optics, 1977, 16(1): 101-107.

[105] HAAS G A, PANKEY T, HOLM R T. Attenuated - total - reflection measurements of Si-SiO_2 interfaces [J]. Journal of Applied Physics,

1976, 47(3): 1185-1186.

[106] HORDVIK A. Measurement techniques for small absorption coefficients: recent advances [J]. Applied Optics, 1977, 16(11): 2827-2833.

[107] REGALADO L E, MACHORRO R, SIQUEIROS J M. Attenuated-total-reflection technique for the determination of optical constants [J]. Applied Optics, 1991, 30(22): 3176-3180.

[108] KVIETKOVA J, DANIEL B, HETTERICH M, et al. Optical properties of ZnSe and $Zn_{0.87}Mn_{0.13}Se$ epilayers determined by spectroscopic ellipsometry [J]. Thin Solid Films, 2004, 455-456: 228-230.

[109] ZOLANVARI A, NOROUZI R, SADEGHI H. Optical properties of ZnS/Ag/ZnS transparent conductive sandwich structures investigated by spectroscopic ellipsometry [J]. Journal of Materials Science: Materials in Electronics, 2015, 26(6): 4085-4090.

[110] WANG Z, XIAO J, MIAO F. Study of mid-infrared optical properties of ZnS thin films by spectroscopic ellipsometry [J]. Materials Review, 2015, 2(1): 44-49.

[111] TUNTOMO A, TIEN C L, PARK S H. Optical constants of liquid hydrocarbon fuels [J]. Combustion Science and Technology, 1992, 84(1-6): 133-140.

[112] DONG L, QING A, XINLIN X. Determined optical constants of ZnSe glass from 0.83 to 21 μm by transmittance spectra: methods and measurements [J]. Japanese Journal of Applied Physics, 2013, 52(4R): 046602.

[113] FUJIWARA H. Spectroscopic ellipsometry principles and applications [M]. Chichester: John Wiley & Sons, 2007.

[114] PALIK E D. Handbook of optical constants of solids-Ⅱ [M]. San Diego: Academic Press, 1985.

[115] LARGE M C J, MCKENZIE D R, LARGE M I. Incoherent reflection processes: a discrete approach [J]. Optics Communications, 1996, 128:

307-314.

[116] ZHANG Z M. Nano microscale heat transfer [M]. New York: McGraw-Hill Professional, 2007.

[117] STENZEL O. The physics of thin film optical spectra: an introduction. [M]. New York: Springer, 2005.

[118] 李兴灿. 颗粒混悬液辐射特性参数测量方法研究[D]. 哈尔滨:哈尔滨工业大学,2017.

[119] 余其铮. 辐射换热原理 [M]. 哈尔滨:哈尔滨工业大学出版社, 2000.

[120] MODEST M F. Radiative heat transfer [M]. New York: Academic Press, 2013.

[121] KINNUNEN M, KARMENYAN A. Overview of single-cell elastic light scattering techniques [J]. Journal of Biomedical Optics, 2015, 20(5): 051040.

[122] FOSCHUM F, KIENLE A. Optimized goniometer for determination of the scattering phase function of suspended particles: simulations and measurements [J]. Journal of Biomedical Optics, 2013, 18(8): 085002.

[123] CEOLATO R, RIVIERE N, JORAND R, et al. Light-scattering by aggregates of tumor cells: spectral, polarimetric, and angular measurements [J]. Journal of Quantitative Spectroscopy and Radiative Transfer, 2014, 146:207-213.

[124] VAUDELLE F, L'HUILLIER J P, ASKOURA M L. Light source distribution and scattering phase function influence light transport in diffuse multi-layered media [J]. Optics Communications, 2017, 392:268-281.

[125] EPPANAPELLI L K, CASSELGREN J, WåHLIN J, et al. Investigation of snow single scattering properties based on first order Legendre phase function [J]. Optics and Lasers in Engineering, 2017, 91:151-159.

[126] AGRAWAL B M, MENGÜÇ M P. Forward and inverse analysis of single and multiple scattering of collimated radiation in an axisymmetric system [J]. International Journal of Heat and Mass Transfer, 1991, 34

(3): 633-647.

[127] LI X C, ZHAO J M, LIU L H, et al. An improved method for determining optical extinction characteristics of microalgae [J]. Chinese Science Bulletin, 2017, 62(4): 328-334.

[128] 李兴灿,赵军明,刘林华,等. 微藻光谱衰减特性测量的一种改进方法 [J]. 科学通报, 2017, 62(4): 328-334.

[129] WANG L, JACQUES S L, ZHENG L. MCML-Monte Carlo modeling of light transport in multi-layered tissues [J]. Computer Methods and Programs in Biomedicine, 1995, 47(2): 131-146.

[130] PRAHL S A. A Monte Carlo model of light propagation in tissue [J]. Proc Spie, 1989, 5:102-111.

[131] NICKOLLS J, DALLY W J. The GPU computing era [J]. IEEE Micro, 2010, 30(2): 56-69.

[132] SANDERS J, KANDROT E. CUDA by example: an introduction to general-purpose GPU programming [M]. Paris: Addison-Wesley Professional, 2010.

[133] DEMATTÉ L, PRANDI D. GPU computing for systems biology [J]. Briefings in Bioinformatics, 2010, 11(3): 323-333.

[134] LIU W G, SCHMIDT B, VOSS G, et al. Streaming algorithms for biological sequence alignment on GPUs [J]. IEEE Transactions on Parallel & Distributed Systems, 2007, 18(9): 1270-1281.

[135] LIU J T, MA Z S, LI S H, et al. A GPU accelerated red-black SOR algorithm for computational fluid dynamics problems [J]. Advanced Materials Research, 2011, 320: 335-340.

[136] WALKER T, XUE S C, BARTON G W. Numerical determination of radiative view factors using ray tracing [J]. Journal of Heat Transfer, 2010, 132(7): 271-291.

[137] WALKER T, XUE S C, BARTON G W. A robust monte carlo based ray-tracing approach for the calculation of view factors in arbitrary three-dimensional geometries [J]. Computational Thermal Sciences, 2012, 4

(5): 425-442.

[138] HE X, LEE E, WILCOX L, et al. A High-order-accurate GPU-based radiative transfer equation solver for combustion and propulsion applications [J]. Numerical Heat Transfer Part B Fundamentals, 2013, 63(6): 457-484.

[139] ALERSTAM, E, SVENSSON, T, ANDERSSON-ENGELS S. Cudamcml-user manual and implementation notes [G]. South Carolina: Lund University, 2009.

[140] EBERHART, SHI Y. Particle swarm optimization: developments, applications and resources [J]. Proceedings of the 2001 Congress on Evolutionary Computation, 2002, 1:81-86.

[141] KENNEDY J. Particle swarm optimization [C]. Berlin: Springer, 2011.

[142] PARSOPOULOS K E, VRAHATIS M N. Particle swarm optimization and intelligence: advances and applications [M]. Hershey: IGI Global, 2010.

[143] QI H, RUAN L M, ZHANG H C, et al. Inverse radiation analysis of a one-dimensional participating slab by stochastic particle swarm optimizer algorithm [J]. International Journal of Thermal Sciences, 2007, 46(7): 649-661.

[144] QI H, WANG D L, WANG S G, et al. Inverse transient radiation analysis in one-dimensional non-homogeneous participating slabs using particle swarm optimization algorithms [J]. Journal of Quantitative Spectroscopy & Radiative Transfer, 2011, 112(15): 2507-2519.

[145] CLERC M, KENNEDY J. The particle swarm - explosion, stability, and convergence in a multidimensional complex space [J]. Evolutionary Computation IEEE Transactions on, 2002, 6(1): 58-73.

[146] LIU L H, TAN H P. Inverse radiation problem in three-dimensional complicated geometric systems with opaque boundaries [J]. Journal of Quantitative Spectroscopy & Radiative Transfer, 2001, 68(5): 559-573.

[147] SHEN Y J, ZHU Q Z, ZHANG Z M. A scatterometer for measuring the

bidirectional reflectance and transmittance of semiconductor wafers with rough surfaces [J]. Review of Scientific Instruments, 2003, 74(11): 4885-4892.

[148] KANDILIAN R, SOULIES A, PRUVOST J, et al. Simple method for measuring the spectral absorption cross-section of microalgae [J]. Chemical Engineering Science, 2016, 146:357-368.

[149] KURANO N, MIYACHI S. Selection of microalgal growth model for describing specific growth rate-light response using extended information criterion [J]. Journal of bioscience and bioengineering, 2005, 100(4): 403-408.

[150] BIDIGARE R R, SMITH R C, BAKER K S, et al. Oceanic primary production estimates from measurements of spectral irradiance and pigment concentrations [J]. Global Biogeochemical Cycles, 1987, 1(3): 171-186.

[151] HOEKSTRA A, MALTSEV V, VIDEEN G. Optics of biological particles [M]. Berlin:Springer Netherlands, 2007.

[152] BRUNSTING A, MULLANEY P F. Light scattering from coated spheres: model for biological cells [J]. Applied Optics, 1972, 11(3): 675-680.

[153] MANICKAVASAGAM S, MENGÜÇ M P. Scattering-matrix elements of coated infinite-length cylinders [J]. Applied Optics, 1998, 37(12): 2473-2482.

[154] PURCELL E M, PENNYPACKER C R. Scattering and absorption of light by nonspherical dielectric grains [J]. Astrophysical Journal, 1973, 186(2): 705-714.

[155] YURKIN M A, HOEKSTRA A G. The discrete-dipole-approximation code ADDA: capabilities and known limitations [J]. Journal of Quantitative Spectroscopy & Radiative Transfer, 2011, 112 (13): 2234-2247.

[156] DRAINE B T. Discrete-dipole approximation and its application to

interstellar graphite grains [J]. Astrophysical Journal, 1988, 333: 848-872.

[157] JACKSON J D. Classical electrodynamics[M]. New York: 3rd Edition. John Wiley & Sons, 2007.

[158] DRAINE B T, FLATAU P J. Discrete-dipole approximation for scattering calculations [J]. Journal of the Optical Society of America A, 1994, 11(4): 1491-1499.

[159] MUINONEN K, ZUBKO E, TYYNELÄ J, et al. Light scattering by Gaussian random particles with discrete-dipole approximation [J]. Journal of Quantitative Spectroscopy & Radiative Transfer, 2007, 106 (1-3): 360-377.

[160] NOUSIAINEN T, MCFARQUHAR G M. Light scattering by quasi-spherical ice crystals [J]. Journal of the Atmospheric Sciences, 2004, 61 (18): 2229-2248.

[161] BHOWMIK A, PILON L. Can spherical eukaryotic microalgae cells be treated as optically homogeneous? [J]. Journal of the Optical Society of America A, 2016, 33(8): 1495-1503.

[162] LEE S C. Radiative transfer through a fibrous medium: allowance for fiber orientation [J]. Journal of Quantitative Spectroscopy & Radiative Transfer, 1986, 36(3): 253-263.

[163] ROSS R A. Scattering by a finite cylinder [J]. Proceedings of the Institution of Electrical Engineers, 1967, 114(7): 864-868.

[164] ROTHER T, HAVEMANN S, SCHMIDT K. Scattering of plane waves on finite cylinders with non-circular cross-sections - abstract [J]. Journal of Electromagnetic Waves and Applications, 1999, 13(8): 1037-1038.

[165] MALLET P G U, EACUTE C A, et al. Maxwell-Garnett mixing rule in the presence of multiple scattering: derivation and accuracy [J]. Physical Review B, 2005, 72(1): 014205.

[166] SIHVOLA A. Mixing rules with complex dielectric coefficients [J]. Subsurface Sensing Technologies & Applications, 2000, 1(4): 393-415.

[167] BRATBAK G, DUNDAS I. Bacterial dry matter content and biomass estimations [J]. Applied & Environmental Microbiology, 1984, 48(4): 755-757.

[168] ROSS K F, BILLING E. The water and solid content of living bacterial spores and vegetative cells as indicated by refractive index measurements [J]. Journal of General Microbiology, 1957, 16(2): 418-425.

[169] LOPAREV A V, KRETUSHEV A V, TYCHINSKIĬ V P. Coherent phase microscopy: a new method of identification of intracellular structures based on their optical and morphometric parameters [J]. Biofizika, 2008, 53(2): 299-304.

[170] MACKOWSKI D W, MISHCHENKO M I. Calculation of the T matrix and the scattering matrix for ensembles of spheres [J]. Journal of the Optical Society of America A, 1996, 13(11): 2266-2278.

[171] WU M L, HANLIN R T. Ascomal development in *Leptosphaerulina* crassiasca [J]. Mycologia, 1992, 84(2): 241-252.

[172] ARNOLD W, OPPENHEIMER J R. Internal conversion in the photosynthetic mechanism of blue-green alage [J]. Journal of General Physiology, 1950, 33(4): 423-435.

[173] 曹科伟. 一株北极小球藻的温度适应性及其优化培养的研究 [D]. 南京: 南京农业大学, 2015.

[174] 李永富, 孟范平, 李祥蕾, 等. 光照对光生物反应器中微藻高密度光自养培养的影响 [J]. 中国生物工程杂志, 2013, 33(2): 103-110.

[175] BOULET P, COLLIN A, CONSALVI J L. On the finite volume method and the discrete ordinates method regarding radiative heat transfer in acute forward anisotropic scattering media [J]. Journal of Quantitative Spectroscopy & Radiative Transfer, 2007, 104(3): 460-473.

[176] HUNTER B, GUO Z X. Conservation of asymmetry factor in phase function discretization for radiative transfer analysis in anisotropic scattering media [J]. International Journal of Heat & Mass Transfer,

2012, 55(5): 1544-1552.

[177] JOSEPH J H, WISCOMBE W J, WEINMAN J A. The delta-eddington approximation for radiative flux transfer [J]. Journal of the Atmospheric Sciences, 1976, 33(12): 2452-2459.

[178] COELHO P. Discrete ordinates solution of radiative transfer in scattering media with collimated irradiation [C]. Turkey:Proceedings of the 8th International Symposium on Radiative Transfer Turkey, 2016.

[179] KIEFER D A, MITCHELL B G. A simple, steady state description of phytoplankton grwoth based on absorption cross section and quantum efficiency [J]. Limnology & Oceanography, 1983, 28(4): 770-776.

[180] FOUCHARD S, PRUVOST J, DEGRENNE B, et al. Kinetic modeling of light limitation and sulfur deprivation effects in the induction of hydrogen production with *Chlamydomonas reinhardtii*: Part Ⅰ. Model development and parameter identification [J]. Biotechnol Bioeng, 2009, 102(1): 232-245.

[181] ZHAO J M, LIU L H. Least-squares spectral element method for radiative heat transfer in semitransparent media [J]. Numerical Heat Transfer Part B Fundamentals, 2006, 50(5): 473-489.

[182] 赵军明. 求解辐射传递方程的谱元法 [D]. 哈尔滨: 哈尔滨工业大学, 2007.

[183] GUEYMARD C. Smarts code, version 2.9.2 user's direct beam spectral irradiance data for photovoltaic cell manual [J]. Solar Consulting Services, http://rredc nrelgov/solar/models/SMARTS, 2002,

[184] TAKACHE H, PRUVOST J, CORNET J F. Kinetic modeling of the photosynthetic growth of *Chlamydomonas reinhardtii* in a photobioreactor [J]. Biotechnology Progress, 2012, 28(3): 681-692.

[185] KANDILIAN R, PRUVOST J, LEGRAND J, et al. Influence of light absorption rate by Nannochloropsis oculata on triglyceride production during nitrogen starvation [J]. Bioresour Technol, 2014, 163:308-319.

[186] LV J M, CHENG L H, XU X H, et al. Enhanced lipid production of

Chlorella vulgaris by adjustment of cultivation conditions [J]. Bioresour Technol, 2010, 101(17): 6797-6804.

[187] RICHMOND A. Handbook of microalgal culture: biotechnology and applied phycology [M]. Oxford: Blackwell Sciences Ltd, 2004.

[188] FALKOWSKI P G, LAROCHE J. Acclimation to spectral irradiance in algae [J]. Journal of Phycology, 1991, 27(1): 8-14.

[189] SOULIÈS A, LEGRAND J, MAREC H, et al. Investigation and modeling of the effects of light spectrum and incident angle on the growth of *Chlorella vulgaris* in photobioreactors [J]. Biotechnology Progress, 2016, 32(2): 247-261.

[190] TAKACHE H, CHRISTOPHE G, CORNET J F, et al. Experimental and theoretical assessment of maximum productivities for the microalgae Chlamydomonas reinhardtii in two different geometries of photobioreactors [J]. Biotechnology Progress, 2010, 26(2): 431-440.

[191] DEWAN A, KIM J, MCLEAN R H, et al. Growth kinetics of microalgae in microfluidic static droplet arrays [J]. Biotechnology and Bioengineering, 2012, 109(12): 2987-2996.

[192] YANG X Y, LI J H, CHEN L, et al. Stable mitotic inheritance of rice minichromosomes in cell suspension cultures [J]. Plant Cell Reports, 2015, 34(6): 929-941.

[193] HALIM R, DANQUAH M K, WEBLEY P A. Extraction of oil from microalgae for biodiesel production: a review [J]. Biotechnol Adv, 2012, 30(3): 709-732.

[194] HU Q, SOMMERFELD M, JARVIS E, et al. Microalgal triacylglycerols as feedstocks for biofuel production: perspectives and advances [J]. Plant J, 2008, 54(4): 621-639.

[195] 黄俊远. 从小球藻中提取油脂、蛋白质和多糖的研究 [D]. 北京: 北京化工大学, 2014.

[196] LUNDBLAD R L, MACDONALD F. Handbook of biochemistry and molecular biology[M]. New York: 4 edition. CRC Press,2018.

[197] LI X C, XIE B W, WU M H, et al. Visible-to-near-infrared optical properties of protein, lipid and carbohydrate in both solid and solution state at room temperature [J]. Journal of Quantitative Spectroscopy and Radiative Transfer, 2021, 259:107410.

[198] PALIK E D. Handbook of optical constants [M]. Academic Press, 1997.

[199] ZOU X B, ZHAO J M, POVEY M J, et al. Variables selection methods in near-infrared spectroscopy [J]. Analytica Chimica Acta, 2010, 667(1-2): 14-32.

[200] LI X C, LIN L, XIE B W, et al. Optical properties of biochemical compositions of microalgae within the spectral range from 300 to 1 700 nm [J]. Appl Opt, 2021, 60(32): 10232-10238.

[201] TAMBURIC B, ZEMICHAEL F W, CRUDGE P, et al. Design of a novel flat-plate photobioreactor system for green algal hydrogen production [J]. International Journal of Hydrogen Energy, 2011, 36 (11): 6578-6591.

[202] PRINCE R C, KHESHGI H S. The photobiological production of hydrogen: potential efficiency and effectiveness as a renewable fuel [J]. Crit Rev Microbiol, 2005, 31(1): 19-31.

[203] PINTO F, TROSHINA O, LINDBLAD P. A brief look at three decades of research on cyanobacterial hydrogen evolution [J]. International Journal of Hydrogen Energy, 2002, 27:1209-1215.

名词索引

H

J

K

L

M

P

S

T

W

X

Y

附　录

附录1　相关程序及数据

A. 双光程透射与椭偏联合法测量数据处理程序

当材料吸收非常弱时，由于底面多次反射，椭偏法不能精确获得其复折射率。双光程透射与椭偏联合法克服了双光程透射法和椭偏法两种方法各自的缺点，可以有效用于高透介质(若吸收介质)复折射率的测量。本程序对双光程透射及椭偏测量数据进行处理，输出复折射率。双光程透射法适用于测量弱吸收材料的复折射率，但对于反演得到折射率和吸收指数存在两组不同的解，其中只有一组是正解。在双光程透射与椭偏联合法中，椭偏法测量高透窗口材料的复折射率作为双光程透射法反演计算中的初始值，此方式可确保该方法获得正确解。该方法在测量低吸收性物质时精度较高。图 A.1 为双光程透射与椭偏联合法的光路示意图。

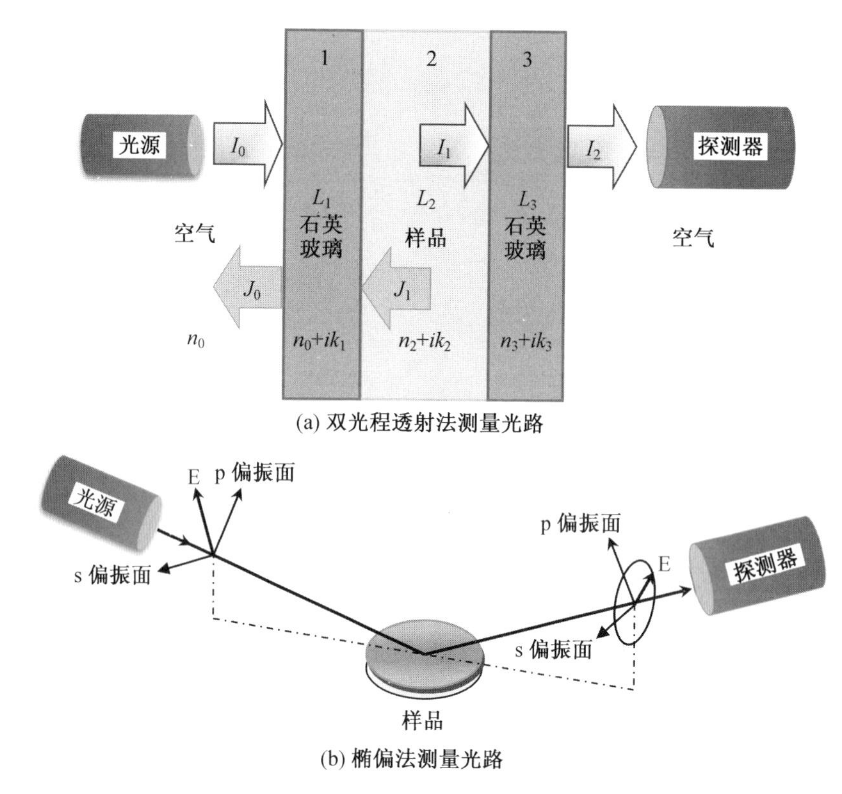

图 A.1　双光程透射与椭偏联合法的光路示意图

B.比色皿中光辐射传输及辐射特性参数反演程序

颗粒悬浮也常置于比色皿中进行光学测量，本程序基于作者发展的谱元法求解比色皿中的光辐射传输过程，然后结合智能反演算法获得光学厚度、散射反照率和非对称因子。具体的，实验测量置于比色皿介质样本的法向半球反射率和法向半球透射率作为输入数据，输出测量样本的光学厚度、散射反照率及不对称因子。盛放微藻混悬液的比色皿的求解模型为 5 层介质，即空气｜玻璃｜样品｜玻璃｜空气。作为简化特例，该程序也可以用于反演测量 3 层介质的辐射特性参数，如固体样品置于空气中，即空气｜样品｜空气。图 B.1 为法向半球透过率测量和法向半球反射率测量示意图。

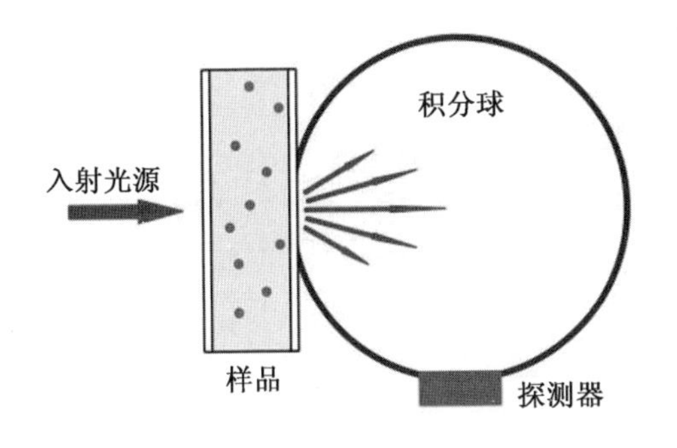

(a) 法向半球透过率测量示意图

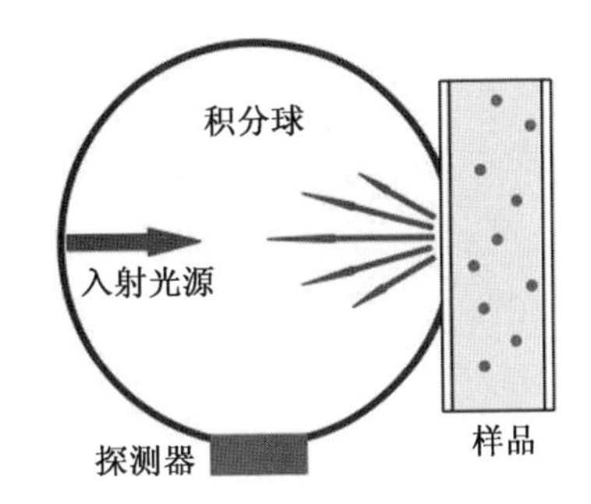

(b) 法向半球反射率测量示意图

图 B.1　法向半球透过率测量示意图和法向半球反射率测量示意图

C. 水的复折射率

这里给出作者通过双光程透射与椭偏联合法测得蒸馏水在 300～2 500 nm 波段范围内的折射率与吸收指数(表 C.1)。光源发出的光依次通过玻璃一液体一玻璃此三层介质系统后到达探测器,第一和第三层介质是同样材质的光学玻璃,第二层介质是液体样本。测量温度为室温,压力为标准大气压。

表 C.1

水的复折射率					
波长/nm	折射率	吸收指数	波长/nm	折射率	吸收指数
300	1.379 93	$6.292\ 26\times10^{-9}$	1 600	1.313 5	0.000 092 499
350	1.363 08	$5.431\ 3\times10^{-9}$	1 650	1.311 32	$7.598\ 57\times10^{-5}$
400	1.353 21	$4.738\ 65\times10^{-9}$	1 700	1.317 79	0.000 102 878
450	1.345 62	$2.093\ 77\times10^{-9}$	1 750	1.311 08	$7.474\ 14\times10^{-5}$
500	1.339 77	$2.751\ 33\times10^{-9}$	1 800	1.304 92	0.000 121 129
550	1.335 86	$5.216\ 39\times10^{-9}$	1 850	1.301 08	0.000 148 808
600	1.332 44	$2.022\ 63\times10^{-8}$	1 900	1.303 97	0.000 482 877
650	1.330 14	$2.815\ 77\times10^{-8}$	1 950	1.302 04	0.000 923 963
700	1.327 71	$4.373\ 68\times10^{-8}$	2 000	1.308 75	0.000 814 791
750	1.325 92	$1.739\ 65\times10^{-7}$	2 050	1.301 52	0.000 608 627
800	1.324 15	$1.522\ 18\times10^{-7}$	2 100	1.298 2	0.000 490 4

续表 C.1

水的复折射率					
波长/nm	折射率	吸收指数	波长/nm	折射率	吸收指数
850	1.323 05	$2.845\ 25\times10^{-7}$	2 150	1.299 03	0.000 369 139
900	1.321 77	$4.741\ 83\times10^{-7}$	2 200	1.288 46	0.000 365 272
950	1.321 1	$2.119\ 78\times10^{-6}$	2 250	1.286 77	0.000 340 648
1 000	1.318 99	$3.074\ 08\times10^{-6}$	2 300	1.285 36	0.000 445 039
1 050	1.319 47	$1.132\ 35\times10^{-6}$	2 350	1.285 24	0.000 531 882
1 100	1.318 78	$1.594\ 87\times10^{-6}$	2 400	1.287 13	0.000 716 86
1 150	1.317 85	$7.948\ 73\times10^{-6}$	2 450	1.281 48	0.000 858 567
1 200	1.317 27	$1.164\ 27\times10^{-5}$	2 500	1.281 47	0.000 991 35
1 250	1.316 58	$1.070\ 87\times10^{-5}$			
1 300	1.315 72	$1.268\ 05\times10^{-5}$			
1 350	1.315 71	$2.983\ 32\times10^{-5}$			
1 400	1.315 93	0.000 169 893			
1 450	1.317 63	0.000 342 801			
1 500	1.315 81	0.000 260 863			
1 550	1.319 17	0.000 149 271			

D. BG11、EM 和 DM 培养基复折射率数据

这里给出 BG11、EM 和 DM 3 种培养基的复折射率实验测量数据。3 种培养基的成分介绍如下：

1 L BG11 培养基中包括 15 g $NaNO_3$、4 g K_2HPO_4、7.5 g $MgSO_4\cdot7H_2O$、3.6 g $CaCl_2\cdot2H_2O$、0.6 g 柠檬酸、0.6 g 柠檬酸铁铵、0.1 g $EDTANa_2$、2 g Na_2CO_3和 1 mL A5 溶液。1 L A5 溶液中含有 2.86 g H_3BO_3、1.86 g $MnCl_2\cdot4H_2O$、0.22 g $ZnSO_4\cdot7H_2O$、0.08 g $CuSO_4\cdot5H_2O$、0.39 g $Na_2MoO_4\cdot2H_2O$、0.05 g $Co(NO_3)_2\cdot6H_2O$。通过 1 mol/L 的 NaOH 或者 HCl 把 pH 调整为 7.1。

1 L EM 培养基主要包括 2.8 L 消毒的人工海水、36 mL P-IV 金属溶液、

10 mL $NaNO_3$、10 mL $Na_2HPO_4 \cdot 7H_2O$、150 mL 土壤提取液和 3 mL 的维生素 B_{12}(0.027g 的维生素 B_{12} 加入离子水 200 mL 中)。1 L P-IV 金属溶液中包含 0.75 g $Na_2EDTA \cdot 2H_2O$、0.041 g $MnCl_2 \cdot 4H_2O$、0.005 g $ZnCl_2 \cdot 7H_2O$、0.004 g $Na_2MoO_4 \cdot 2H_2O$、0.097 g $FeCl_3 \cdot 6H_2O$ 和 0.002 g $CoCl_2 \cdot 6H_2O$。通过 1 mol/L 的 NaOH 或者 HCl 把 pH 调整为 7.8。

1 L DM 培养基中包括 87.69 g NaCl、0.42 g $NaNO_3$、0.015 6 g $NaH_2PO_4 \cdot 2H_2O$、0.044 g $CaCl \cdot 2H_2O$、0.074 g KCl、0.23 g $MgSO_4 \cdot 7H_2O$、0.84 g $NaHCO_3$、0.5 mL 柠檬酸铁(1%)和 1 mL A5 溶液。1 L A5 溶液中含有 2.86 g 2.86 g H_3BO_3、1.86 g $MnCl_2 \cdot 4H_2O$、0.22 g $ZnSO_4 \cdot 7H_2O$、0.08 g $CuSO_4 \cdot 5H_2O$、0.39 g $Na_2MoO_4 \cdot 2H_2O$、0.05 g $Co(NO_3)_2 \cdot 6H_2O$。通过 1 mol/L 的 NaOH 或者 HCl 把 pH 调整为 7.5。

表 D.1

波长/nm	BG11 培养基		EM 培养基		DM 培养基	
	折射率	吸收指数	折射率	吸收指数	折射率	吸收指数
300	1.391 86	$1.654\ 49\times10^{-6}$	1.384 94	$1.229\ 68\times10^{-6}$	1.381 03	$5.075\ 94\times10^{-7}$
350	1.374 93	$9.638\ 22\times10^{-7}$	1.368 09	$6.872\ 74\times10^{-7}$	1.363 09	$3.744\ 85\times10^{-7}$
400	1.364 99	$5.415\ 41\times10^{-7}$	1.358 20	$4.301\ 86\times10^{-7}$	1.353 20	$3.561\ 26\times10^{-7}$
450	1.357 37	$3.227\ 18\times10^{-7}$	1.350 62	$3.111\ 78\times10^{-7}$	1.345 62	$3.492\ 4\times10^{-7}$
500	1.351 49	$2.169\ 68\times10^{-7}$	1.344 77	$2.481\ 35\times10^{-7}$	1.339 77	$3.272\ 41\times10^{-7}$
550	1.347 56	$1.171\ 22\times10^{-7}$	1.340 86	$2.341\ 97\times10^{-7}$	1.335 86	$2.844\ 45\times10^{-7}$
600	1.344 12	$5.638\ 86\times10^{-8}$	1.337 43	$1.972\ 41\times10^{-7}$	1.332 43	$2.971\ 3\times10^{-7}$
650	1.341 82	$4.360\ 45\times10^{-8}$	1.335 14	$2.427\ 00\times10^{-7}$	1.330 14	$2.877\ 12\times10^{-7}$
700	1.339 36	$4.105\ 40\times10^{-8}$	1.332 70	$2.202\ 06\times10^{-7}$	1.327 70	$3.109\ 23\times10^{-7}$
750	1.337 57	$1.752\ 30\times10^{-7}$	1.330 92	$3.542\ 14\times10^{-7}$	1.325 92	$4.270\ 98\times10^{-7}$
800	1.334 47	$1.634\ 84\times10^{-7}$	1.329 15	$3.534\ 13\times10^{-7}$	1.324 15	$3.940\ 78\times10^{-7}$
850	1.333 36	$3.039\ 78\times10^{-7}$	1.328 05	$4.730\ 68\times10^{-7}$	1.323 05	$5.519\ 55\times10^{-7}$
900	1.332 07	$5.471\ 03\times10^{-7}$	1.326 76	$5.887\ 38\times10^{-7}$	1.321 77	$6.917\ 91\times10^{-7}$
950	1.330 93	$2.017\ 12\times10^{-6}$	1.325 63	$2.213\ 73\times10^{-6}$	1.320 83	$2.338\ 82\times10^{-6}$
1 000	1.330 77	0.000 002 802	1.325 47	$3.333\ 92\times10^{-6}$	1.328 53	$3.302\ 71\times10^{-6}$
1 050	1.329 69	$1.245\ 91\times10^{-6}$	1.324 39	$9.150\ 03\times10^{-7}$	1.319 26	$2.240\ 59\times10^{-7}$

续表 D.1

波长/nm	BG11 培养基		EM 培养基		DM 培养基	
	折射率	吸收指数	折射率	吸收指数	折射率	吸收指数
1 100	1.329 07	$1.460\ 7\times10^{-6}$	1.323 77	$1.105\ 79\times10^{-6}$	1.318 77	$3.877\ 72\times10^{-7}$
1 150	1.328 14	$8.705\ 74\times10^{-6}$	1.322 85	$7.956\ 16\times10^{-6}$	1.317 85	$7.222\ 45\times10^{-6}$
1 200	1.327 57	$1.201\ 56\times10^{-5}$	1.322 28	$1.159\ 58\times10^{-5}$	1.317 27	$1.096\ 77\times10^{-5}$
1 250	1.326 98	0.000 011 121	1.321 69	$1.055\ 09\times10^{-5}$	1.316 70	$9.460\ 56\times10^{-6}$
1 300	1.326 06	$1.338\ 56\times10^{-5}$	1.320 78	$1.243\ 65\times10^{-5}$	1.315 78	$1.117\ 51\times10^{-5}$
1 350	1.323 93	$3.263\ 44\times10^{-5}$	1.319 97	$2.980\ 53\times10^{-5}$	1.314 88	$2.834\ 29\times10^{-5}$
1 400	1.323 19	0.000 175 12	1.319 23	0.000 162 023	1.319 58	0.000 155 828
1 450	1.324 20	0.000 490 258	1.320 24	0.000 329 783	1.315 47	0.000 354 554
1 500	1.320 95	0.000 236 425	1.317 00	0.000 246 014	1.312 49	0.000 229 676
1 550	1.322 49	0.000 143 275	1.318 53	0.000 136 302	1.314 30	0.000 123 274
1 600	1.318 71	$9.623\ 03\times10^{-5}$	1.316 08	$8.971\ 34\times10^{-5}$	1.316 20	$7.978\ 03\times10^{-5}$
1 650	1.319 77	$7.917\ 23\times10^{-5}$	1.317 14	$7.318\ 68\times10^{-5}$	1.312 80	$6.413\ 71\times10^{-5}$
1 700	1.315 84	0.000 077 879	1.313 21	$7.176\ 63\times10^{-5}$	1.311 29	$6.310\ 33\times10^{-5}$
1 750	1.318 43	0.000 100 423	1.315 80	$9.364\ 67\times10^{-5}$	1.311 68	$8.653\ 71\times10^{-5}$
1 800	1.319 87	0.000 126 739	1.317 24	0.000 121 456	1.310 60	0.000 118 727
1 850	1.319 07	0.000 156 244	1.316 44	0.000 147 667	1.311 92	0.000 143 285
1 900	1.316 50	0.000 267 647	1.313 87	0.000 466 369	1.312 54	0.000 463 478
1 950	1.320 29	0.000 283 1	1.317 65	0.000 468 356	1.310 00	0.000 451 937
2 000	1.314 63	0.000 287 328	1.312 01	0.000 492 881	1.311 30	0.000 519 443
2 050	1.315 16	0.000 289 339	1.312 53	0.000 521 427	1.307 46	0.000 497 26
2 100	1.318 21	0.000 286 741	1.315 58	0.000 499 226	1.309 40	0.000 464 165
2 150	1.315 97	0.000 287 427	1.313 34	0.000 355 39	1.297 02	0.000 345 954
2 200	1.313 26	0.000 287 42	1.310 64	0.000 317 198	1.305 31	0.000 313 139
2 250	1.314 90	0.000 304 448	1.312 28	0.000 336 976	1.304 78	0.000 332 732
2 300	1.310 36	0.000 289 371	1.309 05	0.000 426 467	1.305 82	0.000 420 036
2 350	1.309 43	0.000 357 203	1.308 12	0.000 613 15	1.308 10	0.000 568 405
2 400	1.308 87	0.000 307 868	1.307 56	0.000 563 681	1.307 13	0.000 562 587
2 450	1.306 79	0.000 280 081	1.305 48	0.000 528 244	1.301 21	0.000 599 938
2 500	1.303 17	0.000 231 85	1.301 87	0.000 391 626	1.301 03	0.000 405 72

E. 小球藻、海生拟球藻、椭球藻和杜氏盐藻光谱衰减截面

小球藻(*Chlorella* sp.)、海生拟球藻(*Nannochloropsis maritima*)、椭球藻(*Ellipsoidion* sp. (277. 03))和杜氏盐藻(*Dunaliella Tertiolecta*)均采购于中国科学院水生生物研究所。这些藻类把光合作用剩余的太阳能以脂肪的形式存储起来,因此有较高含量的甘油三酯(TAG)。小球藻、海生拟球藻、椭球藻和杜氏盐藻的干重脂肪质量分数分别为 8. 7%～34%、16. 7%～67. 8%,29. 5%～31. 8%和27. 4%～32. 8%。

表 E. 1

波长 /nm	光谱衰减截面 (10^{-11} m^2)			
	小球藻 (*Chlorella* sp.)	海生拟球藻 (*Nannochloropsis maritima*)	椭球藻 (*Ellipsoidion* sp.)	杜氏盐藻 (*Dunaliella tertiolecta*)
300	1. 814 3	2. 588 11	2. 429 04	2. 907 22
350	1. 432 58	2. 258 97	2. 155 24	2. 120 75
400	1. 190 98	1. 815 49	1. 885 58	1. 894 35
450	1. 091 78	1. 812 54	1. 781 57	1. 673 5
500	1. 025 49	1. 775	1. 805 25	1. 560 65
550	0. 889 02	1. 576 13	1. 743 73	1. 564 04
600	0. 764 63	1. 320 79	1. 520 46	1. 498 79
650	0. 663 1	1. 054 92	1. 316 38	1. 439 88
700	0. 647 48	1. 290 01	1. 465 35	1. 438 37
750	0. 555 34	0. 995 76	1. 269 03	1. 518 96
800	0. 489 68	0. 861 07	1. 130 14	1. 523 32
850	0. 432 72	0. 764 67	1. 016 79	1. 463 29
900	0. 371 43	0. 581 3	0. 998 18	1. 495 1
950	0. 341 48	0. 571 49	0. 881 9	1. 486 94
1 000	0. 342 74	0. 520 94	0. 816 38	1. 345 60
1 050	0. 312 79	0. 433 58	0. 779 82	1. 167 31

续表 E.1

波长/nm	光谱衰减截面（10^{-11} m^2）			
	小球藻（*Chlorella* sp.）	海生拟球藻（*Nannochloropsis maritima*）	椭球藻（*Ellipsoidion* sp.）	杜氏盐藻（*Dunaliella tertiolecta*）
1 100	0.311 24	0.397 20	0.716 10	1.079 72
1 150	0.255 59	0.345 38	0.654 42	1.017 99
1 200	0.240 28	0.332 47	0.624 67	0.975 75
1 250	0.220 44	0.293 82	0.567 24	0.941 44
1 300	0.196 60	0.257 14	0.504 59	0.809 75

F.莱茵衣藻(*Chlamydomonas reinhardtii*)光谱辐射特性

莱茵衣藻在制氢、固碳及储存油脂方面具有重要潜力，且其副产品经济价值较高。这里给出茵衣藻的光谱辐射特性，数据来源于美国加州大学洛杉矶分校Berberoglu 等[55]的测量结果。

表 F.1

波长/nm	单位质量光谱截面/(m^2·kg^{-1})			散射反照率
	吸收截面	散射截面	衰减截面	ω
400	256.17	438.97	695.14	0.63
401	258.65	432.70	691.35	0.63
402	260.46	430.41	690.86	0.62
403	262.32	428.57	690.89	0.62
404	265.07	423.57	688.64	0.62
405	266.80	420.49	687.29	0.61
406	269.70	415.27	684.97	0.61
407	272.77	410.38	683.15	0.60
408	274.97	408.70	683.67	0.60
409	278.11	404.44	682.55	0.59
410	281.42	396.86	678.28	0.59

续表F.1

波长/nm	单位质量光谱截面/($m^2 \cdot kg^{-1}$)			散射反照率
	吸收截面	散射截面	衰减截面	ω
411	284.19	390.34	674.54	0.58
412	287.44	384.63	672.06	0.57
413	289.73	380.18	669.91	0.57
414	291.68	376.81	668.48	0.56
415	293.11	374.67	667.77	0.56
416	293.58	374.88	668.46	0.56
417	294.81	372.61	667.42	0.56
418	295.78	372.46	668.23	0.56
419	297.46	370.68	668.14	0.55
420	299.73	365.64	665.37	0.55
421	301.12	362.36	663.49	0.55
422	302.25	362.66	664.92	0.55
423	303.89	360.43	664.32	0.54
424	304.85	357.47	662.33	0.54
425	306.70	355.25	661.95	0.54
426	308.47	352.85	661.32	0.53
427	309.68	350.97	660.66	0.53
428	311.03	349.00	660.03	0.53
429	313.51	344.55	658.06	0.52
430	315.00	341.52	656.51	0.52
431	315.89	340.33	656.22	0.52
432	317.05	339.77	656.83	0.52
433	316.72	339.89	656.61	0.52
434	317.56	337.27	654.82	0.52
435	318.49	335.60	654.09	0.51
436	319.33	334.33	653.66	0.51
437	319.10	336.17	655.27	0.51

续表F.1

波长/nm	单位质量光谱截面/($m^2 \cdot kg^{-1}$)			散射反照率
	吸收截面	散射截面	衰减截面	ω
438	318.47	337.78	656.26	0.51
439	318.54	337.44	655.98	0.51
440	317.22	339.89	657.11	0.52
441	316.03	343.58	659.62	0.52
442	313.76	349.83	663.59	0.53
443	310.16	356.12	666.28	0.53
444	307.18	361.53	668.71	0.54
445	304.52	368.07	672.59	0.55
446	301.73	373.79	675.52	0.55
447	299.05	380.80	679.85	0.56
448	295.51	389.52	685.03	0.57
449	291.82	396.11	687.93	0.58
450	289.01	402.09	691.10	0.58
451	286.20	406.11	692.31	0.59
452	283.82	411.13	694.95	0.59
453	281.74	418.70	700.44	0.60
454	279.53	422.82	702.35	0.60
455	278.22	423.06	701.28	0.60
456	277.47	424.20	701.67	0.60
457	277.16	425.30	702.47	0.61
458	277.11	426.01	703.12	0.61
459	277.05	426.72	703.76	0.61
460	276.53	426.17	702.70	0.61
461	276.84	423.86	700.70	0.60
462	277.01	425.26	702.27	0.61
463	276.68	427.71	704.39	0.61
464	277.45	425.25	702.70	0.61

续表F.1

波长/nm	单位质量光谱截面/($m^2 \cdot kg^{-1}$)			散射反照率
	吸收截面	散射截面	衰减截面	ω
465	277.44	424.59	702.04	0.60
466	277.55	422.78	700.33	0.60
467	278.61	420.16	698.77	0.60
468	279.24	419.99	699.22	0.60
469	279.84	419.95	699.79	0.60
470	280.37	419.18	699.55	0.60
471	280.96	416.73	697.69	0.60
472	281.25	417.45	698.71	0.60
473	281.20	419.54	700.74	0.60
474	281.54	420.44	701.97	0.60
475	281.65	422.38	704.03	0.60
476	281.63	421.67	703.30	0.60
477	281.37	421.36	702.73	0.60
478	280.74	424.44	705.18	0.60
479	279.62	429.09	708.71	0.61
480	278.41	432.43	710.84	0.61
481	277.15	434.50	711.66	0.61
482	275.73	437.81	713.54	0.61
483	274.30	442.29	716.59	0.62
484	272.36	447.27	719.63	0.62
485	270.52	451.67	722.20	0.63
486	268.24	456.36	724.60	0.63
487	265.66	460.69	726.35	0.63
488	262.93	466.32	729.25	0.64
489	259.52	473.64	733.16	0.65
490	255.91	481.44	737.35	0.65
491	252.08	488.83	740.91	0.66

续表F.1

波长/nm	单位质量光谱截面/($m^2 \cdot kg^{-1}$)			散射反照率
	吸收截面	散射截面	衰减截面	ω
492	247.88	498.37	746.25	0.67
493	242.92	508.36	751.29	0.68
494	237.37	518.80	756.16	0.69
495	231.23	532.07	763.30	0.70
496	225.98	542.98	768.97	0.71
497	220.71	553.38	774.09	0.71
498	215.88	563.04	778.92	0.72
499	210.54	572.00	782.54	0.73
500	204.14	584.17	788.31	0.74
501	198.18	596.97	795.15	0.75
502	191.51	610.09	801.60	0.76
503	185.30	623.39	808.70	0.77
504	179.70	632.90	812.60	0.78
505	173.56	644.20	817.76	0.79
506	167.81	656.93	824.74	0.80
507	162.35	666.96	829.31	0.80
508	156.20	680.56	836.76	0.81
509	149.86	692.61	842.47	0.82
510	144.12	700.84	844.97	0.83
511	138.21	712.19	850.39	0.84
512	132.79	722.88	855.68	0.84
513	127.68	733.17	860.85	0.85
514	122.56	743.59	866.15	0.86
515	117.08	754.78	871.85	0.87
516	112.39	764.22	876.61	0.87
517	107.78	772.71	880.49	0.88
518	103.61	780.98	884.59	0.88

续表F.1

波长/nm	单位质量光谱截面/($m^2 \cdot kg^{-1}$)			散射反照率
	吸收截面	散射截面	衰减截面	ω
519	99.77	790.11	889.88	0.89
520	95.47	798.40	893.87	0.89
521	91.58	804.60	896.18	0.90
522	88.15	810.28	898.43	0.90
523	85.09	814.89	899.97	0.91
524	82.35	822.26	904.61	0.91
525	79.11	830.76	909.86	0.91
526	76.46	834.42	910.88	0.92
527	74.42	836.81	911.23	0.92
528	72.40	841.56	913.96	0.92
529	70.83	845.95	916.78	0.92
530	69.37	849.00	918.36	0.92
531	67.00	854.77	921.77	0.93
532	65.58	857.26	922.84	0.93
533	64.75	858.68	923.43	0.93
534	63.88	860.43	924.31	0.93
535	63.29	861.89	925.18	0.93
536	62.51	864.76	927.26	0.93
537	61.22	866.22	927.44	0.93
538	60.83	868.14	928.97	0.93
539	60.68	871.05	931.73	0.93
540	60.20	872.37	932.57	0.94
541	59.66	872.85	932.50	0.94
542	58.53	876.26	934.80	0.94
543	57.45	879.43	936.88	0.94
544	56.74	881.26	938.00	0.94
545	56.41	883.31	939.71	0.94

续表F.1

波长/nm	单位质量光谱截面/($m^2 \cdot kg^{-1}$)			散射反照率
	吸收截面	散射截面	衰减截面	ω
546	55.74	886.11	941.85	0.94
547	55.35	887.55	942.91	0.94
548	55.56	888.46	944.02	0.94
549	55.97	887.60	943.57	0.94
550	56.54	886.36	942.90	0.94
551	56.04	887.74	943.78	0.94
552	55.30	890.81	946.10	0.94
553	54.77	894.14	948.91	0.94
554	54.79	894.84	949.62	0.94
555	55.30	892.95	948.25	0.94
556	55.54	891.88	947.43	0.94
557	55.45	893.95	949.41	0.94
558	55.32	895.01	950.33	0.94
559	55.87	894.81	950.68	0.94
560	56.64	894.92	951.56	0.94
561	58.00	893.08	951.08	0.94
562	57.86	893.99	951.85	0.94
563	58.02	893.04	951.06	0.94
564	58.23	894.11	952.34	0.94
565	58.13	897.38	955.51	0.94
566	59.28	896.62	955.89	0.94
567	61.16	892.23	953.39	0.94
568	61.77	889.51	951.28	0.94
569	63.32	885.36	948.68	0.93
570	65.33	882.54	947.88	0.93
571	65.97	884.52	950.48	0.93
572	68.04	881.25	949.30	0.93

续表F.1

波长/nm	单位质量光谱截面/($m^2 \cdot kg^{-1}$)			散射反照率
	吸收截面	散射截面	衰减截面	ω
573	69.50	875.63	945.13	0.93
574	70.22	875.47	945.69	0.93
575	71.97	875.83	947.81	0.92
576	72.66	875.09	947.75	0.92
577	73.58	874.36	947.94	0.92
578	73.83	875.05	948.88	0.92
579	74.38	872.02	946.40	0.92
580	75.27	871.89	947.16	0.92
581	76.45	874.24	950.70	0.92
582	77.41	874.89	952.31	0.92
583	77.90	872.52	950.43	0.92
584	78.87	870.21	949.07	0.92
585	79.77	870.73	950.51	0.92
586	81.30	870.44	951.74	0.91
587	82.58	869.32	951.89	0.91
588	83.41	865.54	948.95	0.91
589	84.29	862.24	946.52	0.91
590	84.81	861.79	946.60	0.91
591	85.72	861.02	946.74	0.91
592	86.39	862.51	948.90	0.91
593	86.61	862.72	949.32	0.91
594	87.35	859.89	947.24	0.91
595	88.19	857.81	946.00	0.91
596	88.69	857.50	946.19	0.91
597	88.89	859.42	948.31	0.91
598	89.26	861.07	950.33	0.91
599	89.11	860.69	949.79	0.91

续表F.1

波长/nm	单位质量光谱截面/($m^2 \cdot kg^{-1}$)			散射反照率
	吸收截面	散射截面	衰减截面	ω
600	89.95	857.61	947.56	0.91
601	91.29	855.76	947.04	0.90
602	91.36	856.69	948.04	0.90
603	92.28	855.24	947.52	0.90
604	92.35	855.69	948.04	0.90
605	92.82	854.74	947.56	0.90
606	94.50	850.97	945.47	0.90
607	95.49	850.13	945.63	0.90
608	97.01	850.13	947.14	0.90
609	97.80	850.44	948.24	0.90
610	98.61	847.94	946.55	0.90
611	99.39	844.71	944.10	0.89
612	99.84	845.03	944.87	0.89
613	100.88	844.66	945.54	0.89
614	101.61	845.64	947.25	0.89
615	102.48	845.36	947.84	0.89
616	104.04	840.15	944.19	0.89
617	105.33	838.83	944.16	0.89
618	106.22	840.43	946.65	0.89
619	107.28	839.30	946.58	0.89
620	107.96	839.97	947.93	0.89
621	107.87	839.59	947.45	0.89
622	108.39	837.76	946.15	0.89
623	108.43	839.20	947.63	0.89
624	108.14	841.31	949.45	0.89
625	108.37	842.46	950.83	0.89
626	109.01	840.59	949.61	0.89

续表F.1

波长/nm	单位质量光谱截面/($m^2 \cdot kg^{-1}$)			散射反照率
	吸收截面	散射截面	衰减截面	ω
627	109.24	837.45	946.69	0.88
628	110.02	834.41	944.43	0.88
629	110.55	833.03	943.57	0.88
630	111.25	831.05	942.30	0.88
631	112.23	828.49	940.72	0.88
632	112.70	827.35	940.04	0.88
633	113.41	824.94	938.35	0.88
634	113.71	822.99	936.71	0.88
635	114.71	821.36	936.07	0.88
636	116.49	821.74	938.23	0.88
637	118.89	821.11	939.99	0.87
638	122.03	815.30	937.33	0.87
639	125.30	807.62	932.92	0.87
640	129.29	800.93	930.21	0.86
641	134.15	794.81	928.96	0.86
642	139.85	786.61	926.46	0.85
643	144.74	779.29	924.03	0.84
644	149.57	768.24	917.81	0.84
645	154.12	758.81	912.92	0.83
646	158.12	754.44	912.55	0.83
647	163.61	744.68	908.29	0.82
648	168.11	736.06	904.17	0.81
649	171.58	729.27	900.85	0.81
650	174.67	723.21	897.88	0.81
651	176.71	721.28	897.99	0.80
652	179.25	716.99	896.24	0.80
653	182.01	712.38	894.40	0.80

续表F.1

波长/nm	单位质量光谱截面/($m^2 \cdot kg^{-1}$)			散射反照率
	吸收截面	散射截面	衰减截面	ω
654	184.13	710.45	894.59	0.79
655	186.85	704.28	891.13	0.79
656	189.84	697.39	887.23	0.79
657	192.90	690.45	883.35	0.78
658	196.36	685.50	881.86	0.78
659	200.54	681.62	882.15	0.77
660	204.52	674.86	879.38	0.77
661	209.61	664.45	874.06	0.76
662	214.95	653.07	868.03	0.75
663	220.49	642.88	863.37	0.74
664	226.37	634.63	861.00	0.74
665	232.10	624.69	856.79	0.73
666	238.34	611.36	849.70	0.72
667	243.17	602.05	845.21	0.71
668	247.66	594.02	841.68	0.71
669	251.61	587.77	839.38	0.70
670	254.61	583.08	837.69	0.70
671	257.00	576.65	833.65	0.69
672	259.31	569.23	828.55	0.69
673	261.04	568.19	829.23	0.69
674	261.81	569.09	830.90	0.68
675	262.75	569.12	831.87	0.68
676	261.71	572.27	833.98	0.69
677	260.25	573.82	834.07	0.69
678	258.72	577.72	836.43	0.69
679	256.07	585.35	841.43	0.70
680	251.92	597.87	849.79	0.70

续表F.1

波长/nm	单位质量光谱截面/($m^2 \cdot kg^{-1}$)			散射反照率
	吸收截面	散射截面	衰减截面	ω
681	246.25	612.68	858.93	0.71
682	238.34	628.26	866.61	0.72
683	228.63	647.81	876.44	0.74
684	218.21	670.94	889.15	0.75
685	206.00	698.40	904.40	0.77
686	192.17	730.69	922.86	0.79
687	178.12	759.39	937.52	0.81
688	164.81	783.48	948.29	0.83
689	151.32	812.92	964.24	0.84
690	138.51	841.76	980.27	0.86
691	125.67	870.69	996.35	0.87
692	112.99	899.27	1 012.27	0.89
693	101.90	920.72	1 022.61	0.90
694	91.78	940.85	1 032.63	0.91
695	82.52	962.04	1 044.56	0.92
696	73.81	983.17	1 056.99	0.93
697	65.73	1 003.77	1 069.51	0.94
698	58.77	1 019.03	1 077.81	0.95
699	52.78	1 029.78	1 082.56	0.95
700	47.32	1 040.81	1 088.13	0.96
701	42.17	1 053.62	1 095.79	0.96
702	37.70	1 064.71	1 102.41	0.97
703	33.86	1 072.35	1 106.21	0.97
704	30.17	1 078.14	1 108.30	0.97
705	27.64	1 082.46	1 110.11	0.98
706	24.83	1 089.57	1 114.40	0.98
707	22.44	1 095.47	1 117.90	0.98

续表F.1

波长/nm	单位质量光谱截面/($m^2 \cdot kg^{-1}$)			散射反照率
	吸收截面	散射截面	衰减截面	ω
708	21.00	1 098.67	1 119.67	0.98
709	18.74	1 103.39	1 122.13	0.98
710	16.49	1 106.03	1 122.51	0.99
711	15.07	1 108.90	1 123.97	0.99
712	13.45	1 112.63	1 126.08	0.99
713	12.79	1 113.53	1 126.31	0.99
714	12.86	1 114.85	1 127.71	0.99
715	11.72	1 116.77	1 128.49	0.99
716	10.59	1 117.96	1 128.56	0.99
717	9.11	1 123.08	1 132.19	0.99
718	7.61	1 127.19	1 134.81	0.99
719	7.58	1 129.30	1 136.89	0.99
720	7.10	1 131.77	1 138.87	0.99
721	7.44	1 129.54	1 136.99	0.99
722	7.20	1 129.73	1 136.93	0.99
723	6.18	1 132.23	1 138.41	0.99
724	6.10	1 132.33	1 138.42	0.99
725	4.82	1 136.23	1 141.05	1.00
726	4.50	1 138.24	1 142.74	1.00
727	4.14	1 138.18	1 142.32	1.00
728	3.28	1 137.65	1 140.93	1.00
729	3.05	1 138.47	1 141.52	1.00
730	3.12	1 141.49	1 144.61	1.00
731	2.86	1 142.74	1 145.60	1.00
732	1.93	1 144.78	1 146.72	1.00
733	1.95	1 145.41	1 147.36	1.00
734	1.43	1 147.41	1 148.84	1.00

续表F.1

波长/nm	单位质量光谱截面/($m^2 \cdot kg^{-1}$)			散射反照率
	吸收截面	散射截面	衰减截面	ω
735	2.56	1 146.33	1 148.89	1.00
736	3.48	1 147.12	1 150.59	1.00
737	3.25	1 147.61	1 150.85	1.00
738	3.23	1 143.49	1 146.72	1.00
739	3.04	1 143.39	1 146.44	1.00
740	3.05	1 147.26	1 150.31	1.00
741	3.08	1 151.62	1 154.70	1.00
742	2.82	1 152.51	1 155.33	1.00
743	1.90	1 150.29	1 152.19	1.00
744	1.53	1 148.12	1 149.65	1.00
745	1.73	1 150.04	1 151.77	1.00
746	0.66	1 155.29	1 155.96	1.00
747	0.00	1 161.36	1 160.60	1.00
748	0.00	1 160.91	1 160.07	1.00
749	0.00	1 158.36	1 157.66	1.00
750	0.70	1 157.45	1 158.16	1.00
750	0.70	1 157.45	1 158.16	1.00

附录 2　部 分 彩 图

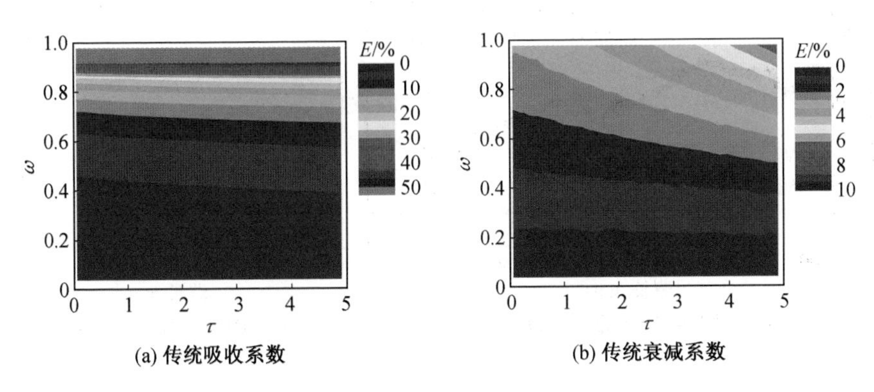

(a) 传统吸收系数　　(b) 传统衰减系数

图 2.14

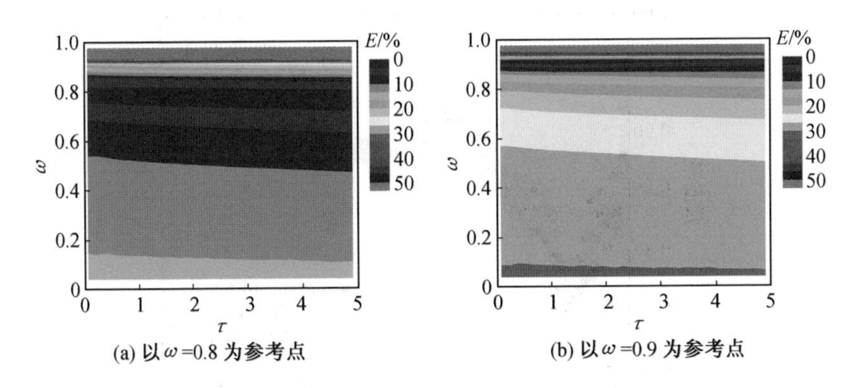

(a) 以 ω=0.8 为参考点　　(b) 以 ω=0.9 为参考点

图 2.15

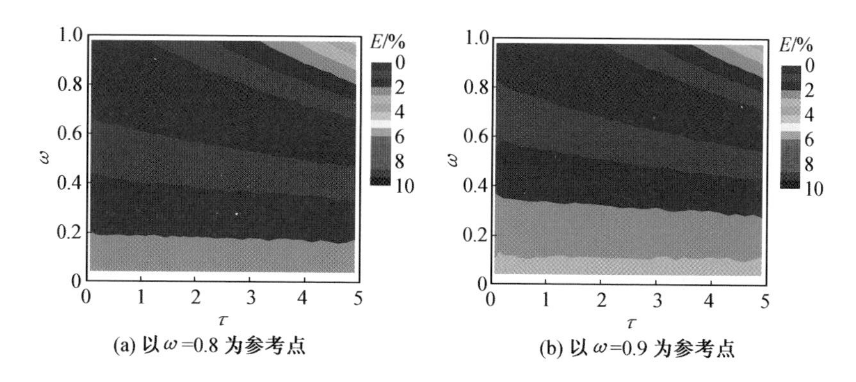

(a) 以 ω=0.8 为参考点

(b) 以 ω=0.9 为参考点

图 2.16

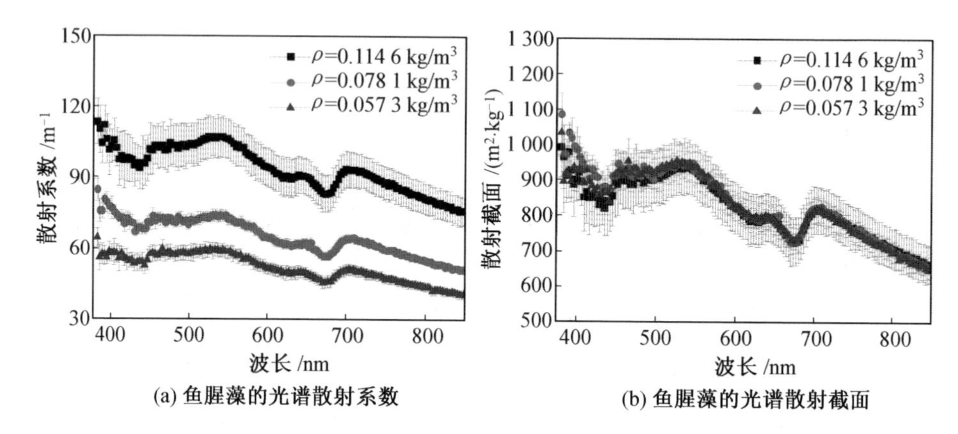

(a) 鱼腥藻的光谱散射系数

(b) 鱼腥藻的光谱散射截面

图 2.32

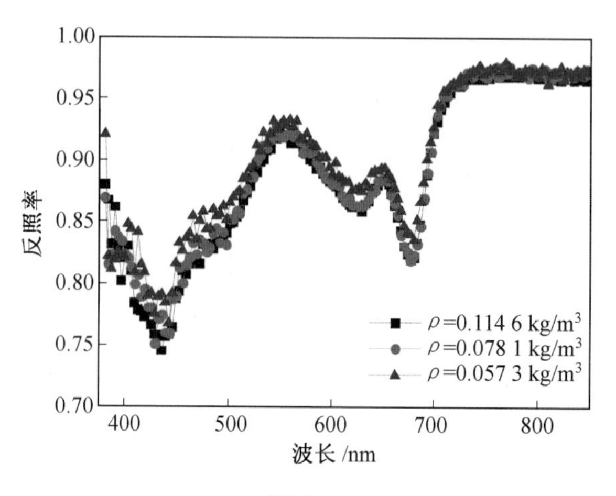

图 2.33

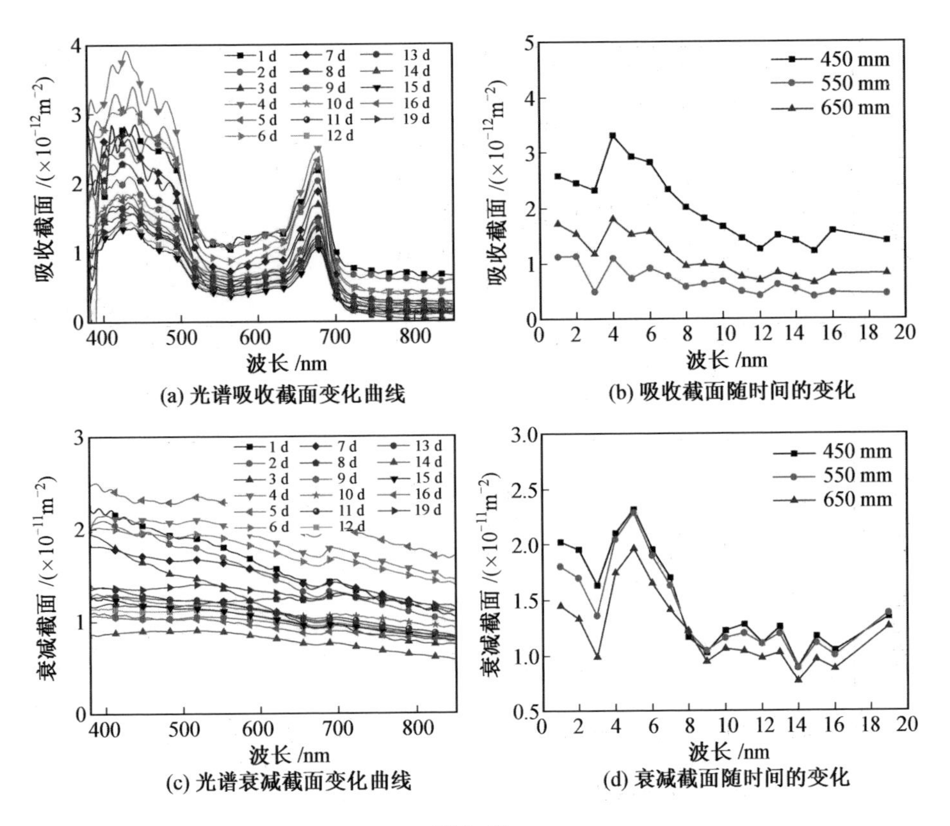

(a) 光谱吸收截面变化曲线

(b) 吸收截面随时间的变化

(c) 光谱衰减截面变化曲线

(d) 衰减截面随时间的变化

图 2.41

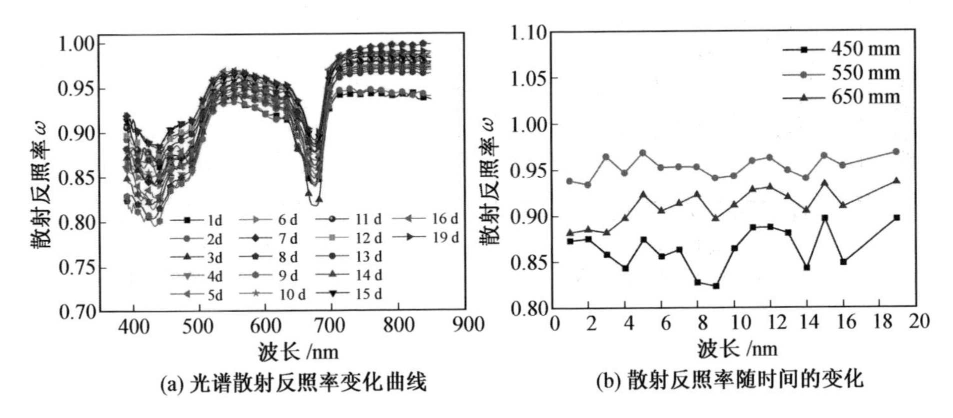

(a) 光谱散射反照率变化曲线

(b) 散射反照率随时间的变化

图 2.42

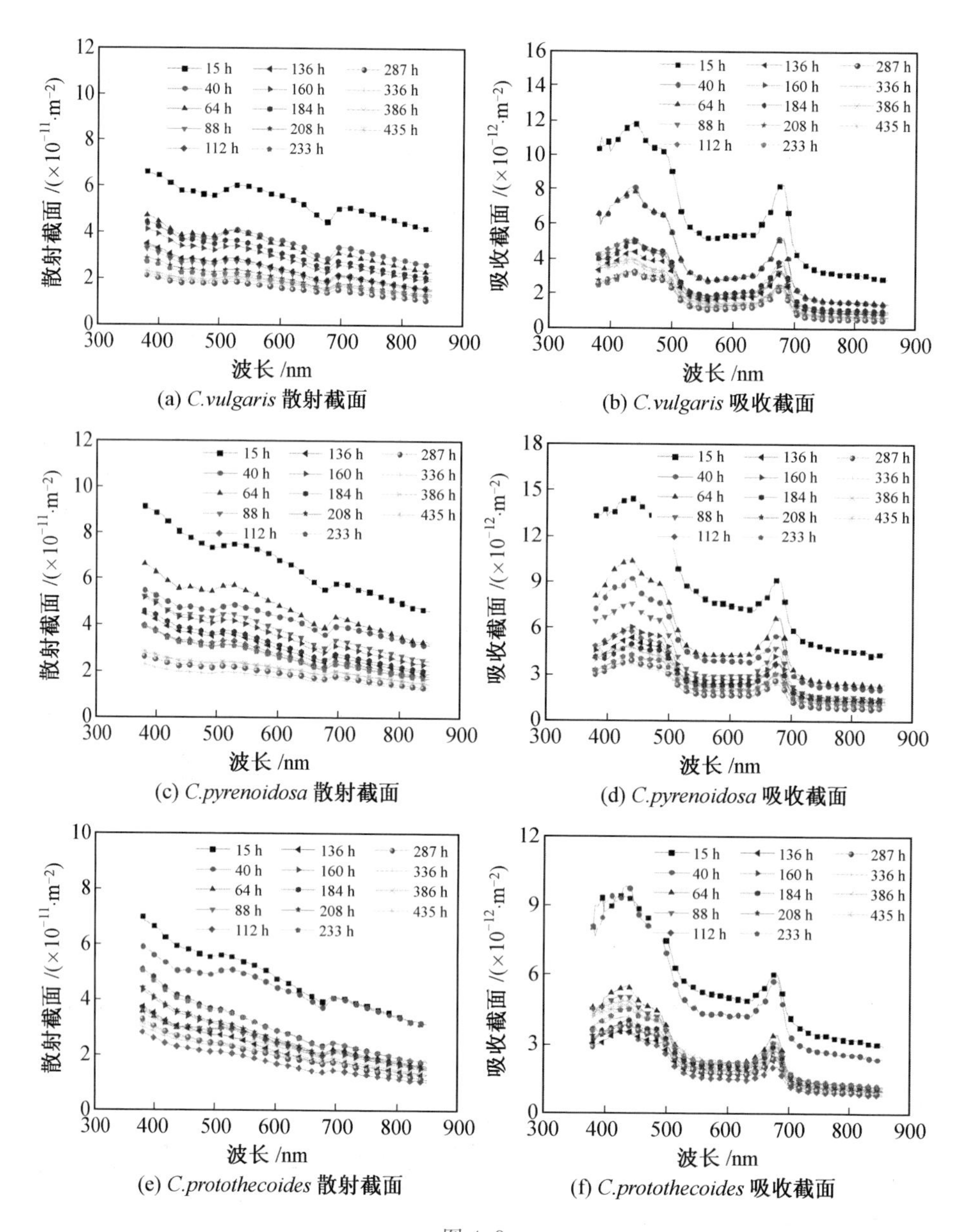

(a) *C.vulgaris* 散射截面

(b) *C.vulgaris* 吸收截面

(c) *C.pyrenoidosa* 散射截面

(d) *C.pyrenoidosa* 吸收截面

(e) *C.protothecoides* 散射截面

(f) *C.protothecoides* 吸收截面

图 4.8

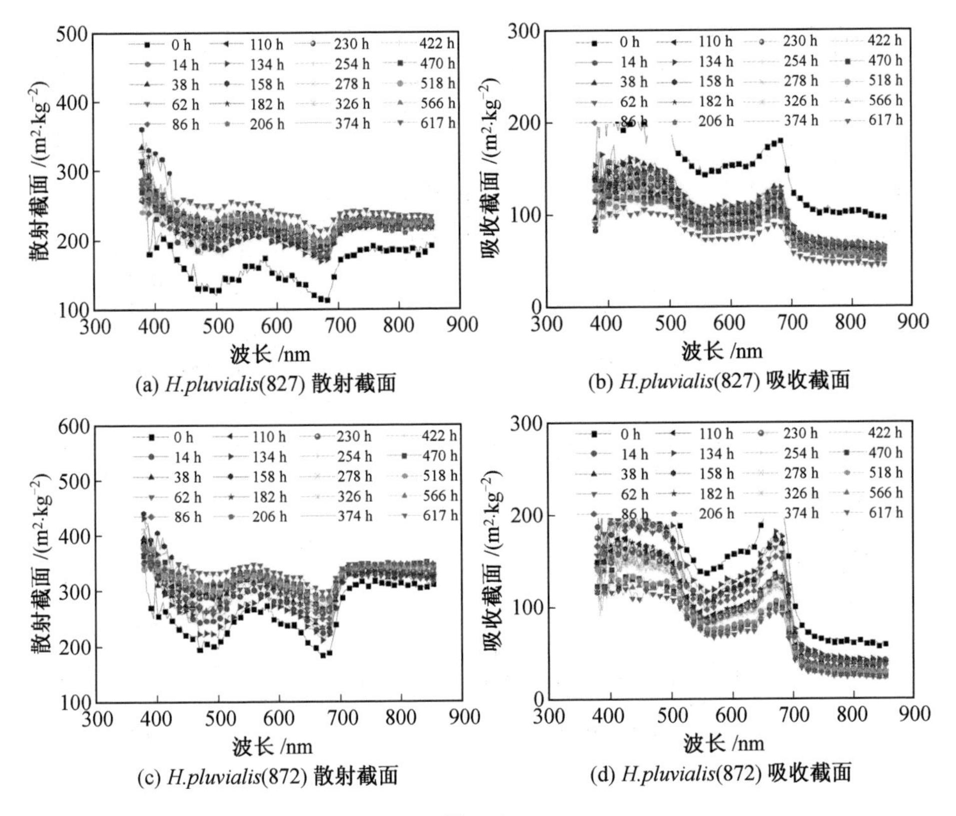

(a) *H.pluvialis*(827) 散射截面 (b) *H.pluvialis*(827) 吸收截面

(c) *H.pluvialis*(872) 散射截面 (d) *H.pluvialis*(872) 吸收截面

图 4.10

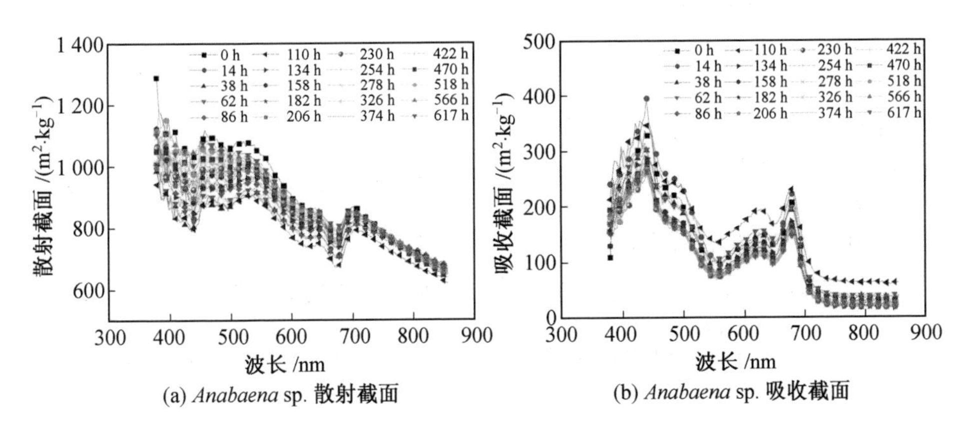

(a) *Anabaena* sp. 散射截面 (b) *Anabaena* sp. 吸收截面

图 4.16

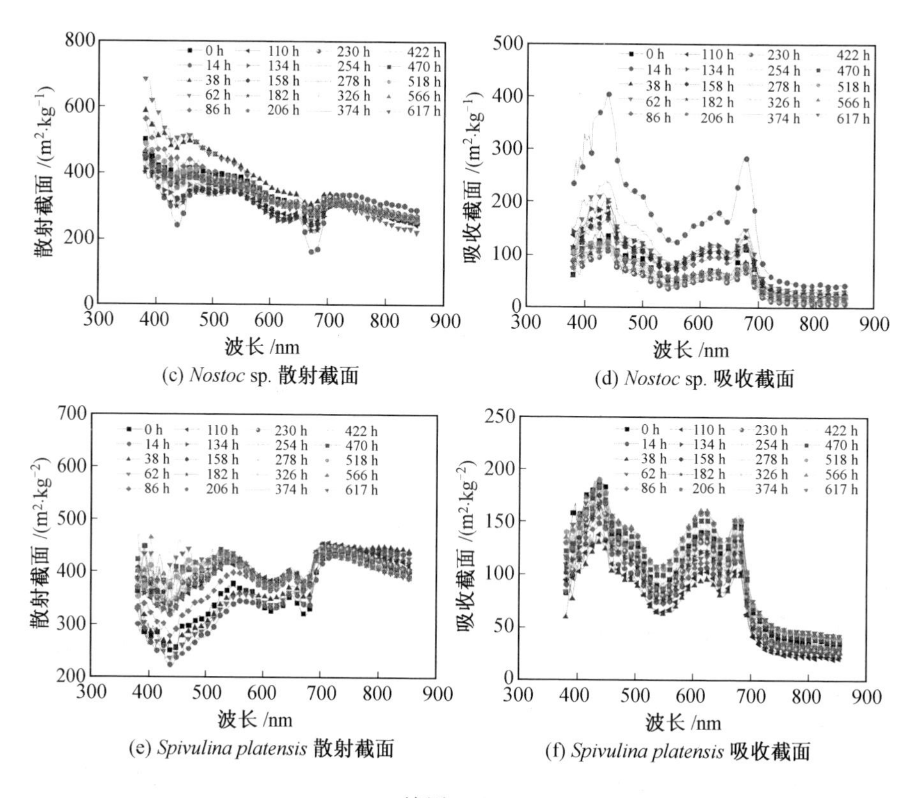

(c) *Nostoc* sp. 散射截面

(d) *Nostoc* sp. 吸收截面

(e) *Spivulina platensis* 散射截面

(f) *Spivulina platensis* 吸收截面

续图 4.16

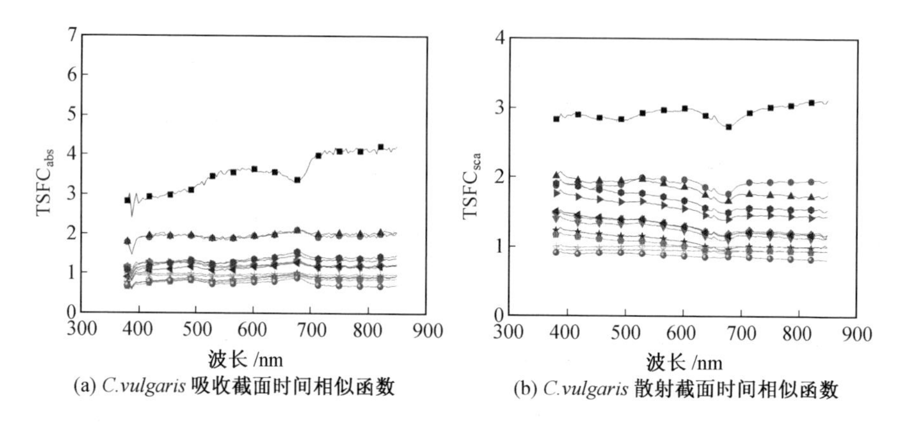

(a) *C.vulgaris* 吸收截面时间相似函数

(b) *C.vulgaris* 散射截面时间相似函数

图 4.17

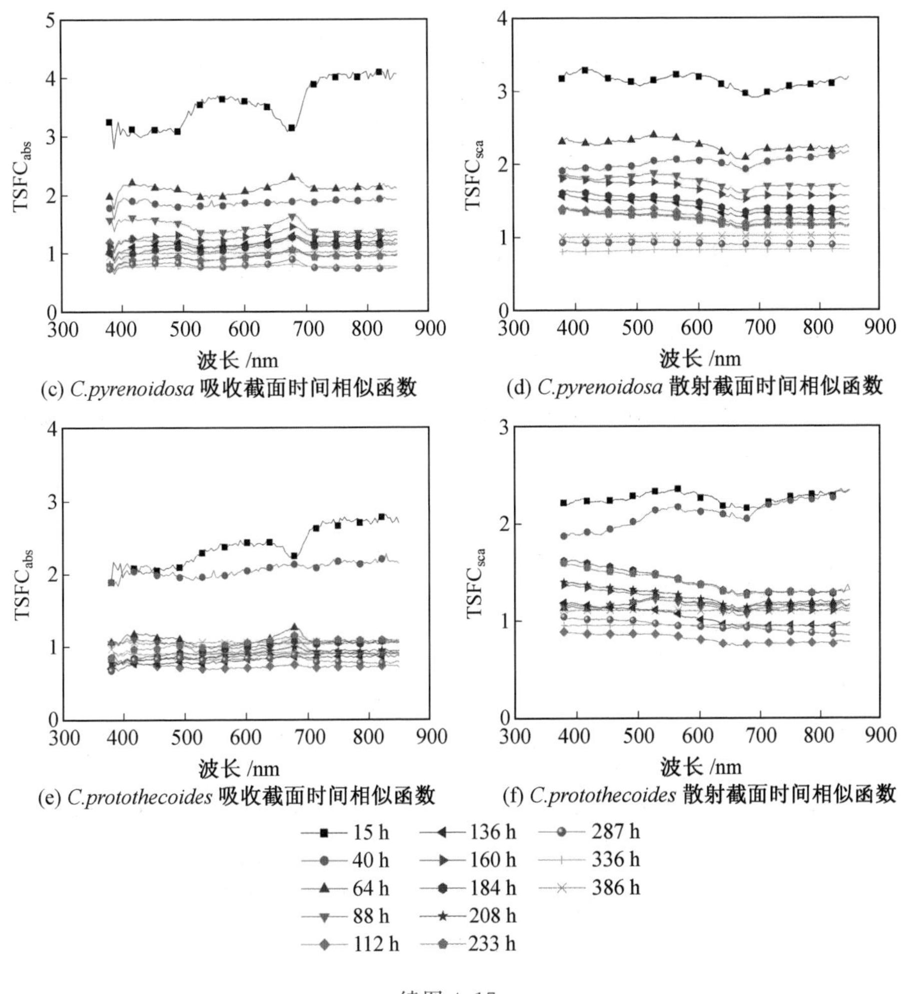

(c) *C.pyrenoidosa* 吸收截面时间相似函数

(d) *C.pyrenoidosa* 散射截面时间相似函数

(e) *C.protothecoides* 吸收截面时间相似函数

(f) *C.protothecoides* 散射截面时间相似函数

续图 4.17

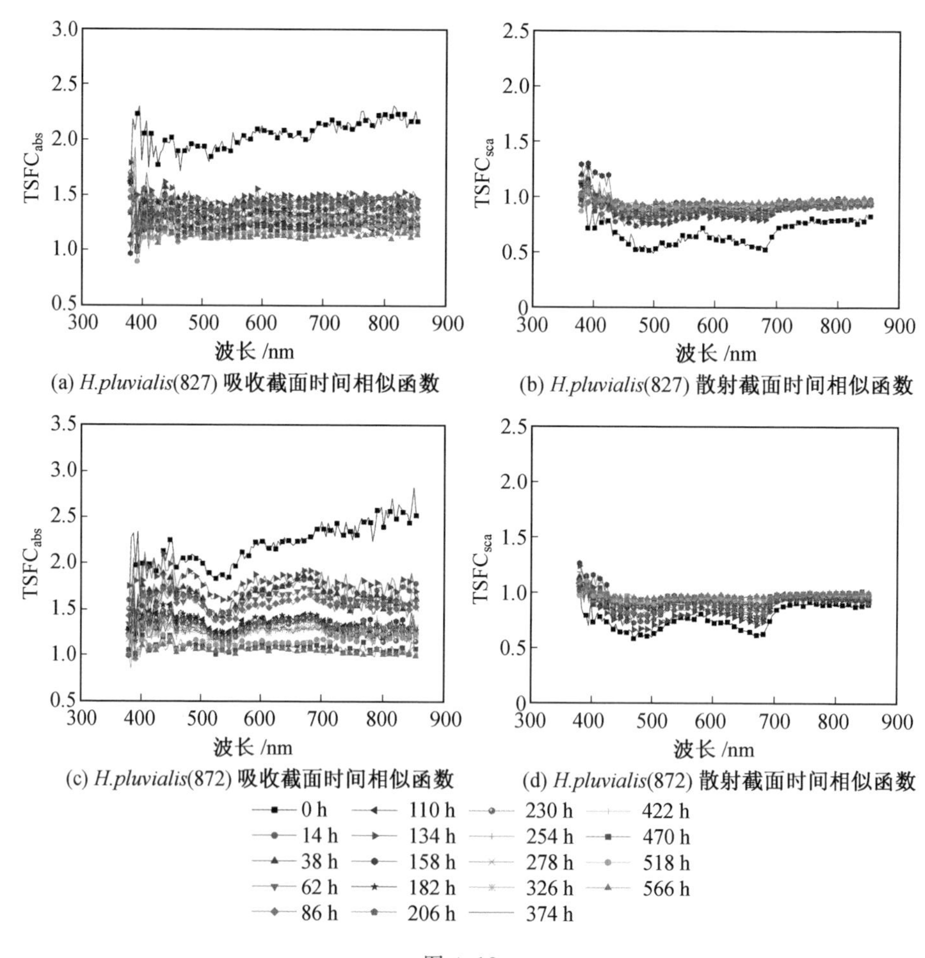

(a) *H.pluvialis*(827) 吸收截面时间相似函数

(b) *H.pluvialis*(827) 散射截面时间相似函数

(c) *H.pluvialis*(872) 吸收截面时间相似函数

(d) *H.pluvialis*(872) 散射截面时间相似函数

图 4.18

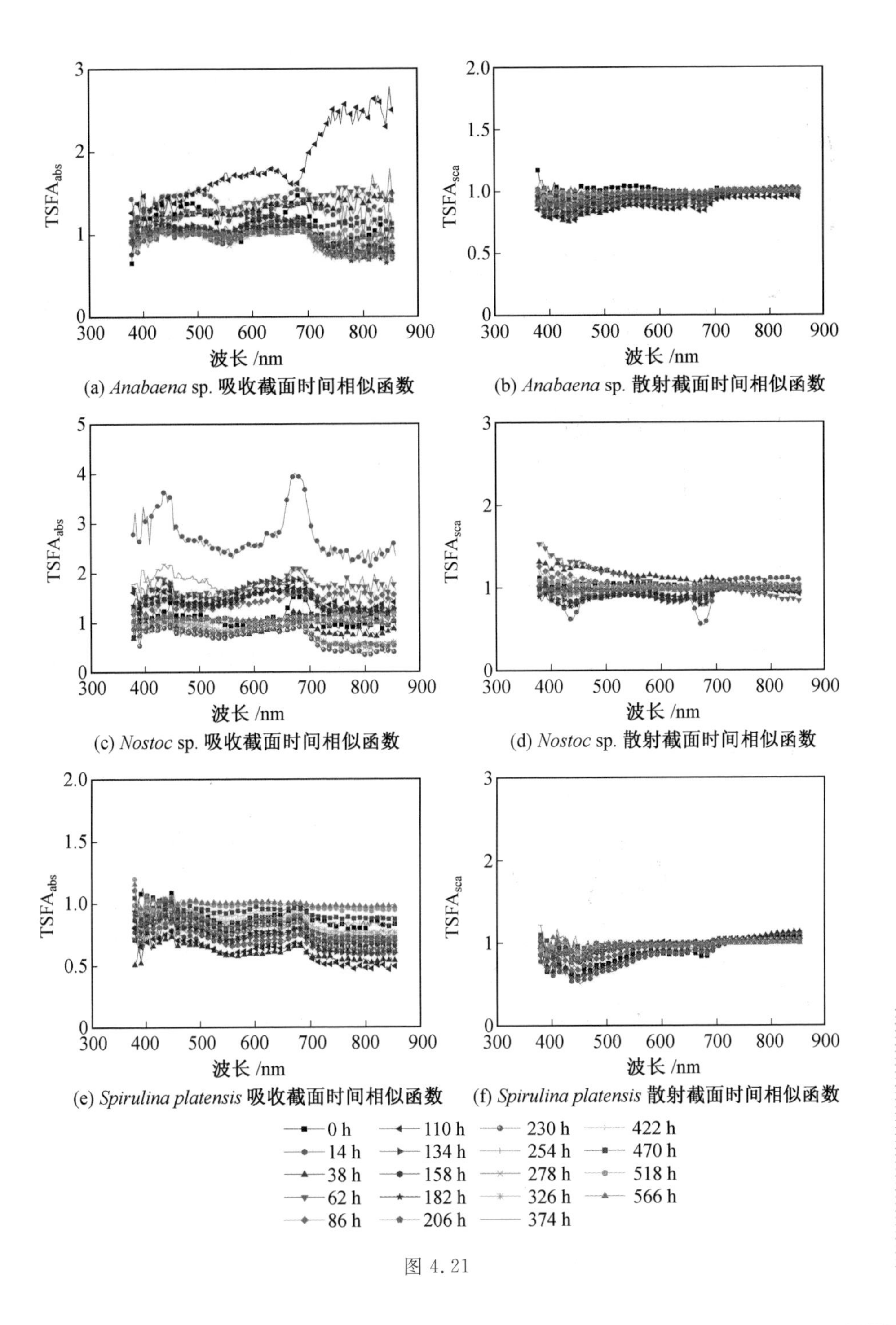

TSFA$_{abs}$
TSFA$_{sca}$
波长 /nm
(a) *Anabaena* sp. 吸收截面时间相似函数
(b) *Anabaena* sp. 散射截面时间相似函数
(c) *Nostoc* sp. 吸收截面时间相似函数
(d) *Nostoc* sp. 散射截面时间相似函数
(e) *Spirulina platensis* 吸收截面时间相似函数
(f) *Spirulina platensis* 散射截面时间相似函数
0 h
14 h
38 h
62 h
86 h
110 h
134 h
158 h
182 h
206 h
230 h
254 h
278 h
326 h
374 h
422 h
470 h
518 h
566 h

图 4.21

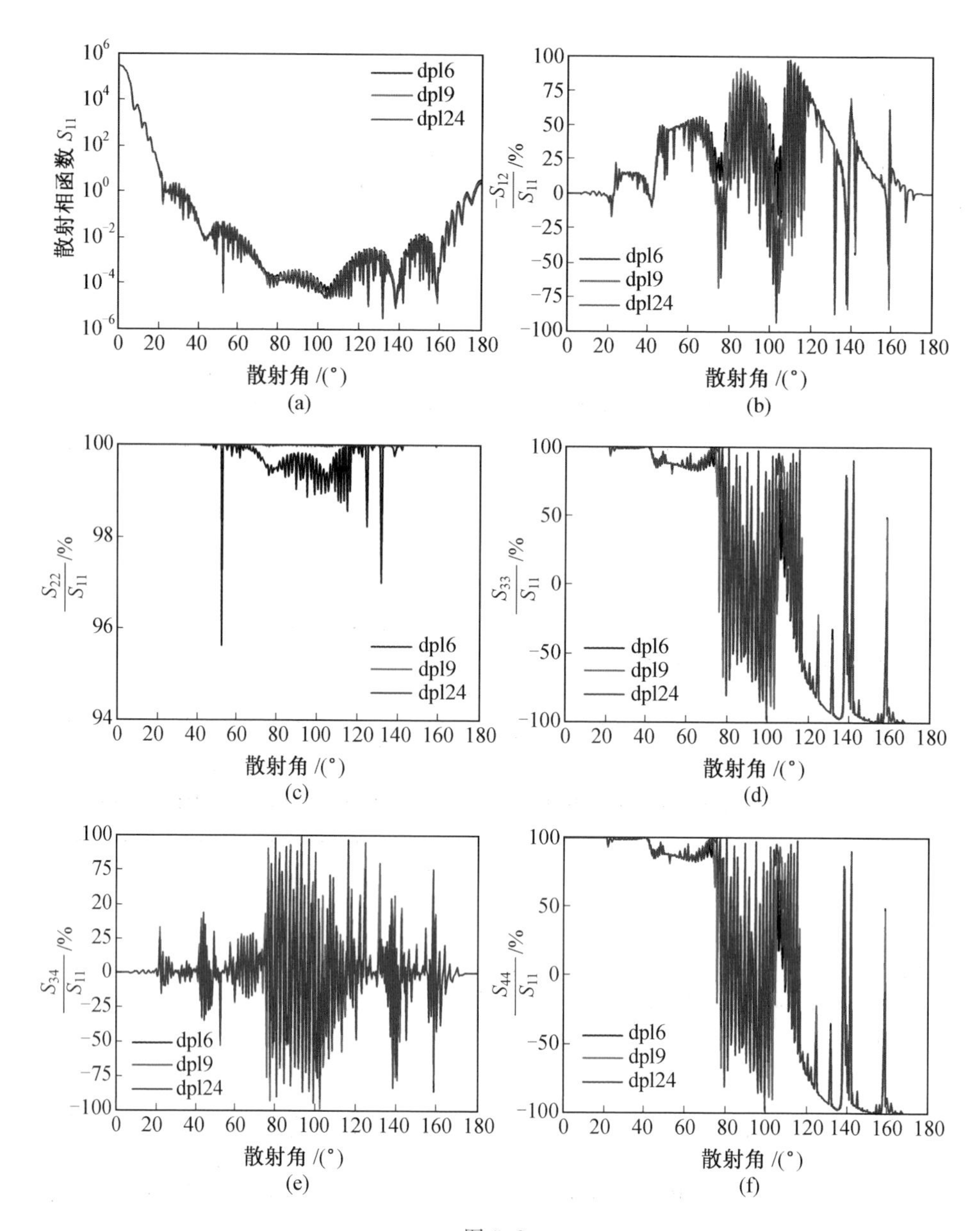

散射相函数 S_{11}
dpl6
dpl9
dpl24
散射角 /(°)
(a)
$-\frac{S_{12}}{S_{11}}$/%
散射角 /(°)
(b)
$\frac{S_{22}}{S_{11}}$/%
散射角 /(°)
(c)
$\frac{S_{33}}{S_{11}}$/%
散射角 /(°)
(d)
$\frac{S_{34}}{S_{11}}$/%
散射角 /(°)
(e)
$\frac{S_{44}}{S_{11}}$/%
散射角 /(°)
(f)

图 5.8

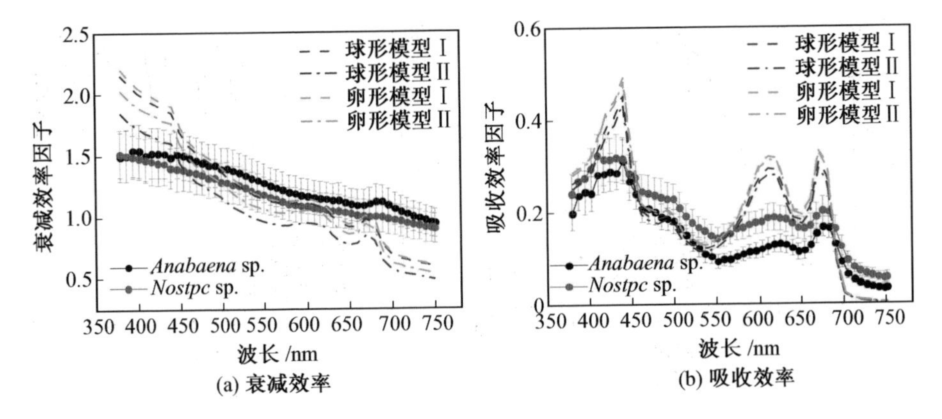

(a) 衰减效率　　(b) 吸收效率

图 5.14

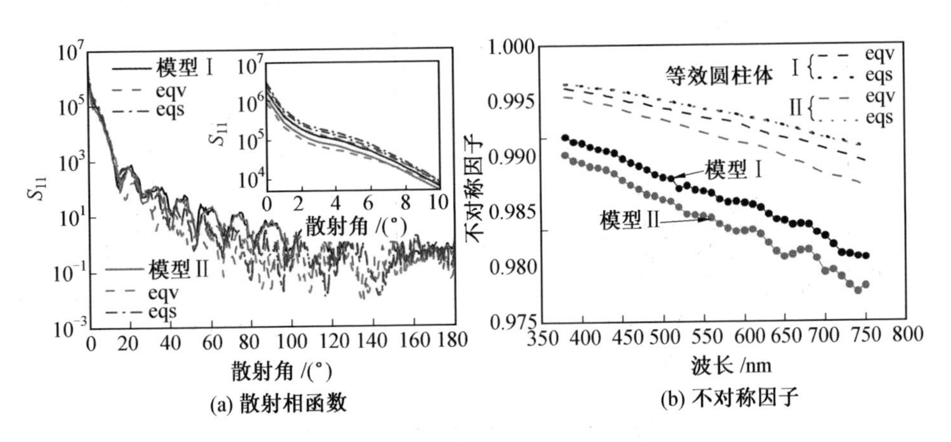

(a) 散射相函数　　(b) 不对称因子

图 5.15

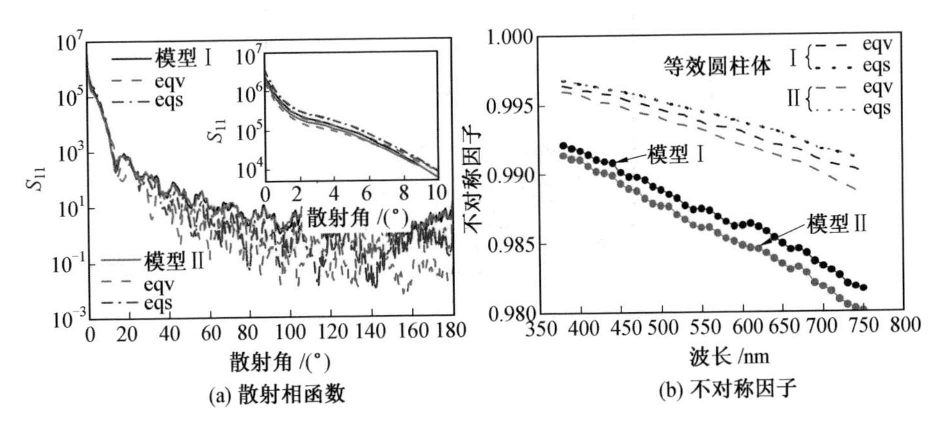

(a) 散射相函数　　(b) 不对称因子

图 5.16

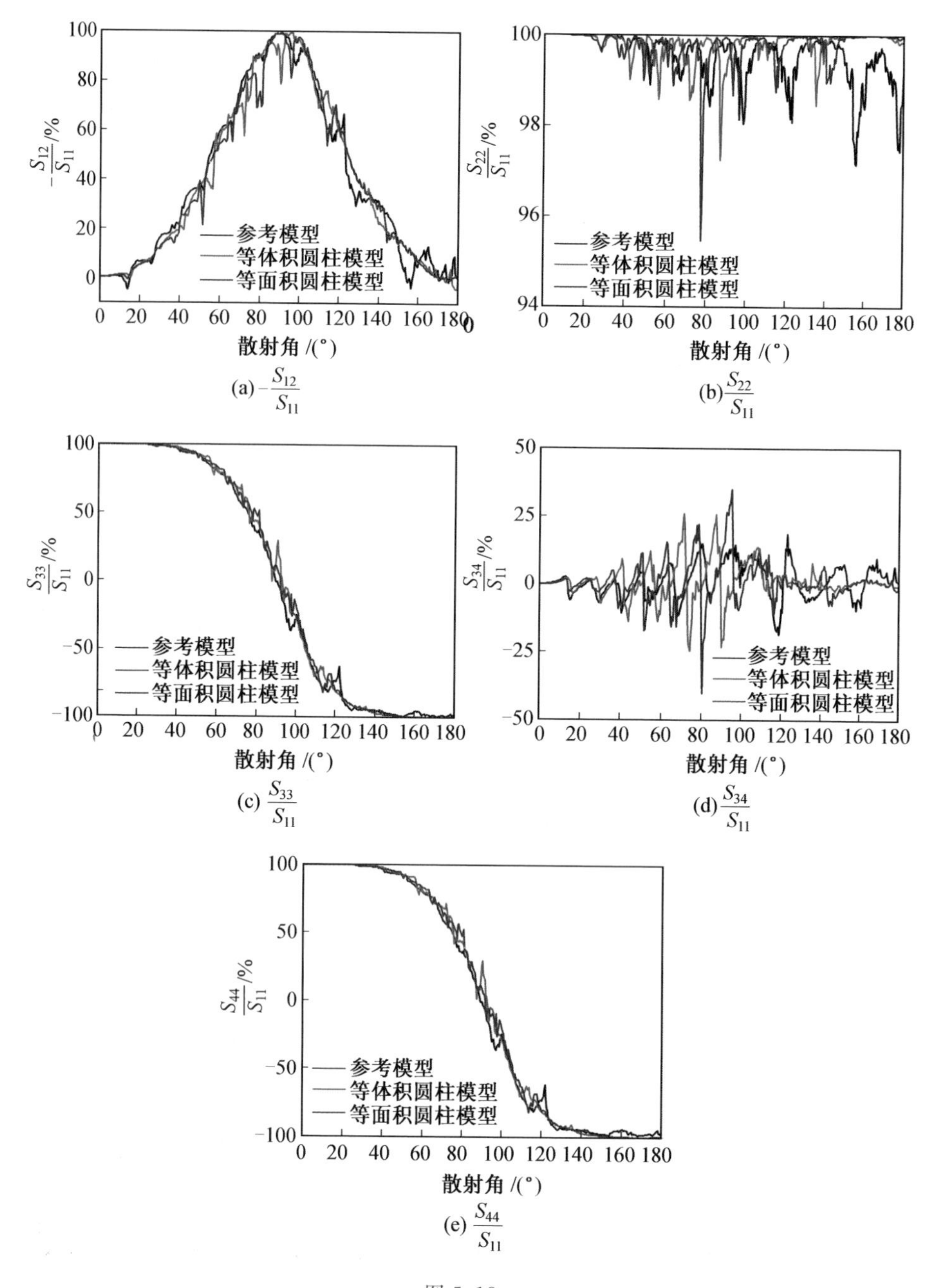

(a) $-\frac{S_{12}}{S_{11}}$

(b) $\frac{S_{22}}{S_{11}}$

(c) $\frac{S_{33}}{S_{11}}$

(d) $\frac{S_{34}}{S_{11}}$

(e) $\frac{S_{44}}{S_{11}}$

图 5.18

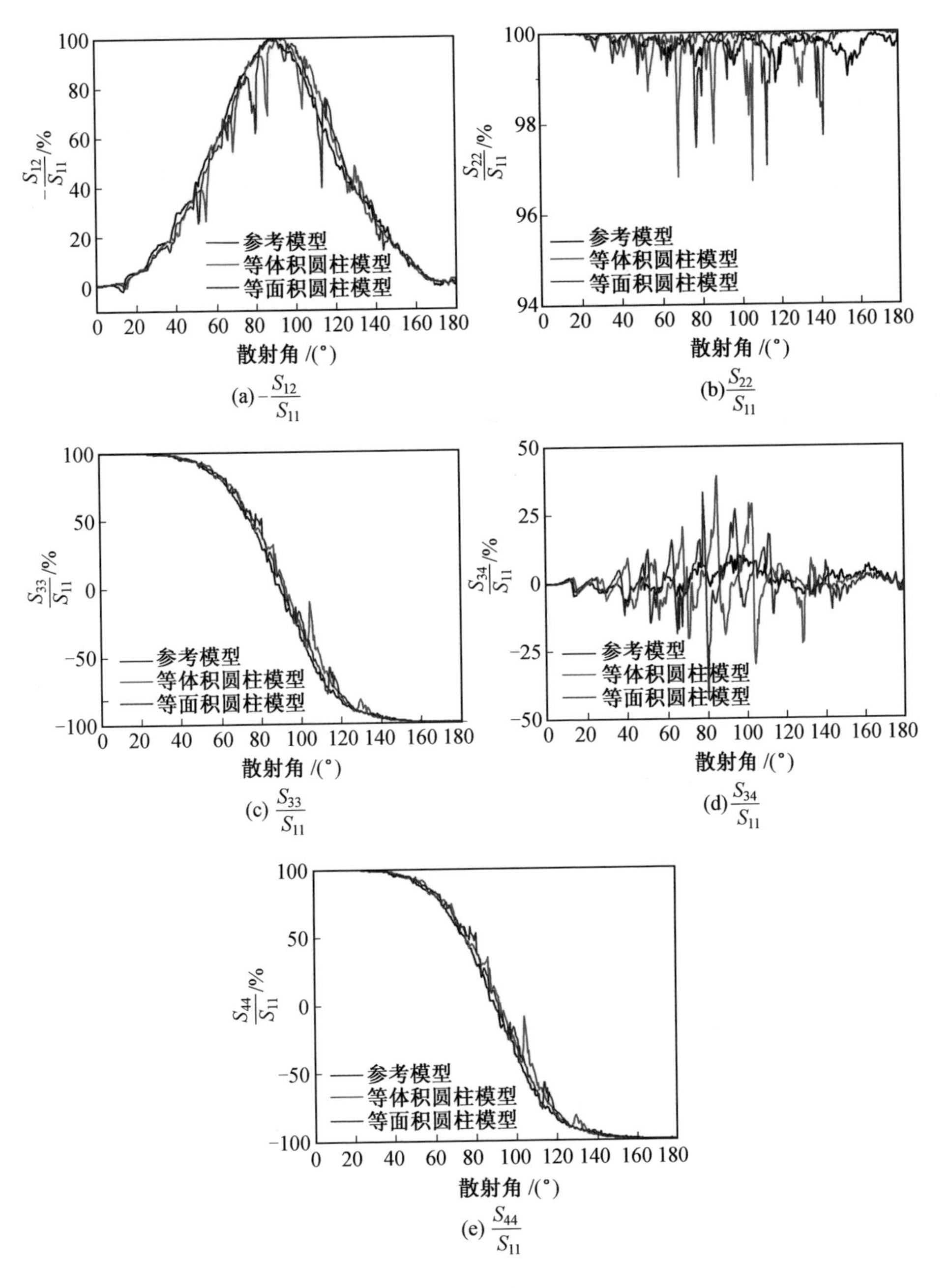

$-\frac{S_{12}}{S_{11}}$/%
散射角 /(°)
参考模型
等体积圆柱模型
等面积圆柱模型
(a) $-\frac{S_{12}}{S_{11}}$
$\frac{S_{22}}{S_{11}}$/%
(b) $\frac{S_{22}}{S_{11}}$
$\frac{S_{33}}{S_{11}}$/%
(c) $\frac{S_{33}}{S_{11}}$
$\frac{S_{34}}{S_{11}}$/%
(d) $\frac{S_{34}}{S_{11}}$
$\frac{S_{44}}{S_{11}}$/%
(e) $\frac{S_{44}}{S_{11}}$

图 5.19

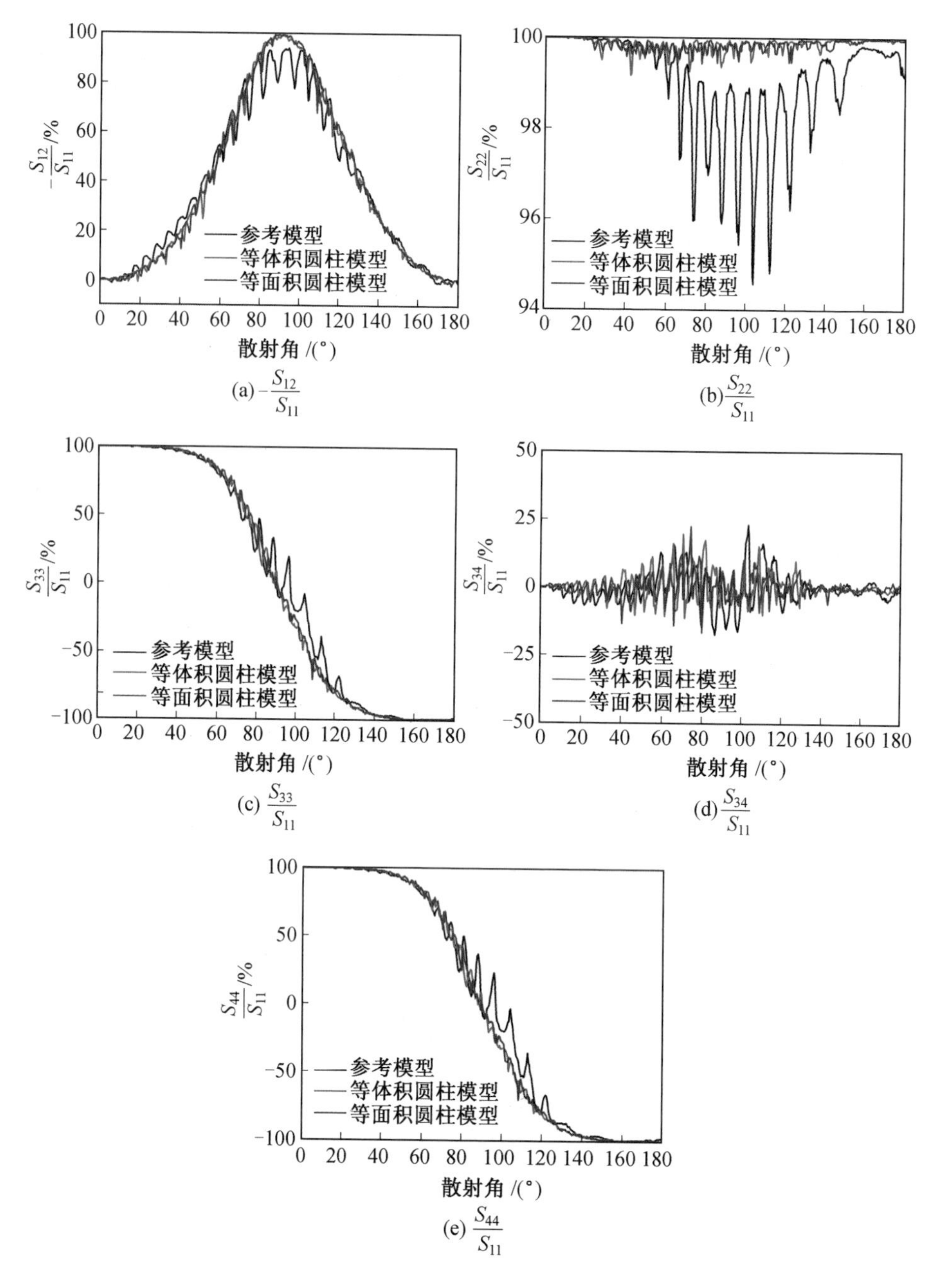
参考模型
等体积圆柱模型
等面积圆柱模型
散射角 /(°)
(a) $-\frac{S_{12}}{S_{11}}$
(b) $\frac{S_{22}}{S_{11}}$
(c) $\frac{S_{33}}{S_{11}}$
(d) $\frac{S_{34}}{S_{11}}$
(e) $\frac{S_{44}}{S_{11}}$

图 5.20

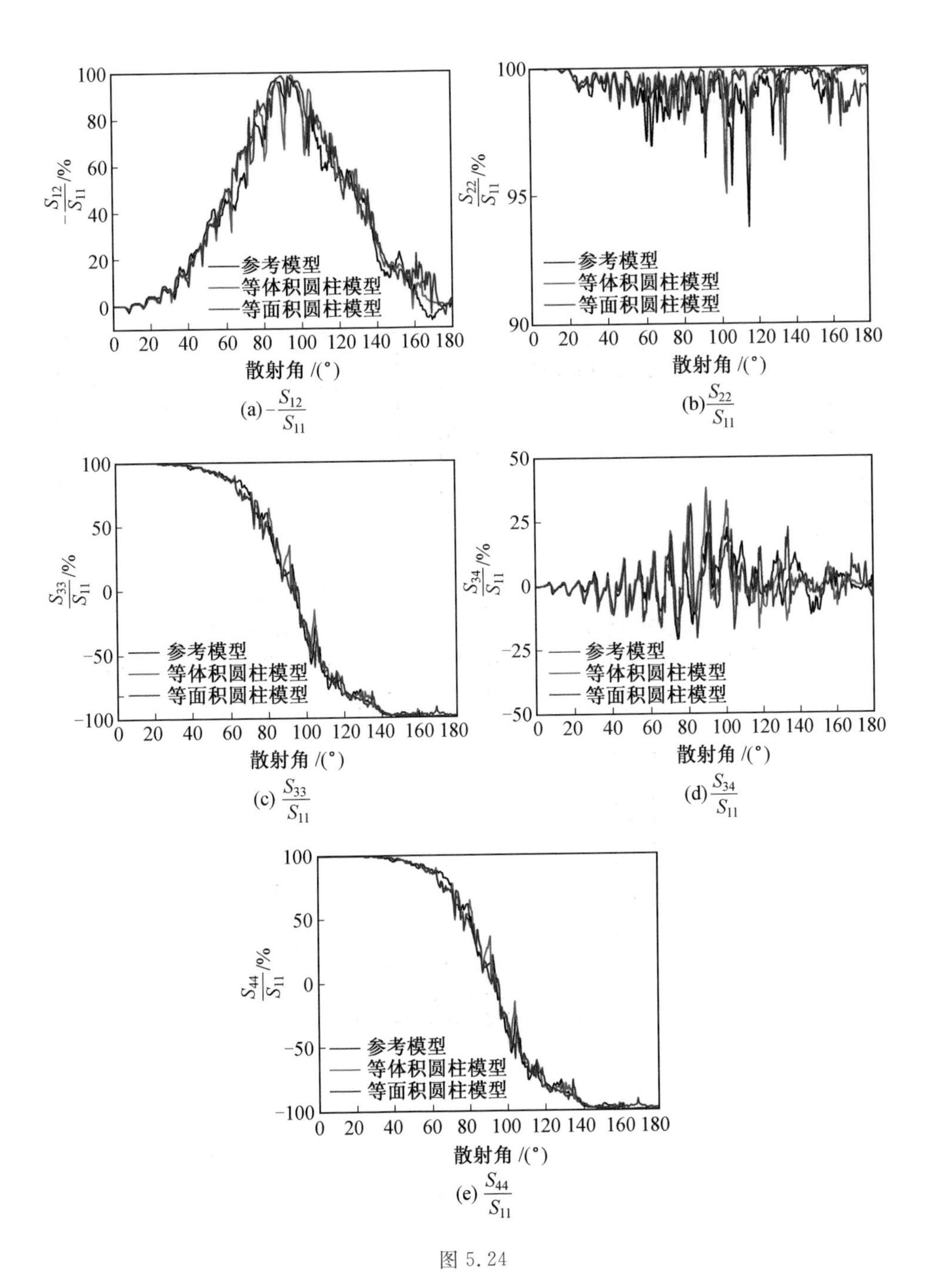

100
80
60
40
20
0
$-\frac{S_{12}}{S_{11}}/\%$
参考模型
等体积圆柱模型
等面积圆柱模型
0 20 40 60 80 100 120 140 160 180
散射角 /(°)
(a) $-\frac{S_{12}}{S_{11}}$
100
95
90
$\frac{S_{22}}{S_{11}}/\%$
参考模型
等体积圆柱模型
等面积圆柱模型
0 20 40 60 80 100 120 140 160 180
散射角 /(°)
(b) $\frac{S_{22}}{S_{11}}$
100
50
0
−50
−100
$\frac{S_{33}}{S_{11}}/\%$
参考模型
等体积圆柱模型
等面积圆柱模型
0 20 40 60 80 100 120 140 160 180
散射角 /(°)
(c) $\frac{S_{33}}{S_{11}}$
50
25
0
−25
−50
$\frac{S_{34}}{S_{11}}/\%$
参考模型
等体积圆柱模型
等面积圆柱模型
0 20 40 60 80 100 120 140 160 180
散射角 /(°)
(d) $\frac{S_{34}}{S_{11}}$
100
50
0
−50
−100
$\frac{S_{44}}{S_{11}}/\%$
参考模型
等体积圆柱模型
等面积圆柱模型
0 20 40 60 80 100 120 140 160 180
散射角 /(°)
(e) $\frac{S_{44}}{S_{11}}$

图 5.24

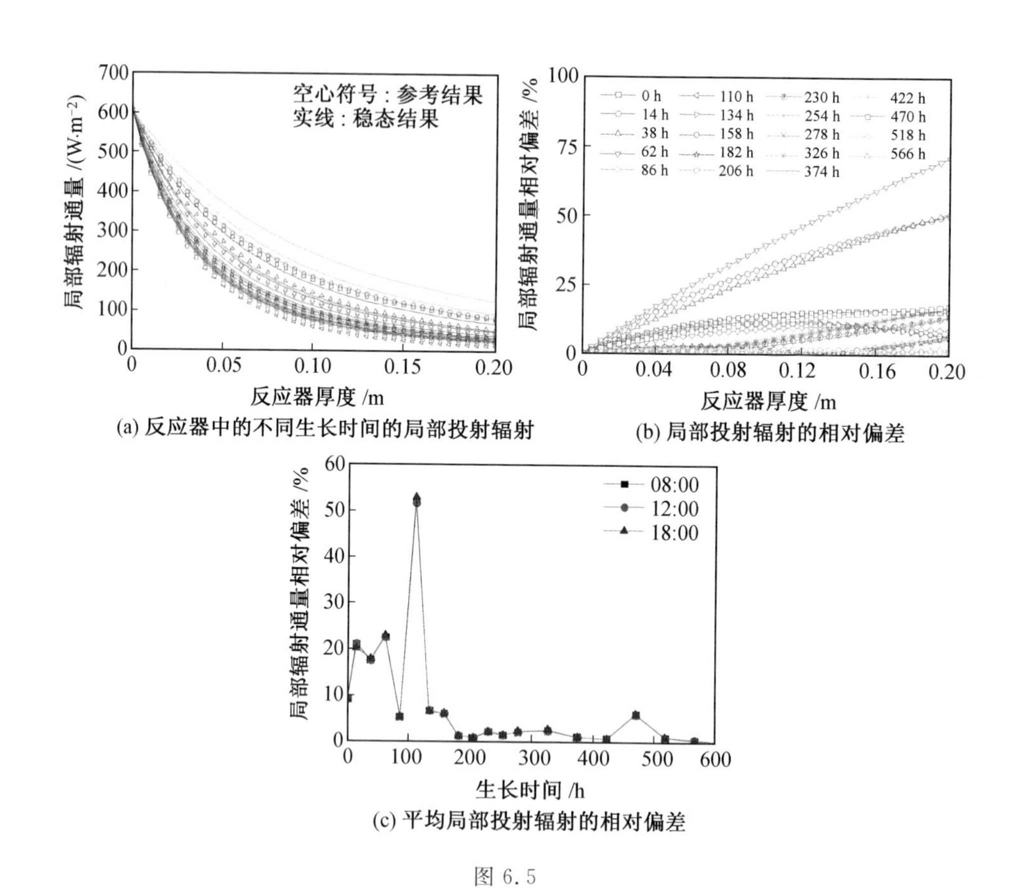

(a) 反应器中的不同生长时间的局部投射辐射

(b) 局部投射辐射的相对偏差

(c) 平均局部投射辐射的相对偏差

图 6.5

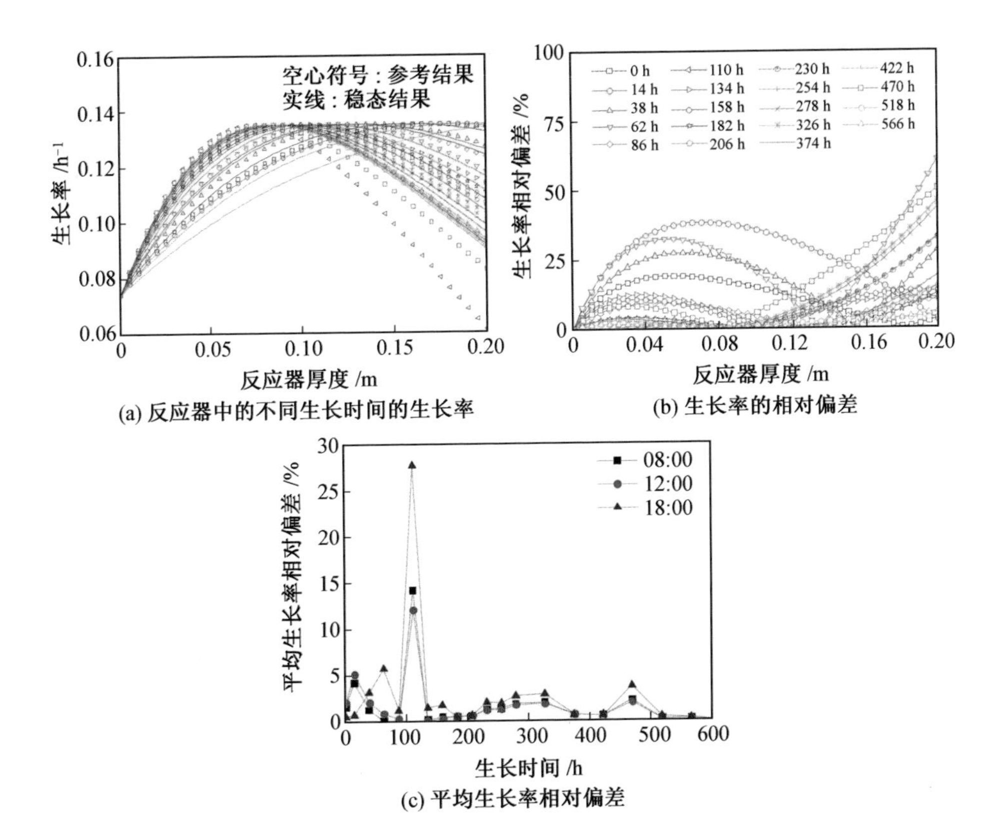

(a) 反应器中的不同生长时间的生长率

(b) 生长率的相对偏差

(c) 平均生长率相对偏差

图 6.6

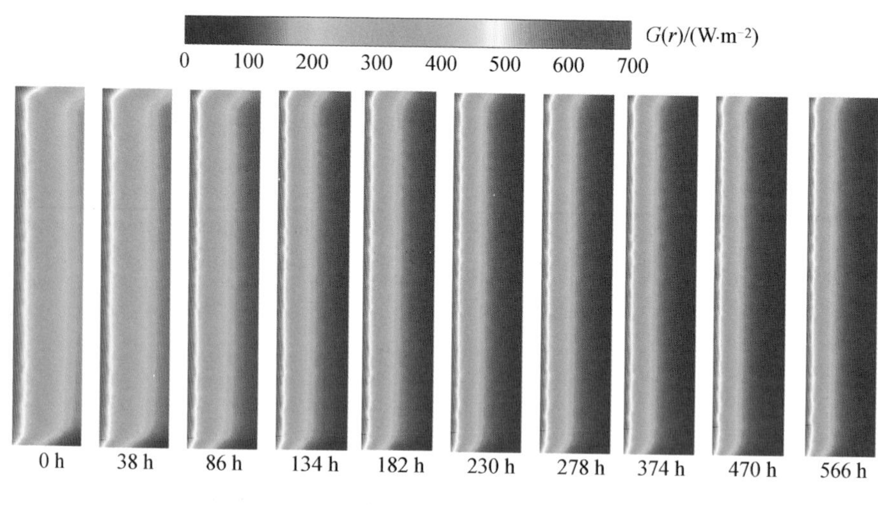
$G(r)/(W\cdot m^{-2})$
0 100 200 300 400 500 600 700
0 h
38 h
86 h
134 h
182 h
230 h
278 h
374 h
470 h
566 h

图 6.7

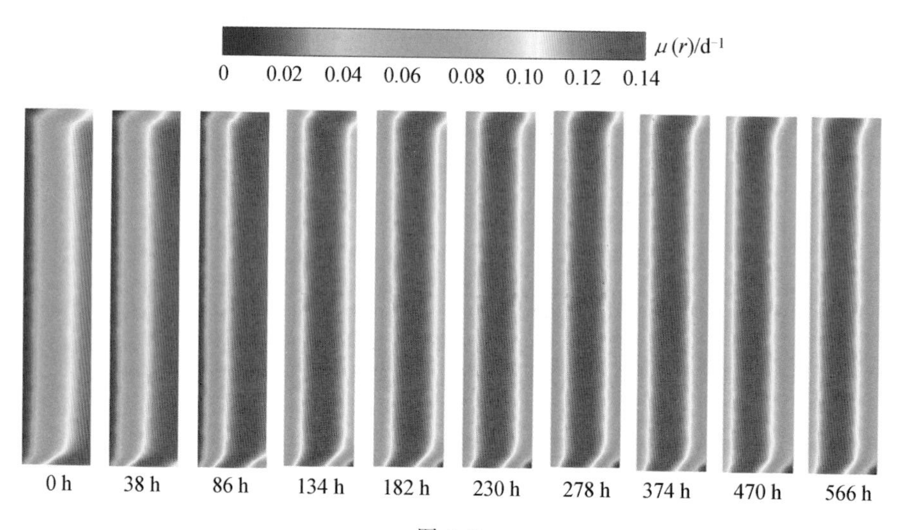
$\mu(r)/d^{-1}$
0 0.02 0.04 0.06 0.08 0.10 0.12 0.14
0 h
38 h
86 h
134 h
182 h
230 h
278 h
374 h
470 h
566 h

图 6.8

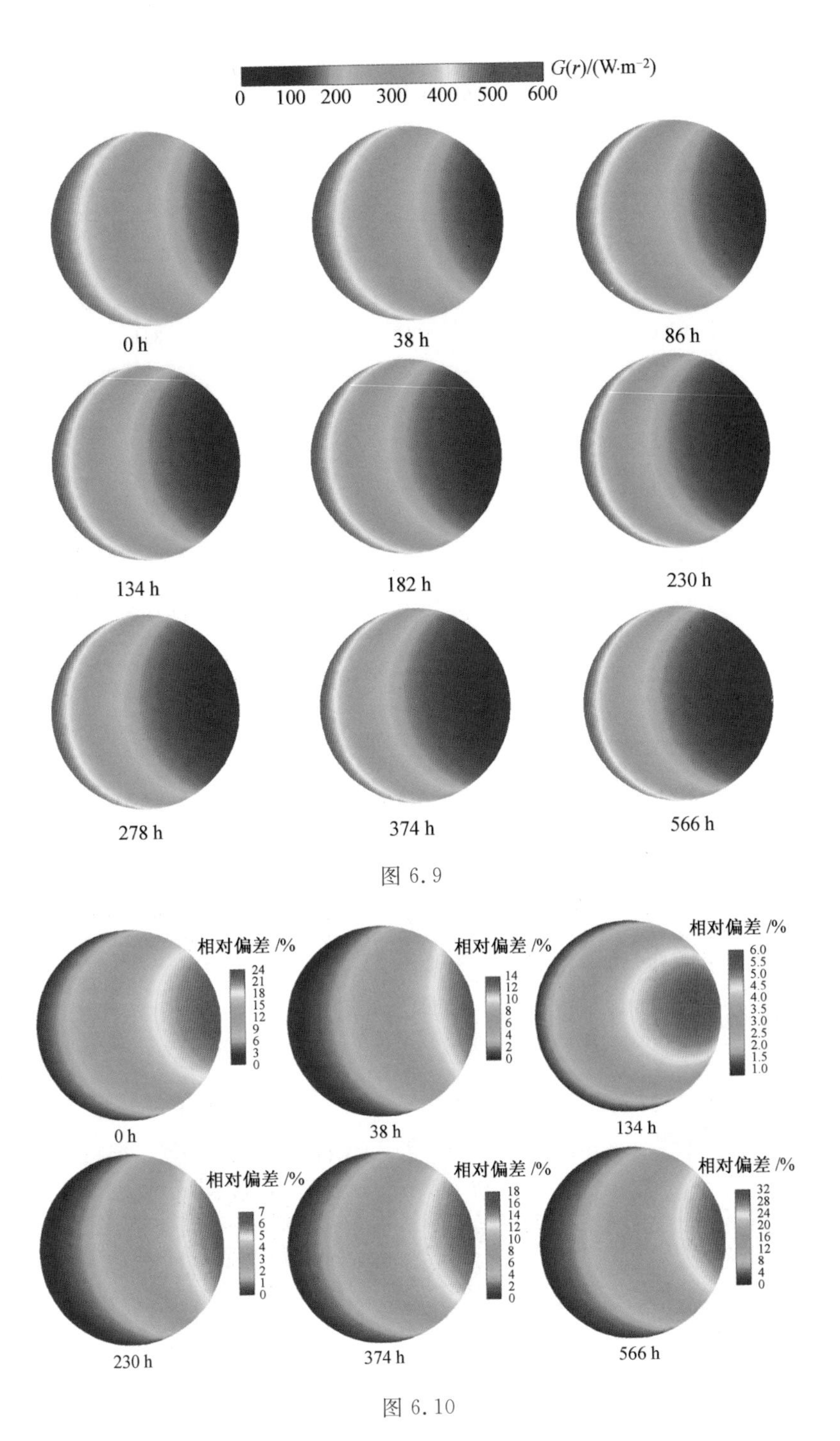
G(r)/(W·m⁻²)
0
100
200
300
400
500
600
0 h
38 h
86 h
134 h
182 h
230 h
278 h
374 h
566 h
相对偏差 /%
0 h
38 h
134 h
230 h
374 h
566 h

图 6.9

图 6.10

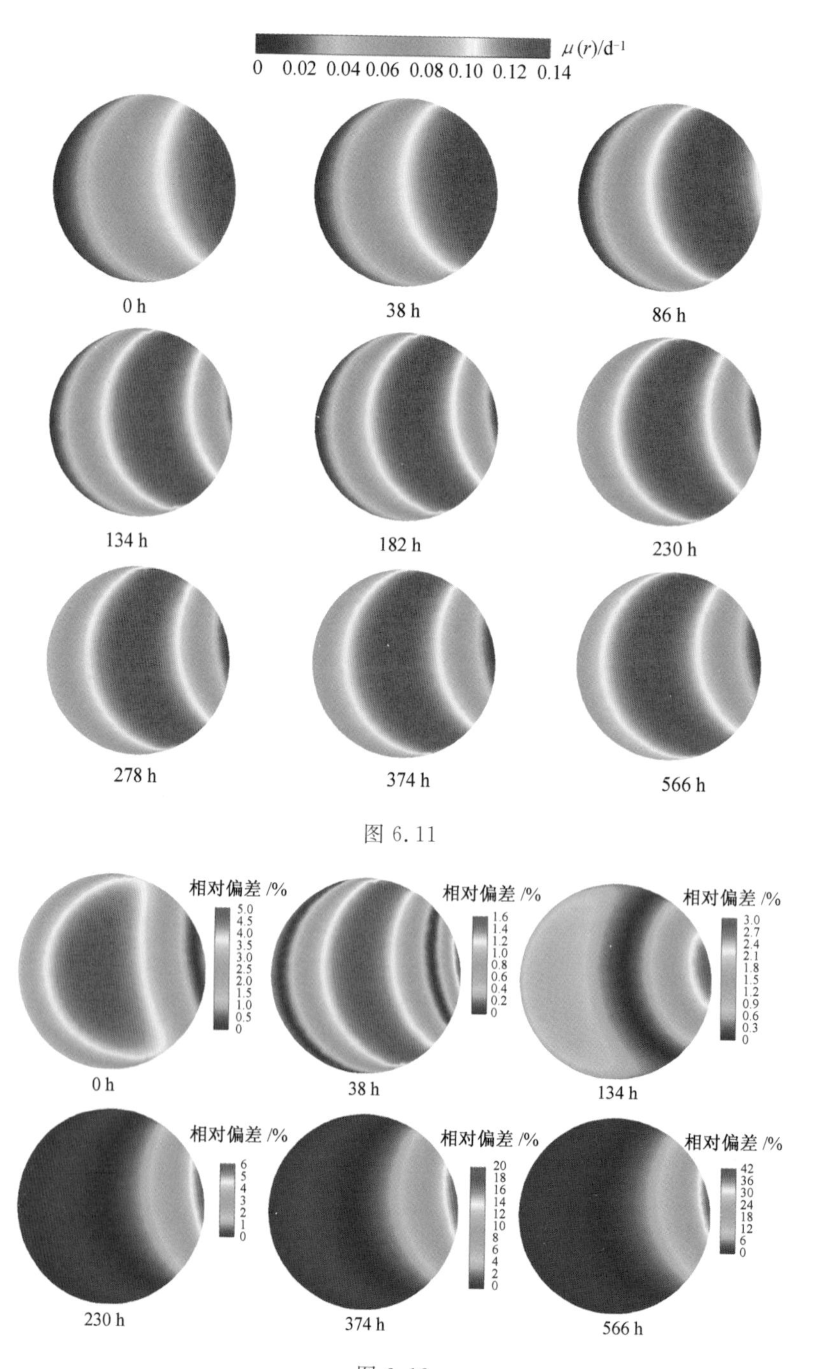
$\mu(r)/d^{-1}$
0 0.02 0.04 0.06 0.08 0.10 0.12 0.14
0 h
38 h
86 h
134 h
182 h
230 h
278 h
374 h
566 h

图 6.11

相对偏差 /%
5.0 4.5 4.0 3.5 3.0 2.5 2.0 1.5 1.0 0.5 0
相对偏差 /%
1.6 1.4 1.2 1.0 0.8 0.6 0.4 0.2 0
相对偏差 /%
3.0 2.7 2.4 2.1 1.8 1.5 1.2 0.9 0.6 0.3 0
0 h
38 h
134 h
相对偏差 /%
6 5 4 3 2 1 0
相对偏差 /%
20 18 16 14 12 10 8 6 4 2 0
相对偏差 /%
42 36 30 24 18 12 6 0
230 h
374 h
566 h

图 6.12

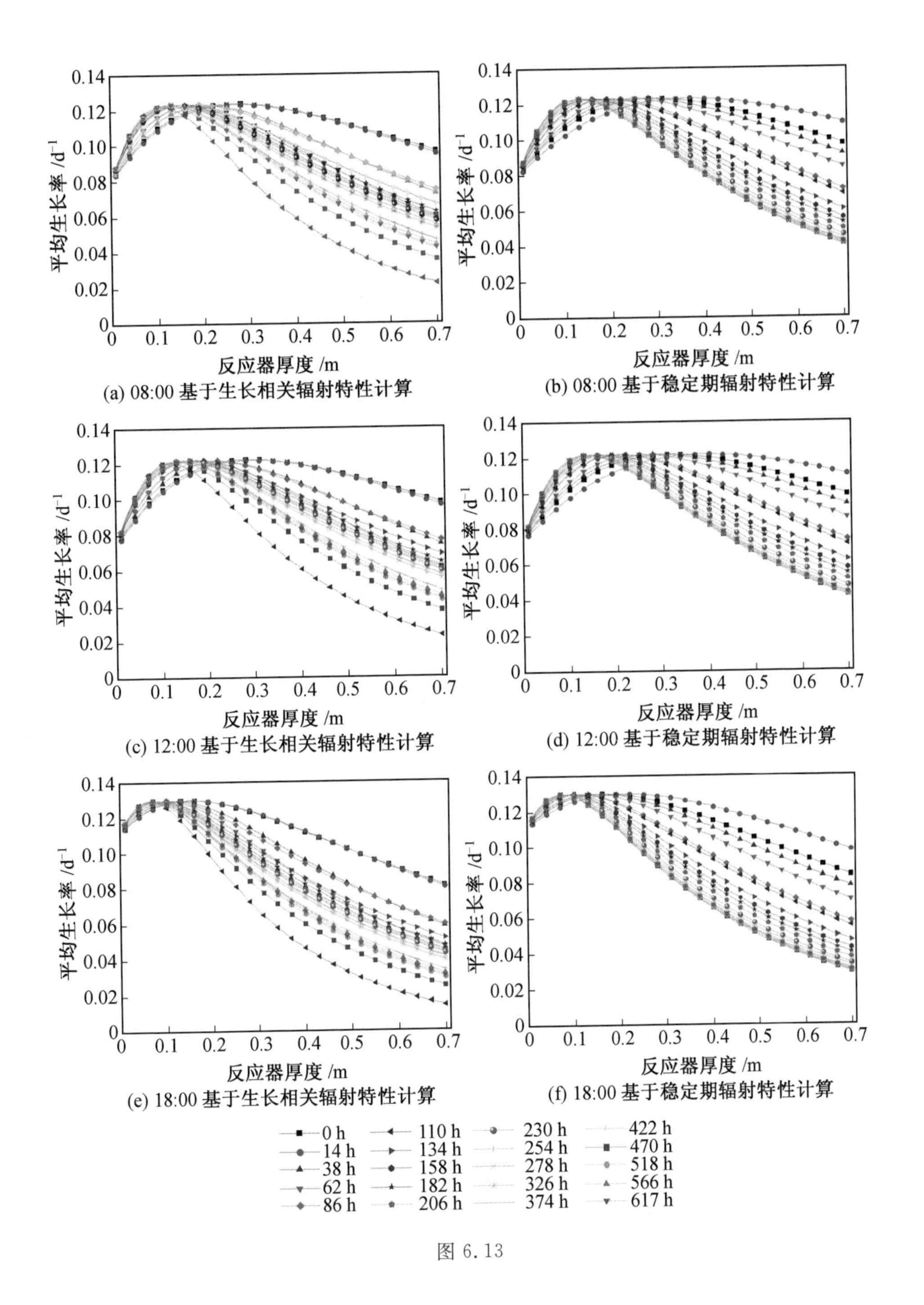
平均生长率 /d^{-1}
反应器厚度 /m
(a) 08:00 基于生长相关辐射特性计算
(b) 08:00 基于稳定期辐射特性计算
(c) 12:00 基于生长相关辐射特性计算
(d) 12:00 基于稳定期辐射特性计算
(e) 18:00 基于生长相关辐射特性计算
(f) 18:00 基于稳定期辐射特性计算
0 h
14 h
38 h
62 h
86 h
110 h
134 h
158 h
182 h
206 h
230 h
254 h
278 h
326 h
374 h
422 h
470 h
518 h
566 h
617 h

图 6.13

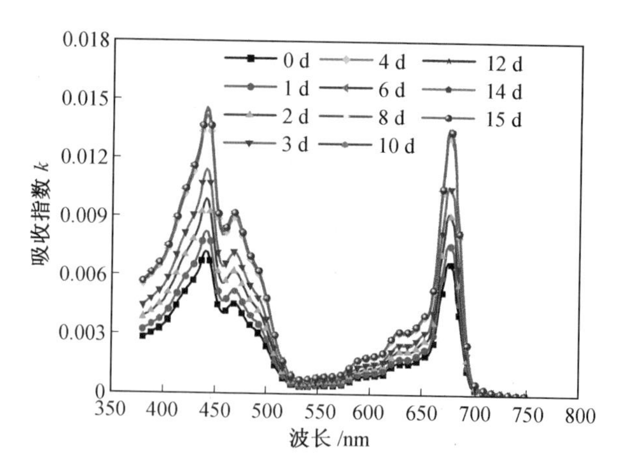

图 7.3

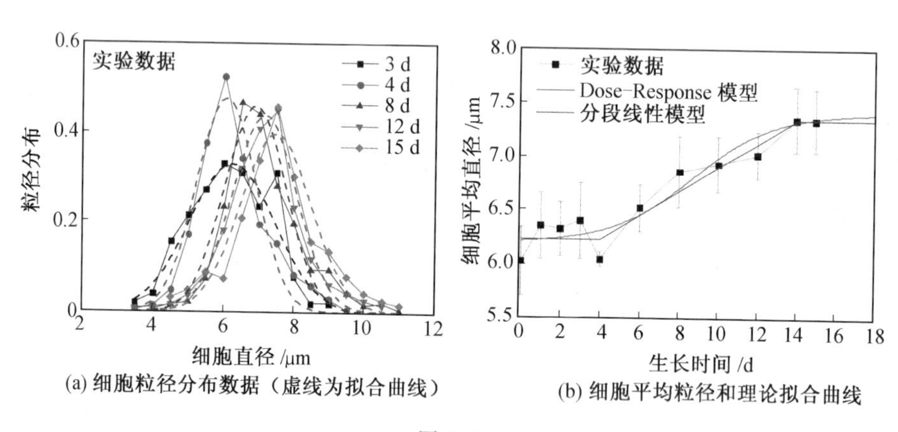

(a) 细胞粒径分布数据（虚线为拟合曲线）

(b) 细胞平均粒径和理论拟合曲线

图 7.4

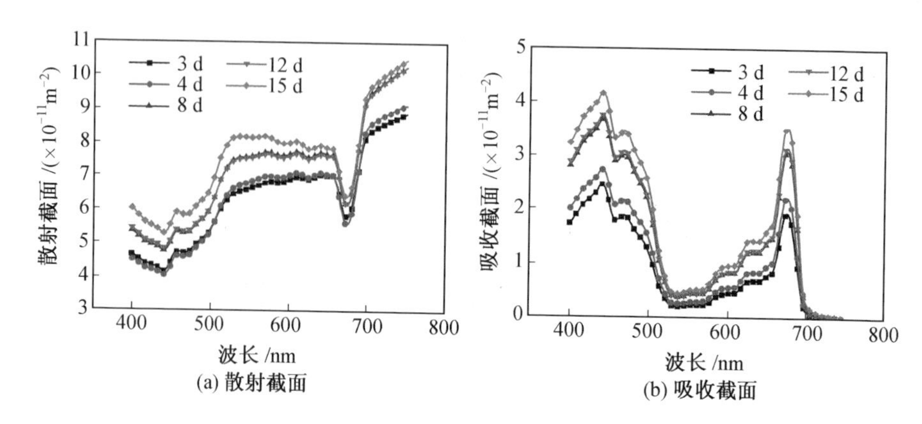

(a) 散射截面

(b) 吸收截面

图 7.5

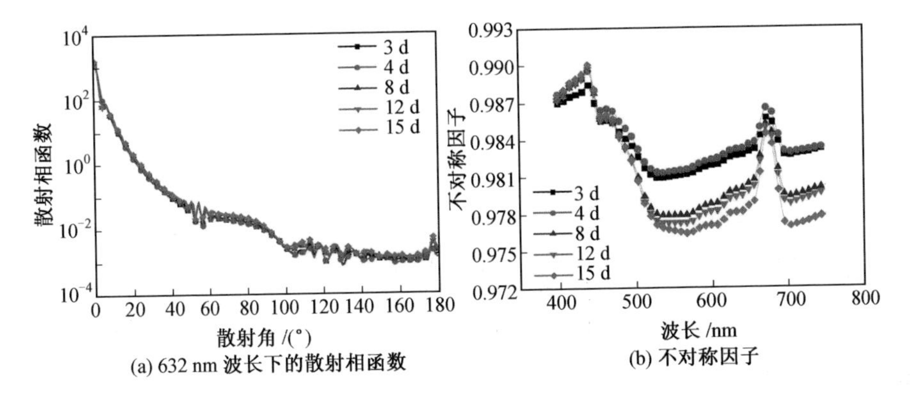

(a) 632 nm 波长下的散射相函数　　(b) 不对称因子

图 7.6

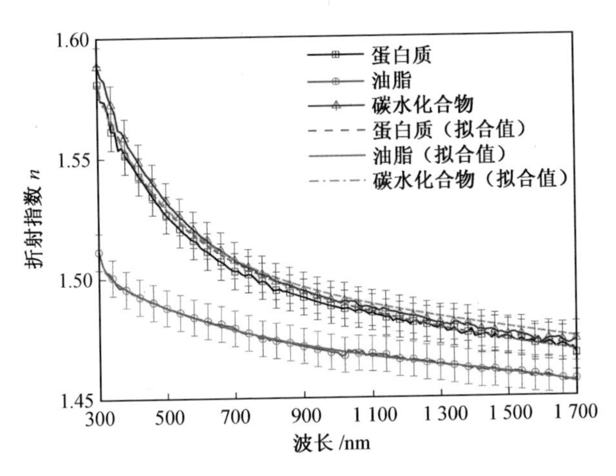

图 8.3

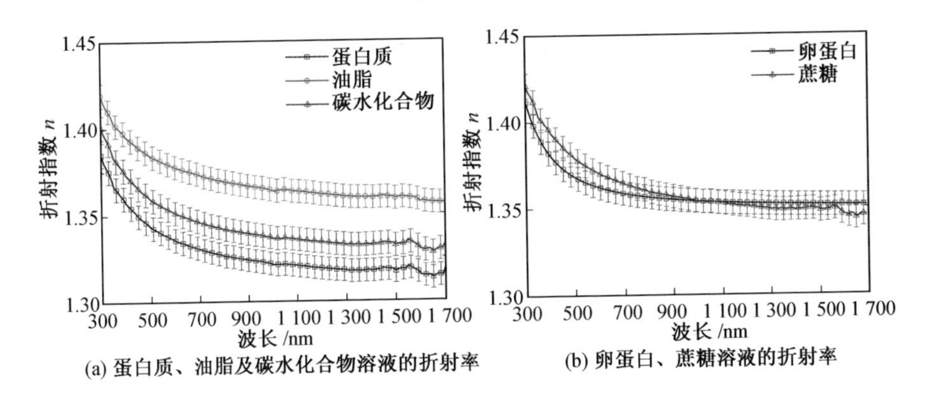

(a) 蛋白质、油脂及碳水化合物溶液的折射率　　(b) 卵蛋白、蔗糖溶液的折射率

图 8.4

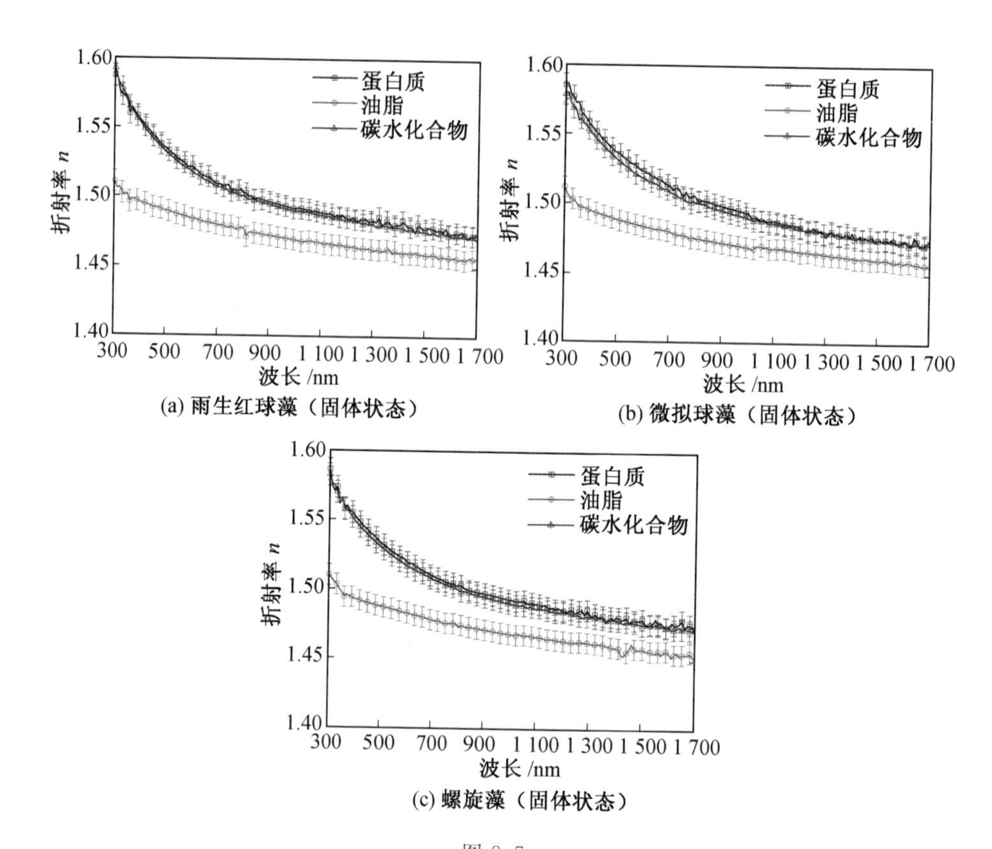

(a) 雨生红球藻（固体状态）

(b) 微拟球藻（固体状态）

(c) 螺旋藻（固体状态）

图 8.7

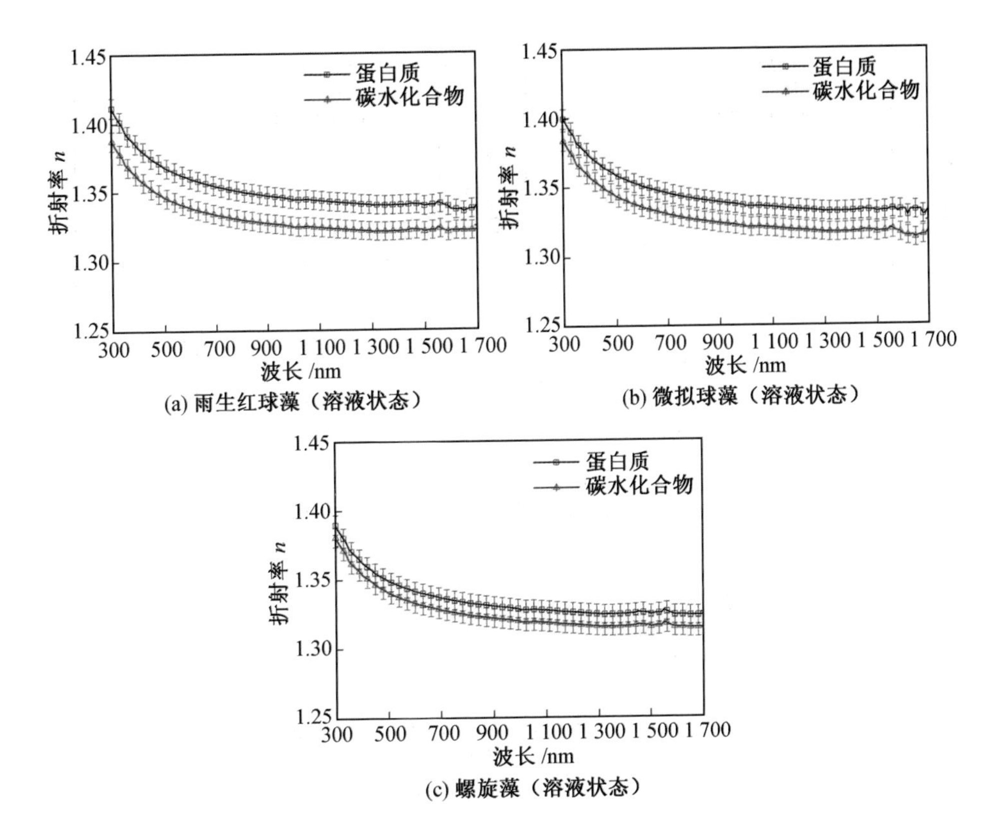
1.45
1.40
1.35
1.30
1.25
折射率 n
蛋白质
碳水化合物
300 500 700 900 1 100 1 300 1 500 1 700
波长 /nm
(a) 雨生红球藻（溶液状态）
1.45
1.40
1.35
1.30
1.25
折射率 n
蛋白质
碳水化合物
300 500 700 900 1 100 1 300 1 500 1 700
波长 /nm
(b) 微拟球藻（溶液状态）
1.45
1.40
1.35
1.30
1.25
折射率 n
蛋白质
碳水化合物
300 500 700 900 1 100 1 300 1 500 1 700
波长 /nm
(c) 螺旋藻（溶液状态）

图 8.8

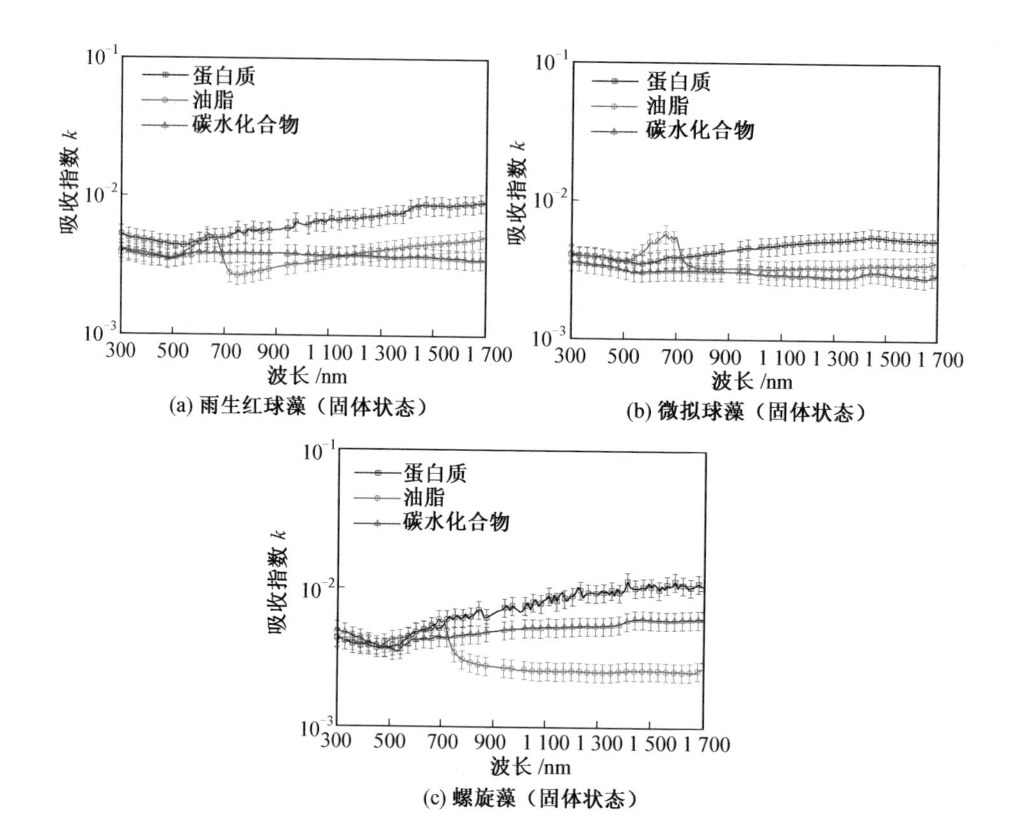

(a) 雨生红球藻（固体状态）

(b) 微拟球藻（固体状态）

(c) 螺旋藻（固体状态）

图 8.9

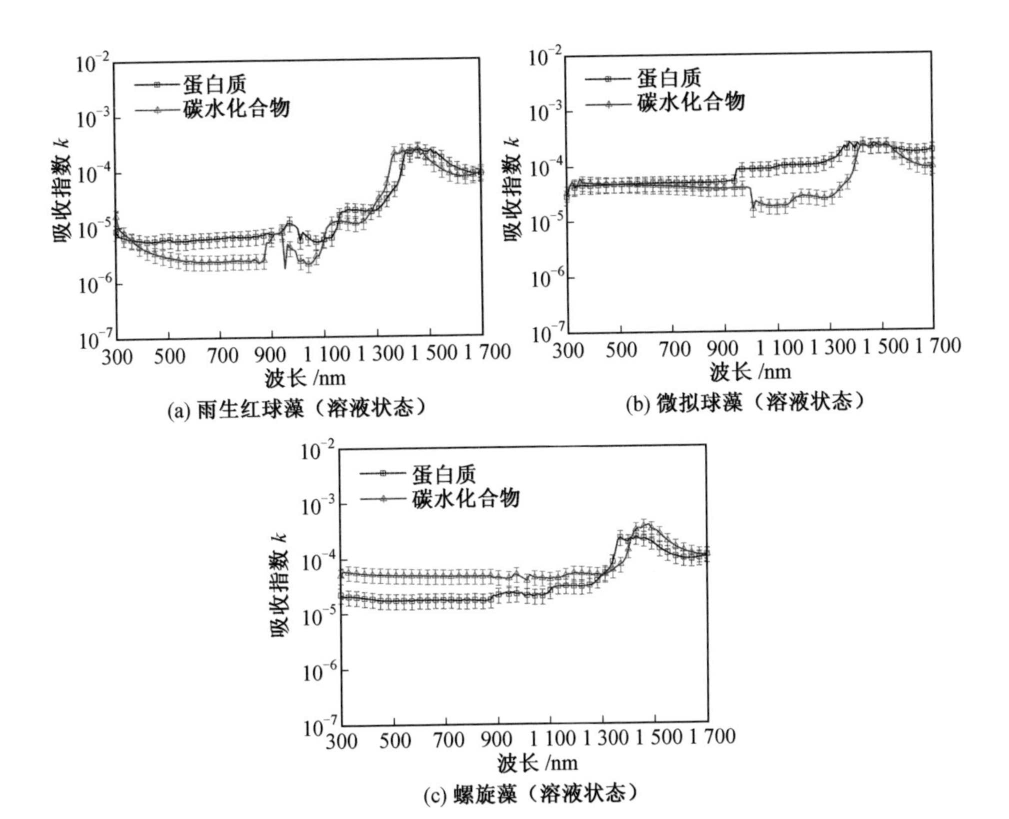

(a) 雨生红球藻（溶液状态）

(b) 微拟球藻（溶液状态）

(c) 螺旋藻（溶液状态）

图 8.10